Projektmanagement
- Zielorientierte Effizienz -

Im Sprint zum IPMA Level D

Bibliografische Information der Deutschen Bibliothek

Die Deutsche Bibliothek verzeichnet diese Publikation in der Deutschen Nationalbibliografie; detaillierte bibliografische Daten sind im Internet über http://dnb.ddb.de abrufbar.

ISBN 978-3-9814376-4-5

4. überarbeitete Auflage 2016

Wichtiger Hinweis für den Benutzer

Der Herausgeber übernimmt keine Gewähr dafür, dass die beschriebenen Verfahren, Programme usw. frei von Schutzrechten Dritter sind. Die Verwendung von Gebrauchsnamen, Handelsnamen, Warenbezeichnungen usw.in diesem Buch berechtigt auch ohne besondere Kennzeichnung nicht zu der Annahme, dass diese frei verfügbar sind.

Der Herausgeber hat alle Sorgfalt walten lassen, um vollständige und akkurate Informationen in diesem Buch zu publizieren. Die Angaben entsprechen dem Wissensstand bei Redaktionsschluss am 30. Mai 2016. Alle Angaben/ Daten wurden nach bestem Wissen, jedoch ohne Gewähr für Vollständigkeit und Richtigkeit zusammengestellt. Jede Verwertung, die nicht ausdrücklich vom Urheberrechtsschutz zugelassen ist, bedarf der vorherigen Zustimmung des Herausgebers. Das gilt insbesondere für Vervielfältigung, Bearbeitung, Übersetzung, Mikroverfilmung, Auswertung durch Datenbanken und für die Einspeicherung und Verarbeitung in elektronischen Systemen.

Das Rad der Arbeitsfunktionen (**Abbildung 76**) und das Team Management Rad von Margerison-McCann (**Abbildung 77**) sind geschützte Warenzeichen. Nutzung mit freundlicher Genehmigung durch TMS Development International York / UK. www.tmsdi.com

Herausgeber	Resultance GmbH Rückersdorfer Straße 26 D-90552 Röthenbach
Druck	reprogress GmbH Chemnitzer Str. 46 b D-01187 Dresden

Eigenverlag

Resultance GmbH
Rückersdorfer Straße 26
D-90552 Röthenbach

Vorwort

Der Bitte, für das vorliegende Werk ein Vorwort zu schreiben, bin ich gerne nachgekommen, weil ich die Publikation als sehr gelungen betrachte.

Für angehende Zertifikanten, ob neu im Metier „Projektmanagement" oder als „alte Hasen", ist es erfahrungsgemäß sehr hilfreich, wenn ihnen Wissenswertes zum Thema Projektmanagement in einer fachlich einwandfreien, didaktisch geschickt aufbereiteten und leicht begreiflichen Form dargeboten wird. Gleichzeitig müssen sie Gewissheit haben, dass alle wichtigen Inhalte in einer Weise abgedeckt sind, die den Prüfungsanforderungen der IPMA Rechnung tragen.

Die beiden Verfasser haben dies mit zwei Elementen erreicht. Zum einen dienen die fünf Projektmanagementphasen der DIN 69901:2009 als „roter Faden" des Buches, zum anderen wird in jedem Kapitel der Bezug zu den einschlägigen Elementen der ICB 3.0 hergestellt. Der „rote Faden" wird durch das Kapitel „Phasenübergreifende Kompetenzen" sinnvoll ergänzt. Diese Struktur gibt dem Leser sofort Orientierung, wie auch die einprägsamen Grafiken und die übersichtliche Darstellung des Stoffes.

Hinweise und Rückmeldungen von Lehrgangsteilnehmern aus IPMA-Zertifizierungslehrgängen flossen ebenso in die inhaltliche Gestaltung des Buches ein, wie auch das praktische Wissen und die Erfahrung der beiden Verfasser, die seit vielen Jahren als aktive zertifizierte Projektmanagement-Trainer (GPM) tätig sind.

Und schließlich zwei für mich bei jeder Buchrezension besonders wichtige Punkte: Die benutzten Quellen werden sauber zitiert, was dem Leser die Möglichkeit gibt, ebendort auch vertiefend weiterzulesen. Zudem wurde durchgängig auch neuere Literatur bei der Zusammenstellung des Stoffes berücksichtigt.

Ich wünsche aus den genannten Gründen der erfreulichen Veröffentlichung, die ja insbesondere das Grundlagenwissen für IPMA Level D vermitteln soll, eine weite Verbreitung.

Röthenbach, im Mai 2016

Univ. Prof. Dr. Heinz Schelle, Ehrenvorsitzender der GPM Deutsche Gesellschaft für Projektmanagement e.V.

Inhaltsverzeichnis

0 Einführung

0.1 Zielgruppe und Grundlage dieses Buches

Dieses Buch richtet sich an Projektleiter und Mitarbeiter in Projekten oder Personen, die im Rahmen ihrer Tätigkeit mit Projektmanagement, den dazugehörenden Standards oder den Rahmenbedingungen im Unternehmen in Berührung kommen. Es dient zur Ergänzung vorhandenen Wissens sowie mit der Darstellung von Methoden und Beispielen als Unterstützung der täglichen Arbeit.

Neben der kompakten Zusammenfassung bietet dieses Buch eine praxisgerechte Lehr- und Arbeitsunterlage. Neben allgemeinen Ausführungen werden alle Kapitel auch den Anforderungen zur Vorbereitung auf die schriftliche und mündliche Prüfung sowie dem zu erstellenden Transfernachweis innerhalb eines IPMA Level D Qualifizierungslehrganges gerecht.

0.2 Arbeiten mit diesem Buch

0.2.1 Aufbau und Gliederung

Die Inhalte sind entlang eines typischen Projektverlaufs gegliedert. Die Kapitel folgen dazu dem Prozessmodell der DIN 69901-5:2009 mit ihren fünf Projektmanagementphasen Initialisierung, Definition, Planung, Steuerung und Abschluss.

Zu Beginn eines jeden Kapitels werden genannt:

> ➤ die korrespondierenden Kapitel der IPMA Competence Baseline Version 3.0, so dass der Leser jederzeit die Möglichkeit hat, weitergehende Informationen nachzulesen.
> ➤ die relevanten Lernziele zur Orientierung.

Ergänzend finden sich am Ende der Kapitel

> ➤ Querverweise, die anzeigen mit welchen Themen das Kapitel in Beziehung steht.
> ➤ ergänzende Hintergrundinformationen zu Stichworten, im Kapitel erwähnte Personen oder Modelle bzw. Theorien.

Ein ausführliches, thematisch sortiertes Literaturverzeichnis rundet das Buch ab.

0.2.2 Anwendung und didaktisches Konzept

Das Buch ist als Begleitwerk zum IPMA Level D Qualifizierungslehrgang gedacht. Die im Rahmen des Kurses erarbeiteten Ergebnisse, verwendeten Methoden und Terminologien lassen sich anhand des Buches leicht nachvollziehen. Zudem eignet es sich auch für die Aufarbeitung des Themas Projektmanagement im Selbststudium.

1 Grundlagen des Projektmanagements

1.1 Wesentliche Kapitel der ICB 3.0

Kapitel

1.01	Projektmanagementerfolg *(project management success)*
3.01	Projektorientierung *(project orientation)*

1.2 Lernziele

Sie können nach der Durcharbeitung dieses Kapitels ...

- ✓ *die Begriffe Projekt und Projektmanagement erklären und von ähnlichen Prozessen im Rahmen der Linienarbeit abgrenzen*
- ✓ *wesentliche Projektarten anhand ihrer Merkmale unterscheiden*
- ✓ *Projekterfolg und Projektmanagementerfolg sowie deren Erfolgsfaktoren erläutern*
- ✓ *die Merkmale der Projektorientierung innerhalb einer Organisation erklären*
- ✓ *den typischen Projektablauf mithilfe der Phasen und wesentlicher Teilprozesse der DIN 69901 beschreiben*

1.3 Projekt, Projektmanagement und Projektarten

Was ist ein Projekt? Geht man auf den lateinischen Ursprung des Wortes zurück (proiectum = das nach vorne Geworfene) so werden bereits die wesentlichen **Projektmerkmale** sichtbar:

- ➢ Vorgabe von Zielen
- ➢ Definierter Start und definiertes Ende
- ➢ Einmaligkeit, Neuartigkeit
- ➢ Spezifische Organisation
- ➢ Begrenzte Ressourcen
- ➢ Komplex und interdisziplinär
- ➢ Festgelegte und personengebundene Ergebnisverantwortung

Die DIN 69901-5:2009 bezeichnet ein Projekt als ein *„Vorhaben, das im Wesentlichen durch die Einmaligkeit der Bedingungen in ihrer Gesamtheit gekennzeichnet ist."*[1]

Als Beispiele hierzu sind zu nennen

- ➢ Zielvorgabe
- ➢ Zeitliche, finanzielle, personelle und andere Begrenzungen
- ➢ Projektspezifische Organisation

Projektmanagement hingegen beinhaltet die *„Gesamtheit von Führungsaufgaben, -organisation, -techniken und –mittel für die Initiierung, Definition, Planung, Steuerung und den Abschluss von Projekten"*[2] also nicht das Erledigen fachlicher oder wertschöpfender Aufgaben sondern die Ausgestaltung der Projektmanagementphasen mit planen, organisieren, koordinieren und steuern dieser Aufgaben.

---

[1] DIN Deutsches Institut für Normung e.V. (2009), DIN 69901-5:2009, Seite 155
[2] DIN Deutsches Institut für Normung e.V. (2009), DIN 69901-5:2009, Seite 158

Die so zu managenden Projekte werden in der Praxis nach verschieden Kriterien klassifiziert.

Abbildung 1 - Projektklassifizierung

Da Projekte meist jedoch eine Mischung mehrerer Projektarten sind, fällt eine klare Einordnung schwer. Daher klassifiziert man in der Praxis üblicherweise grob nach dem überragenden Projektinhalt.[3]

1.4 Projekterfolg, Projektmanagementerfolg, Erfolgsfaktoren

Am Ende eines jeden Projekts wird zwischen zwei „Erfolgsarten" unterschieden – dem Projekterfolg und dem Projektmanagementerfolg. Der **Projekterfolg** ist laut DIN 69901-5 das *„zusammenfassende Ergebnis der Beurteilung des Projektes hinsichtlich der Zielerreichung."* Dahinter steht zum einen die Einhaltung der vertraglich definierten Parameter - Kosten, Zeit, Leistung also eine direkt messbare Leistung. Zum anderen die Anerkennung und positive Beurteilung der Projektergebnisse durch Auftraggeber und Kunden, aber auch durch die Projektmitarbeiter und den Projektleiter.[4]

Die ursprünglichen Dimensionen des Projekterfolges sind zusammengefasst

> ➢ Einhalten der geplanten Kosten und Termine
> ➢ die erwartete Leistung bzw. Qualität der (technischen) Lösung
> ➢ die Zufriedenheit der Beteiligten

Ergänzend dazu finden sich in der Literatur noch weitere Kriterien, die ein Projekt erfolgreich machen.[5]

> ➢ minimale Änderung des Projektziels, d.h. Veränderung der Rahmenbedingungen wurden so gering wie möglich gehalten und unbedingt zwischen Projektleiter und Auftraggeber abgestimmt
> ➢ das Unternehmen arbeitete störungsfrei weiter, d.h. das Projekt wurde innerhalb der Richtlinien, Abläufe, Regeln und Vorgaben der Organisation abgewickelt
> ➢ die Unternehmenskultur wurde nicht verändert, d.h. auch wenn per Definition jedes Projekt einmalig ist, sollte der Projektleiter nicht von den Mitgliedern seines Projektteams erwarten, dass sie von den Unternehmensnormen abweichen.

Abhängig vom Zeitpunkt der Betrachtung lässt sich der Projekterfolg noch in **Anwendungserfolg** (beschreibt die Auswirkung bzw. den Erfolg auf dem Markt) und **Abwicklungserfolg** (beschreibt die Durchführung des Projektes) unterscheiden.[6]

---

[3] vgl. Motzel (2010), Seite 160
[4] vgl. GPM Deutsche Gesellschaft für Projektmanagement e.V. (NCB 3.0, 2009), Seite 25
[5] vgl. Kerzner (2008), Seite 25ff
[6] vgl. Motzel (2010), Seite 164

Der **Projektmanagementerfolg** ist mit dem Projekterfolg eng verknüpft, aber nicht als identisch zu betrachten. Professionelles Projektmanagement erhöht in vielen Fällen nachweisbar den Projekterfolg. Ein ausschlaggebender Faktor für den Projektmanagementerfolg ist die effektive und effiziente Verbindung von Projektanforderungen, Aktivitäten und Ergebnissen, um so die Zielsetzungen zu verwirklichen und einen erfolgreichen Projektabschluss zu erreichen.[7]

Erfolg beruht nicht nur auf Handlungen und der Verkettung unterschiedlicher Vorgehensweisen, sondern auch auf externen „Umständen". Diese externen Umstände manifestieren sich in den Erfolgsfaktoren für das Projekt. **Erfolgsfaktoren** sind Schlüsselgrößen, die für das Erreichen der Gesamtziele eines Projektes von zentraler Bedeutung sind. Stimmt die Summe dieser Faktoren, so wird das Projekt als Ganzes erfolgreich sein, zeigen sich dagegen hier Defizite, so beeinträchtigt dies unmittelbar den Gesamterfolg.[8]

Es gibt mittlerweile eine Vielzahl von Studien, die versuchen anhand von realen Projekterfolgen die wesentlichen Erfolgs- bzw. Misserfolgsfaktoren abzuleiten. Beispielhaft werden hier drei Ergebnisse dargestellt.

	Projektmanagement Studie 2008[9]	Warum Projekterfolg kein Glücksspiel ist[10]	Schlüsselfaktoren zum Projekterfolg[11]
1	Qualifizierte Projektmitarbeiter	Zielklärung & Anforderungsmanagement	Teambildung
2	Gute Kommunikation	Projektplanung & Steuerung	Ziel- & Zwischenzielsetzung
3	Klare Anforderungen & Ziele	Risikomanagement	Arbeitsklima
4	Ausreichende Projektplanung	Management-Reporting & Projektmarketing	Einbeziehung der Projektkunden
5	Projektmanagementerfahrung	Ressourcenmanagement	Umgang mit Projektkrisen

Tabelle 1 - Studienergebnisse Projekterfolgsfaktoren

Obwohl alle drei Studien neueren Datums sind, fällt auf, dass keine die Unterstützung des Top-Managements als Erfolgsfaktor unter den ersten fünf benennt, ohne die aber kein Projekt wirklich erfolgreich sein kann.[12]

---

[7] vgl. Patzak/ Rattay (2009), Seite 33
[8] vgl. Gabler Verlag (20160), wirtschaftslexikon.gabler.de/Archiv/10338/kritische-erfolgsfaktoren-v5.html, abgerufen am 04.05.2016
[9] vgl. Studie GPM Deutsche Gesellschaft für Projektmanagement e.V. (2008), (siehe Literatur, Kapitel 8.7 Studien)
[10] vgl. Studie Roland Berger Strategy Consultants (2008), (siehe Literatur, Kapitel 8.7 Studien)
[11] vgl. Umfrage pma – Projekt Management Austria (2008), (siehe Literatur, Kapitel 8.7 Studien)
[12] vgl. GPM/ SPM/ Gessler (Hrsg.) (2011), Seite 60f

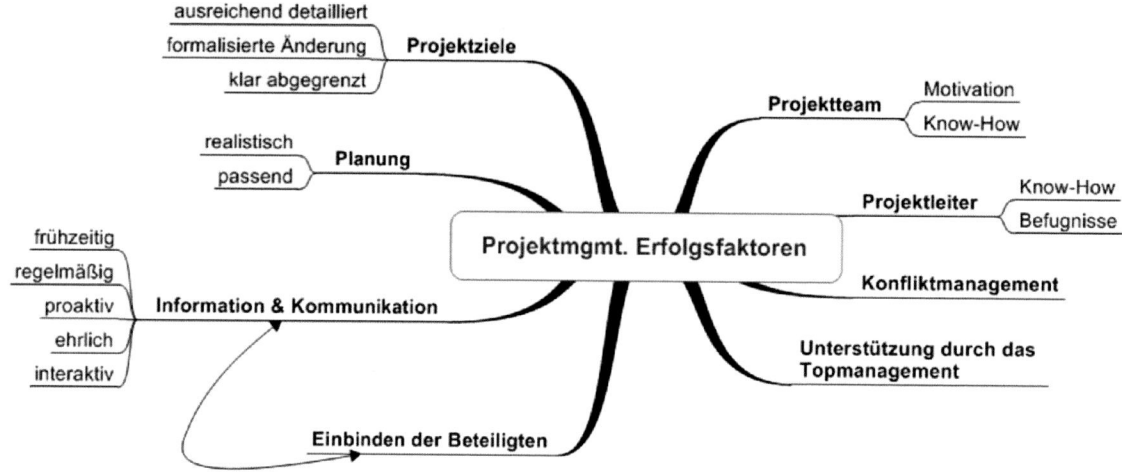

Abbildung 2 – Beispiele für Erfolgsfaktoren

Häufig werden in der Literatur Erfolgskriterien aufgelistet. **Erfolgskriterien** beschreiben Merkmale anhand derer der Zustand einer Sache oder einer Person von anderen unterschieden, bewertet bzw. gemessen werden kann. Bei der Frage nach den Erfolgskriterien eines Projektleiters („Was muss ein erfolgreicher Projektleiter mitbringen?"), werden Persönlichkeitsmerkmale, wie z.B. Organisationstalent, Kritikfähigkeit und Verhandlungsgeschick (siehe Kapitel 7.6.6 Führungsvoraussetzungen) die Antwort sein.

1.5 Projektorientierung

Mit der Nutzung projektorientierter Arbeitsformen reagieren Organisationen auf eine immer komplexere und dynamischere Umwelt. Die Arbeit in Projekten wird in Zukunft weiter zunehmen und sich verändern. Arbeiten wir bisher in einem Projekt mit einer überschaubaren Anzahl an Partnern und geringer organisatorischer Eigenständigkeit, so wird sich durch die Veränderung von Geschäftskultur und Wertschöpfungsmustern die Anzahl der Beteiligten erhöhen (international und interdisziplinär) und Projekte werden zunehmend in eigenständigen Organisationsformen abgewickelt. [13]

Allerdings müssen Veränderungen, die durch Projekte ausgelöst werden, wieder in die vorhandene Organisation integriert werden. Damit wird Projektmanagement zum verbindenden Element zwischen Routine und innovativen Aufgaben.

Besondere Merkmale der Projektorientierung in Unternehmen sind

➤ die strategische und strukturelle Grundausrichtung
➤ die Projektmanagement-Kompetenz
➤ die grundsätzliche Werthaltung und
➤ die Projekt- und Projektmanagementkultur

Verschiedene Attribute dienen dazu, projektorientierte Arbeit von anderen Arbeitsformen abzugrenzen. Diese finden sich in ähnlicher Form bei den Projektmerkmalen wieder.[14]

---

[13] vgl. Studie Deutsche Bank Research (2008), (siehe Literatur Kapitel 8.7 Studien)
[14] vgl. GPM/ SPM/ Gessler (Hrsg.) (2011), Seite 1123ff

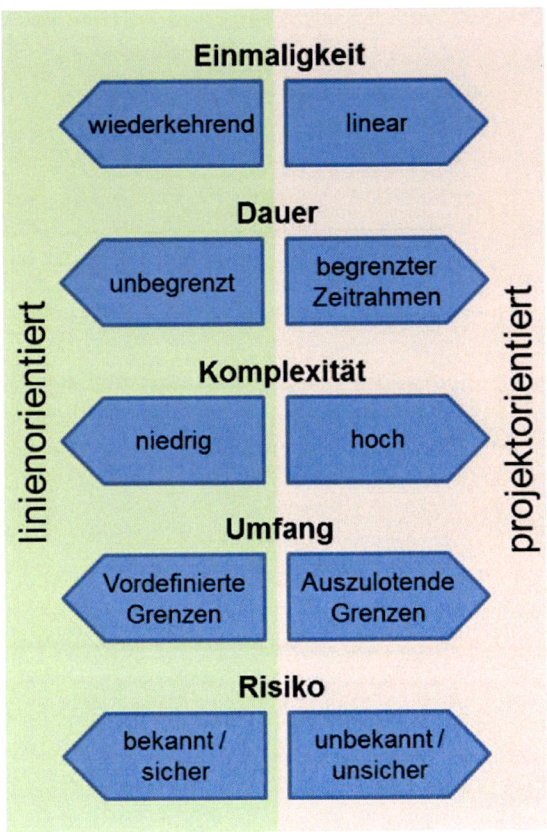

Abbildung 3 - Projektorientiertes Denken & Handeln

1.6 Der rote Faden – die PM-Phasen der DIN 69901

„Das Prozessmodell der DIN 69901 bietet eine gute Grundlage für das Management einzelner Projekte und zeigt von der Initialisierung bis zum Abschluss alle relevanten PM-Prozesse auf. Die Prozesse müssen allerdings projektspezifisch angepasst werden. Dies geschieht entweder im Rahmen einer Projektmanagement-Standardisierung (hier werden z. B. für unterschiedliche Projekttypen die Prozesse ausgewählt und in einem Projektmanagement-Handbuch abgebildet) oder wird durch den Projektleiter für jedes einzelne Projekt anhand der individuellen Anforderungen vorgenommen.“ [14]

Im Folgenden wird der Durchlauf eines Projekts von der Initialisierung bis zum Abschluss skizziert, um einen besseren Eindruck von der praktischen Umsetzung des Prozessmodells zu vermitteln. Es wird dabei aus Gründen der Übersichtlichkeit auf eine vollständige und ausführliche Erläuterung aller in der DIN 69901 dargestellten Prozesse verzichtet.

Projektmanagement-Prozess

Abbildung 4 - Initialisierung, Definition, Planung, Steuerung, Abschluss

Initialisierungsphase

„Der Auslöser für das Projekt kann dabei sowohl aus dem externen Bereich als auch aus dem internen Bereich kommen. Die Führung nimmt sich der Projektidee an und beauftragt eine Person, die Projektidee zu konkretisieren und die nächsten Schritte im Projekt einzuleiten. Anschließend wird die vorliegende Projektidee eingehend analysiert, bewertet und eine Zielvision skizziert. Abhängig von den projektspezifischen Anforderungen werden die aus dem Prozessmodell relevanten Prozesse ausgewählt und für die Projektabwicklung vorbereitet. Schließlich werden die Ergebnisse aus den Prozessen der Initialisierungsphase der Führung zur Freigabe vorgelegt. Mit der Freigabe kann der Übergang in die nächste Projektmanagementphase erfolgen.“ [15]

Definitionsphase

„Der erste Schritt besteht darin, ein Kernteam für das Projekt zu bilden, das die Aufgaben in der Definitionsphase erfüllt. Als wesentlicher Prozess steht die Definition der Ziele im Mittelpunkt dieser Phase. Hier stellt sich insbesondere die Frage, was mit dem Projekt erreicht werden soll. In enger Abstimmung mit dem internen bzw. externen Auftraggeber werden die Projektziele spezifisch und messbar formuliert und in die gewünschte Form (z. B. Lastenheft) gebracht. Im

[15] GPM/ SPM/ Gessler (Hrsg.) (2011), Seite 38

weiteren Verlauf werden die konkreten Projektinhalte festgelegt (was ist zu leisten bzw. was nicht) und in einer übersichtlichen Art und Weise strukturiert. Anschließend werden die wesentlichen Meilensteine definiert und die Aufwendungen zur Durchführung des Projekts grob abgeschätzt. Auf Basis dieser Informationen sowie einer Analyse der Umfeldeinflüsse und der Erwartungen relevanter Interessengruppen werden schließlich die Machbarkeit bewertet und die für das Projekt kritischen Erfolgsfaktoren abgeleitet."[16]

Planungsphase

In der Planungsphase werden die wesentlichen Bedingungen für das Projekt festgelegt. Durch die Planung sollen realistische Werte für Leistung, Kosten und Termine ermittelt werden, um Fehler zu reduzieren, mangelnde Abstimmung zu verhindern und so Fehlentwicklungen in einem frühen Projektstadium zu verhindern. Die Projektplanung umfasst u.a. die Planung der Projektstruktur, des Projektaufwandes, des Ressourceneinsatzes und der Kommunikation. Abhängig von den konkreten Anforderungen im Projekt werden zum Abschluss der Planungsphase noch die Vertragsinhalte mit den Lieferanten abgestimmt.[17]

Die Zielstellung des Projekts sollte zwischen dem Auftraggeber und den Verantwortlichen des Projekts verbindlich und klar festgelegt werden. Grundsätzlich sollten bei der Planung insbesondere folgende „**W-Fragen**" geklärt werden.

Wo?	Wo wird am Projekt gearbeitet? In welcher Umgebung (Umfeldanalyse)?
Wer?	Welche Personen und Unternehmen sind an der Durchführung und Finanzierung beteiligt und wer ist betroffen (Stakeholderanalyse und Projektorganisation)?
Was?	Was muss gemacht werden (Phasenplan und Projektstrukturplan)?
Wie?	Wie soll vorgegangen werden? Welche Mittel und Ressourcen werden eingesetzt (Ablaufplan, Einsatzmittelplan,)?
Wann?	Wann wird mit dem Projekt begonnen? Wann soll/ muss es fertig sein (Terminplan)?
Wie viel?	Wie viel wird das Projekt kosten und wie erfolgt die Finanzierung (Kosten- und Finanzplanung)?
Welche?	Welche Risiken bzw. Chancen bestehen (Risikoplan)?
Wie gut?	Welche Qualitätsziele müssen erreicht werden und wie wird deren Erreichung sichergestellt (Qualitätsplan)?

Tabelle 2 - W-Fragen während der Planungsphase[18]

Steuerungsphase

Der Kick-off eröffnet diese Phase. Im Rahmen dieser Veranstaltung wird *den Beteiligten das Projekt mit seinen Zielen,* der Planung und der gewählten Organisationsform vorgestellt und nach einer Aussprache verpflichten sich alle, das Projekt entsprechend der Vorgaben umzusetzen. Während des Kick-Offs werden bereits die ersten Schritte auf dem Weg zur Teambildung und -entwicklung durchgeführt. *„Alle weiteren Prozesse laufen quasi parallel und in Iterationsschleifen ab. Zu allen wichtigen Aspekten (Ziele, Termine, Kosten, Ressourcen, Qualität, Risi-*

---

[16] GPM/ SPM/ Gessler (Hrsg.) (2011), Seite 39
[17] vgl. GPM/ SPM/ Gessler (Hrsg.) (2011), Seite 39
[18] in Anlehnung an: Bergmann/ Garrecht (2008), Seite 218

ken etc.) des Projekts werden Informationen bezüglich des Ist-Stands aufgenommen und mit den Plan-Werten verglichen. Sollte es zu Abweichungen kommen, wird mit geeigneten Maßnahmen gegengesteuert. Darüber hinaus sind es vor allem Änderungen an den Zielvorgaben, die in der Praxis häufig zu Abweichungen in Projekten führen. Jede Änderung muss als solche erkannt und dokumentiert werden. Nach einer Prüfung der Auswirkungen wird über die Durchführung der Änderung entschieden und ggf. der Projektplan angepasst. Hier sind also auch Rücksprünge in die Prozesse der Definitions- und insbesondere der Planungsphase notwendig. Schließlich gilt es noch, mögliche Nachforderungen ("Claims") gegenüber dem Auftraggeber zu sichern. Mit Erreichen des definierten Projektziels wird dem Auftraggeber das Ergebnis zur Abnahme vorgelegt und damit die letzte Projektmanagementphase eingeläutet."[19]

Abschlussphase

„Im Mittelpunkt der Abschlussphase nach DIN 69901 steht die Erfahrungssicherung. Oft wird in diesem Zusammenhang von „lessons learned" gesprochen. Die Erfahrungen dienen der Organisation in Zukunft bei ähnlichen Projekten als Input für die Umsetzung der Projektmanagement-Prozesse. So können Fehler in der Zukunft vermieden und das Projektmanagement-System kontinuierlich verbessert werden. Zum Schluss des Projekts werden die Ressourcen zurückgeführt, die Projektorganisation aufgelöst und der Projektmanager von seiner Verantwortung entbunden. Damit ist das Projekt dann formal beendet."[20]

1.7 Querverweise

Projektmanagementerfolg, Interessierte Parteien, Projektanforderungen und Projektziele, Problemlösung, Projektphasen, Ablauf und Termine, Ressourcen, Kosten und Finanzmittel, Beschaffung und Verträge, Kommunikation, Engagement und Motivation, Kreativität

---

[19] GPM/ SPM/ Gessler (Hrsg.) (2011), Seite 39
[20] GPM/ SPM/ Gessler (Hrsg.) (2011), Seite 40

2 Initialisierung – der Projektanstoß

2.1 Wesentliche Kapitel der ICB 3.0

Kapitel

1.10	Leistungsumfang und Lieferobjekte *(scope & deliverables)*
3.02	Programmorientierung *(programme orientation)*

2.2 Lernziele

Sie können nach der Durcharbeitung dieses Kapitels ...

- ✓ *erläutern, nach welchen Kriterien und mit welchen Methoden Projektideen bewertet und priorisiert werden können*
- ✓ *einen Projektsteckbrief mit den wesentlichen Informationen für Ihr Projekt zusammenstellen*

2.3 Auswahl von Projekten

Üblicherweise stehen Unternehmen nur beschränkt Ressourcen zur Verfügung, d.h. Geld- und, Sachmittel, Personal sowie Material müssen so eingesetzt werden, dass sie die Unternehmensziele effizient unterstützen. Da Projekte zur Durchführung Ressourcen brauchen bzw. verbrauchen, ist es nur konsequent, wenn nur solche Projekte durchgeführt werden, die möglichst gut zur Erreichung eben dieser Unternehmensziele beitragen.[21]

Neben dem eigenen strategischen Planungsprozess als Quelle für Projektideen werden immer häufiger Projekte durch Veränderungen im Umfeld des Unternehmens (z.B. neue Technologien, Gesetzesänderungen, Markteintritt eines neuen Wettbewerbers) initiiert.[22]

Die Auswahl der richtigen Projekte im Unternehmen ist Aufgabe des strategischen Projektmanagements. Dabei ist zu prüfen, ob das Projekt grundsätzlich durchführbar ist. Diese „Vorauswahl" soll verhindern, dass unpassende Projekte überhaupt in Angriff genommen werden.

> **„Die beste Projektabwicklung nützt nichts, wenn die falschen Projekte ausgewählt wurden."**
>
> *Prof. Dr. Heinz Schelle, Ehrenvorsitzender der GPM*

Auswahlkriterien, für die passenden Projekte können beispielsweise sein

- ➤ Kundennutzen
- ➤ Kostensenkungspotenzial
- ➤ strategische Bedeutung
- ➤ verbesserte Reaktionsfähigkeit
- ➤ Risiko
- ➤ Dringlichkeit (Muss-Projekt - betrifft zwingende Themen, wie z.B. gesetzliche Änderungen)

---

[21] vgl. Bea/ Scheurer/ Hesselmann (2008), Seite 86f
[22] vgl. Patzak/ Rattay (2009), Seite 543f

Allerdings gewinnt die Beurteilung der Wirtschaftlichkeit in immer höherem Maße an Bedeutung. Aus ökonomischer Sicht können Projekte u.a. nach der

> ➢ Amortisationsdauer (Zeitdauer, die benötigt wird, um die Investition wieder zurückzugewinnen)
> ➢ Kapitalwertmethode (auch Net Present Value; Projekt ist dann wirtschaftlich, wenn die Summe aller Ein- und Auszahlungen positiv ist)
> ➢ Risikobewertung (Variantenrechnung, Sensitivitätsanalyse)

bewertet und selektiert werden.[23]

Bei externen Kundenaufträgen ist das Messkriterium das Ergebnis nach Kosten, also der mit dem Projekt zu erwirtschaftende Deckungsbeitrag.

2.3.1 Beurteilung der Projektidee - Nutzwertanalyse

Neben den „harten" Kostenkriterien können auch die oben erwähnten qualitativen Auswahlkriterien wie strategische Bedeutung, Kundennutzen und Dringlichkeit berücksichtigt werden. Die Nutzwertanalyse erlaubt die Verbindung der „harten" und „weichen" Kriterien und somit eine Gesamtbeurteilung des Projektes. Dabei wird ein Punktwert für alle in Frage kommenden Projekte ermittelt.[24]

Vorgehen

1. Kriterien bestimmen und gewichten (Summe der Gewichte = 10 bzw. 100%)
2. Punkte für die Erfüllung der Kriterien durch die einzelnen Projekte vergeben (Werte von 1 - 10)
3. Gewichte (G) mit den Punkten (P) multiplizieren
4. Ergebnisse pro Kriterium und Projekt addieren
5. Summe pro Projekt einer Attraktivitätsskala zuordnen und entsprechende Auswahl treffen

| | | Projekt A | | Projekt B | | Projekt C | |
| | Muss Projekt | nein | | nein | | ja | |
Kriterien	**G**	**P**	**G * P**	**P**	**G * P**	**P**	**G * P**
Wirtschaftlichkeit	3	7	21	10	30		
Dringlichkeit	1	9	9	4	4		
Kundennutzen	2	10	20	7	14		
Risiko[25]	1	9	9	4	4		
Strategie	3	5	15	9	27		
Summe	10		74		79	umsetzen	

Tabelle 3 - Nutzwertanalyse (Beispiel)

Neben Projekt C (Muss-Projekt) wäre nach der Nutzwertanalyse Projekt B für die Umsetzung erste Wahl. Diese Methode lässt sich auch im weiteren Verlauf der Projekte, beispielsweise bei der Priorisierung von Zielen oder der Bewertung von Lösungsalternativen, einsetzen.[26]

---

[23] vgl. Kerzner (2008), Seite 560ff; Litke (Hrsg.) (2005), Seiten 494ff, 517f; Patzak/ Rattay (2009), Seite 554ff
[24] vgl. Nagel (1995), Seite 203ff
[25] Anmerkung: hohe Punktzahl = geringes Risiko, niedrige Punktzahl = hohes Risiko
[26] vgl. GPM/ SPM/ Gessler (Hrsg.) (2011), Seiten 117, 301

So kann das strategische Projektmanagement dafür sorgen, dass die richtigen Projekte ausgewählt werden (**Effektivität**), während das operative Projektmanagement diese dann richtige umsetzt (**Effizienz**). [27]

2.3.2 Projektdefinition - der Projektsteckbrief

Als Ergebnis der vorangegangenen Einschätzungen und Bewertungen erfolgt die Beschreibung des Projektes in Form eines Projektsteckbriefs durch den Projektleiter. Der Projektsteckbrief stellt die wesentlichen Eckdaten des Projektes kurz und präzise dar. Dazu gehören

- ➤ Projektname und Projektnummer
- ➤ eine Beschreibung des Inhalts
- ➤ die Projektziele
- ➤ Informationen zu Dauer, Beginn und Ende
- ➤ eine Aussage zum Budget
- ➤ Angaben zum Auftraggeber und/ oder Kunde
- ➤ beteiligte Personen (Projektleiter, Projektteam)
- ➤ eine Übersicht zu den geplanten Projektphasen

Je nach Sprachgebrauch und Festlegung im Unternehmen wird das Ergebnis der Projektdefinition auch als Projektdefinitionsblatt, Projektbeschreibung, Projektantrag, Projektauftrag oder Project Charter bezeichnet.[28]

---

[27] vgl. Schelle (2010), Seite 49ff
[28] vgl. Motzel (2010), Seite 163; Patzak/ Rattay (2009), Seite 116; Litke (Hrsg.) (2005), Seite 498f

PROJEKTSTECKBRIEF

Projektname: Glanzeinschlagmaschinenbau   **Projektnummer:** xyz-2016-bereich-01

Kurzbeschreibung des Projekts:

Entwicklung und Bau einer Serie von sechs Maschinen zur Verpackung von Pralinen im Ganzeinschlag; die Maschinen sind für sechs verschiedene Packformate auszuführen.

Projektstartereignis: **Projektstarttermin:**

Projektstart-Workshop   01.02.2016

Projektendereignis: **Projektendtermin:**

SAT (Abnahmelauf) beim Kunden   15.12.2016

Projektziele:

- Lieferung zum festgesetzten Termin ist erfolgt
- Funktionstest aller Verpackungsformate ist erfolgreich absolviert
- die Leistung der einzelnen Verpackungsformate ist erreicht
- der SAT (Site Acceptance Test) ist erfolgreich absolviert

Hauptrisiko bzw. -risiken:

Schlechte Qualität der Pack-Materialien vor Ort.

Meilensteine:

M0 - Projektstart-Workshop ist durchgeführt

M1 - Maschinen-Konzept ist genehmigt

M2 - Montageteile liegen vor

M3 - Montage ist erfolgt

M4 - Inbetriebnahme der Maschinen ist erfolgt

M5 - Abnahme für alle Maschinen durch
     Auftraggeber ist erfolgt

Projektressourcen und –budget (Schätzung):

Ressourcen:	Aufwand [PT]	Budget [€]
Projekt-Management:	190	150.000 €
Konzeptentwicklung:	20	15.000 €
Konstruktion:	140	100.000 €
Fertigung:	120	75.000 €
Montage- u. Inbetriebnahme:	500	350.000 €
Versand:		60.000 €
Material:		900.000 €
Gesamtbudget:		**1.650.000,00 €**

Projektauftraggeber: **Projektleiter:**

Frank Echtern,   Katharina Jung, Projektleiterin, Gesika GmbH

Produktionsleiter, Gesika GmbH

Projektteammitglieder: N.N.$_1$, N.N.$_2$, N.N.$_3$, N.N.$_4$, N.N.$_5$, N.N.$_6$, N.N.$_n$,

Tabelle 4 - Projektsteckbrief (Beispiel)

2.3.3 Querverweise

Projektmanagementerfolg, Umfeld und Interessierte Parteien, Risiken und Chancen, Qualität, Problemlösung, Leistungsbeschreibung und Lieferobjekte, Projektphasen, Kosten und Finanzmittel, Beschaffung und Verträge, Projektstart, Ergebnisorientierung, Projektorientierung

3 Definition

3.1 Wesentliche Kapitel der ICB 3.0

Kapitel

1.02	Interessengruppen/interessierte Parteien *(interested parties)*
1.03	Projektanforderungen und Projektziele *(project requirements & objectives)*
1.06	Projektorganisation *(project organisation)*
1.10	Leistungsumfang und Lieferobjekte *(scope & deliverables)*
1.11	Projektphasen *(time & project phases)*
1.19	Projektstart *(start-up)*

3.2 Lernziele

Sie können nach der Durcharbeitung dieses Kapitels …

- ✓ *erklären, welchen Einfluss Erkenntnisse über die Projektart auf die Projektdefinition haben*
- ✓ *die wichtigsten Begriffe und Definitionen zu den Themenfeldern Umfeldanalyse und Stakeholdermanagement erklären*
- ✓ *das magische Dreieck der Projektziele erklären,*
- ✓ *die fünf Zielfunktionen beschreiben*
- ✓ *Ziele operationalisiert beschreiben*
- ✓ *den Einsatz von Vorgehensmodellen, Phasen und Meilensteinen erklären*

3.3 Wie beginnt ein Projekt? Der Projektstart

> **„Zeige mir wie Dein Projekt beginnt und ich sage Dir, wie es endet"**
>
> *Gero Lomnitz, Gründungsmitglied des IPO Köln*

Wie bereits im Kapitel 1.3 festgestellt wurde, ist ein wesentliches Merkmal für ein Projekt dessen zeitliche Begrenzung, also sein definierter Start und sein definiertes Ende. Während in der deutschen DIN 69901 oder der amerikanischen ANSI/PMI 99-001-2008[29] der Projektabschluss klar definiert wird, gibt es für den Projektbeginn diesbezüglich keine dezidierte Aussage.[30]

Dies ist umso erstaunlicher, da allgemein bekannt ist, dass die Möglichkeiten, die Resultate eines Projektes zu beeinflussen, im Verlauf der Projektbearbeitung rapide ab- und die Kosten für Änderungen im gleichen Maß zunehmen.[31]

---

[29] Das American National Standards Institute (ANSI) hat den „Guide to the Project Management Body of Knowledge (PMBoK Guide)" als Standard anerkannt (ANSI/PMI 99-001-2008). Der PMBoK Guide ist die zentrale Referenz des amerikanischen Project Management Institute.

[30] vgl. DIN Deutsches Institut für Normung e.V. (2009), DIN 69901-5:2009, Seite 150, Project Management Institute Inc. (2008), Seite 99

[31] vgl. Project Management Institute Inc. (2008), Seite 17; GPM/ SPM/ Gessler (Hrsg.) (2011), Seite 692; Bea/ Scheurer/ Hesselmann (2008), Seite 131f

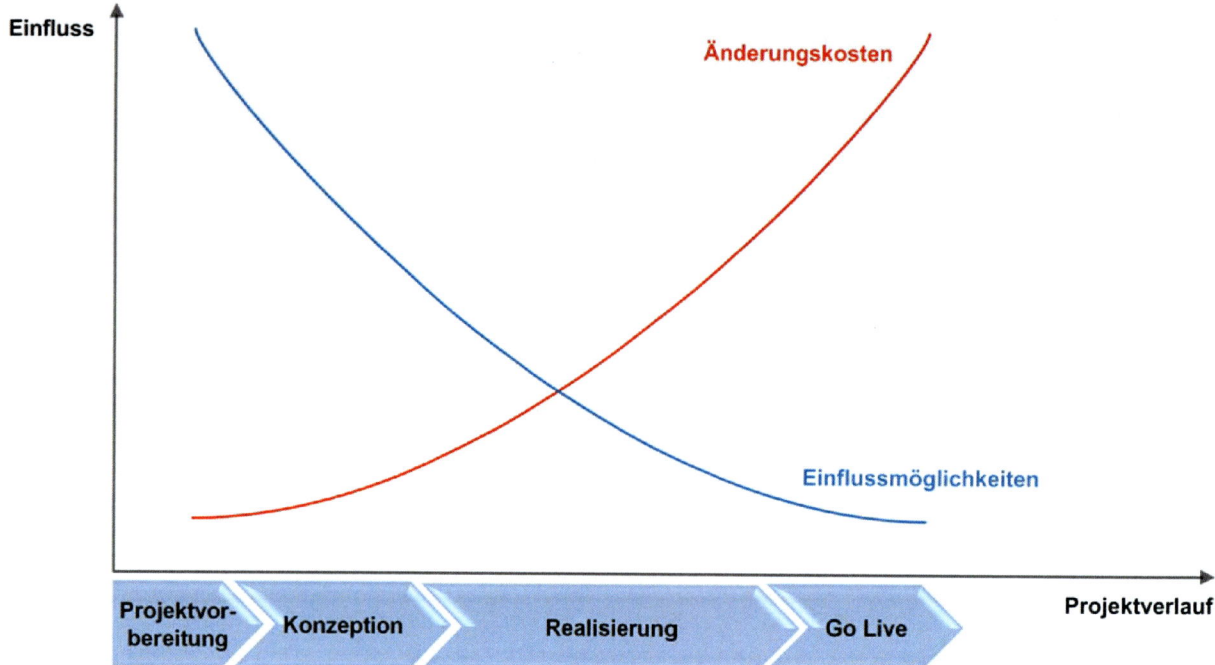

Abbildung 5 - Einflussmöglichkeiten und Kosten

Für den Begriff „Projektstart" finden sich zwei unterschiedliche Definitionen - ein Ereignis oder eine Phase bzw. ein Prozess. Das Ereignis „Projektstart" lässt sich beispielhaft an unterschiedlichen „Terminen" fest machen: [32]

➤ Erster Gedanke zum Projekt bei einem verantwortlichen Entscheider
➤ Versand der Ausschreibung/ des Lastenhefts durch den Auftraggeber
➤ Datum des Projektantrags
➤ Antwort mit dem Pflichtenheft auf die Ausschreibung/ das Lastenheft des Auftraggebers
➤ Freigabe des Projektantrages (intern) bzw. Beauftragung (extern) durch den Auftraggeber
➤ Datum der Eröffnung einer Kostenstelle für das Projekt im ERP-System
➤ Kick-Off-Meeting oder Start-Workshop
➤ Termin des Startmeilensteins

Betrachtet man die unterschiedlichen Auffassungen, so ist es besser, vom Projektstart als eigenständige Phase mit einer bestimmten Dauer auszugehen.

---

[32] vgl. Angermeier (2016), www.projektmagazin.de/glossar/gl-0377.html, abgerufen am 04.05.2016; GPM/ SPM/ Gessler (Hrsg.) (2011), Seite 687

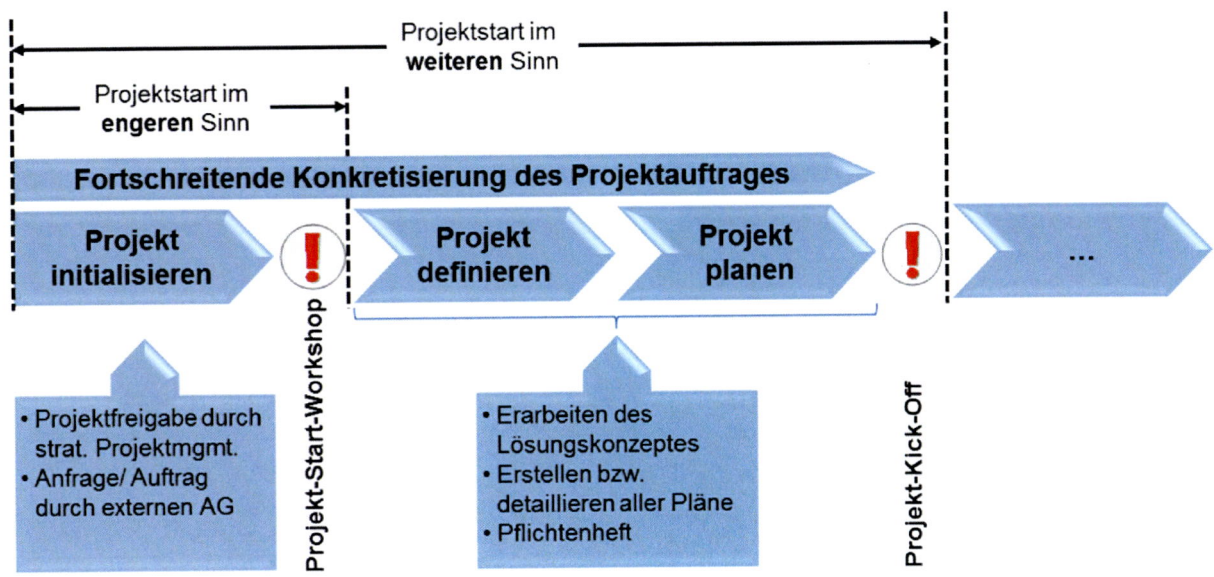

Abbildung 6 - Projektstart

Diese Phase bzw. dieser Prozess kann in einen noch nicht lösungsorientierten und den daran anschließenden konzeptionellen Teil gegliedert werden. Bei ersterem spricht man vom **Projektstart im engeren Sinn**, beide zusammen werden als **Projektstart im weiteren Sinn** bezeichnet.[33]

Der Projektstart im **engeren Sinn** enthält die Vorabklärungen für das Projekt (z.B. Zielklärung, erste Risikobetrachtung, Erfolgsfaktoren, erste Aufwand- und Kostenschätzung) und führt im Ergebnis zum Projektsteckbrief (Projektdefinition, siehe Kapitel 2.3.2). Den Abschluss bildet der **Projekt-Start-Workshop**. Dieser Workshop dient der Integration der für die Definitions- und Planungsphase notwendigen Mitarbeiter (Kernteam), der Festlegung der (vorläufigen) Projektorganisation, sowie die Bereitstellung der Infrastruktur und Arbeitsmittel.[34]

Der Projektstart im **weiteren Sinn** umfasst ergänzende Analysen- und viele konzeptionelle Planungsschritte. Spätestens hier werden Stakeholder und Risiken detaillierter analysiert, Pläne bis hin zum Ablauf- und Terminplan erstellt und die benötigten Ressourcen sowie die Kosten und Finanzmittel ermittelt und deren Verfügbarkeit geprüft. Den Abschluss bildet der **Projekt-Kick-Off** als *„offizielle Veranstaltung nach erfolgreicher Planung, die mindestens alle Mitglieder des Projektteams und gegebenenfalls Vertreter der Auftraggeberseite vereint, um ihnen ein gemeinsames Verständnis bzgl. des Projekts zu vermitteln und die auszuführenden Arbeiten in Gang zu setzen."* [35]

In diesem Zusammenhang soll das **0. Gebot** für Projektleiter nicht unerwähnt bleiben - *„Beginne nie eine innovative Aufgabe, bevor Du nicht folgende Frage seriös beantwortet hast: Wer hat eine ähnliche Aufgabenstellung bereits bearbeitet, sich mit dem Thema befasst und kann positive oder negative Erfahrungen beitragen?"*[36] Dabei geht es darum, nicht „das Rad neu zu erfinden" bzw. „jeden Fehler selbst zu machen", sondern von bestehendem Wissen und positiven wie negativen Erfahrungen zu profitieren. Dennoch ist dabei Vorsicht geboten, denn *„Erfahrung macht nicht notwendigerweise immer klug; Erfahrung kann auch dumm machen."*[37]

---

[33] vgl. GPM/ SPM/ Gessler (Hrsg.) (2011), Seite 689
[34] vgl. DIN Deutsches Institut für Normung e.V. (2009), DIN 69901-5:2009, Seite 159
[35] DIN Deutsches Institut für Normung e.V. (2009), DIN 69901-5:2009, Seite 153
[36] Scheuring (2008), Seite 55
[37] Dörner (2010), Seite 257

Die Praxis zeigt, dass die Projektstartphase enormen Einfluss auf den Projektverlauf hat. Durch die hier investierte Zeit werden wichtige Voraussetzungen für den späteren Projekterfolg geschaffen.

3.3.1 Querverweise

Teamarbeit, Leistungsumfang und Lieferobjekte, Projektphasen, Ablauf und Termine, Kosten und Finanzmittel, Beschaffung und Verträge, Information und Dokumentation, Kommunikation, Engagement und Motivation, Kreativität

3.4 Ziele und Anforderungen

Projekte verfolgen mindestens ein Ziel und liefern für das Unternehmen relevante Ergebnisse. Sie stehen somit im Spannungsfeld von zu erreichenden Unternehmenszielen, den Erfolgsfaktoren des Unternehmens und der erforderlichen bzw. geforderten Qualität, die durch sie zu erbringen ist. Die Unternehmensziele leiten sich aus der Geschäftsstrategie des Unternehmens ab. Daraus wiederum werden die operativen Ziele definiert. Wie eingangs erwähnt, liefern Projekte für das Unternehmen nutzbringende Ergebnisse, Projektziele resultieren daher aus den strategischen (strategische Projekte) oder den operativen Zielen des Unternehmens.

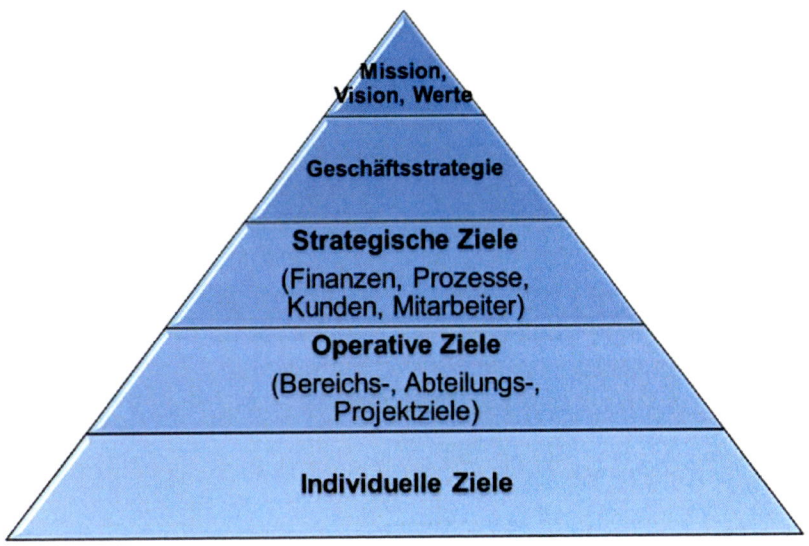

Abbildung 7 - Zielpyramide des Unternehmens

3.4.1 Zieldefinition, Zielgrößen

Ziele sind, wie bereits in Kap. 1.3 aufgeführt, eines der Merkmale eines Projektes. Projektziel und Zieldefinition werden in der DIN 69901-5:2009 und der NCB 3.0 wie folgt beschrieben:

„Projektziel – Gesamtheit von Einzelzielen, die durch das Projekt erreicht werden"[38]

„Zieldefinition – quantitative und qualitative Festlegung eines Projektinhaltes und der einzuhaltenden Realisierungsbedingungen, z.B. Kosten, Dauer, in den Zielmerkmalen mit meist unterschiedlichen Zielgewichten (z.B. Muss- und Kann-Ziele)"[39]

„Das Projektziel ist es, den betroffenen Interessengruppen von Nutzen zu sein. Eine Projektstrategie ist die Ansicht der Organisationsleitung darüber, wie das Projektziel erreicht werden soll. Die Projektzielsetzung ist es, die vereinbarten Endresultate, unter besonderer Berücksichtigung der Deliverables, im vorgeschriebenen zeitlichen Rahmen, mit dem vereinbarten Budget und innerhalb verträglicher Risikoparameter zu liefern. Die Projektzielsetzungen bestehen aus einer Reihe von Teilzielen, die die Projekt-, Programm- bzw. Portfoliomanager erreichen sollten, um den betroffenen Interessengruppen den erwarteten Nutzen zu liefern."[40]

Die Projektzielgrößen Kosten (Aufwand), Leistung (Ergebnis) und Termin (Zeit) stellen die verdichtete, übersichtliche Darstellung der Gesamtheit der Projektziele dar. Sie werden häufig in

---

[38] DIN Deutsches Institut für Normung e.V. (2009), DIN 69901-5:2009, Seite 160
[39] DIN Deutsches Institut für Normung e.V. (2009), DIN 69901-5:2009, Seite 163
[40] GPM Deutsche Gesellschaft für Projektmanagement e.V. (NCB 3.0, 2009), Seite 57

Form eines Dreiecks veranschaulicht, dem sogenannten „Magischen Dreieck" des Projektmanagements.

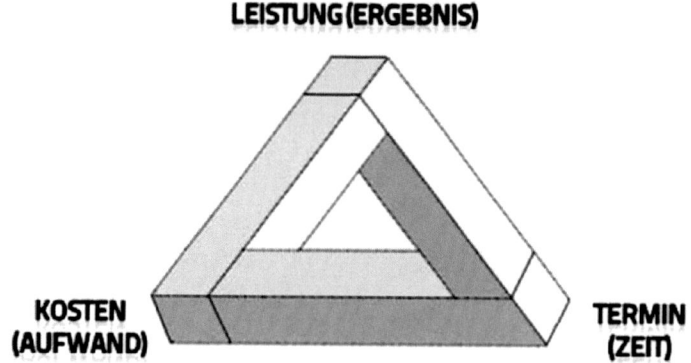

Abbildung 8 - "Magisches Dreieck"

3.4.2 Zielfunktionen, Zielarten

Projektziele haben neben der Kontrollfunktion („… die Projektmanager erreichen sollten, um den betroffenen Interessengruppen den erwarteten Nutzen zu liefern.") weitere wichtige Funktionen.

Funktion	Beschreibung
Kontrolle	Messlatte, ob das Projekt insgesamt erfolgreich war.
Orientierung	Richtungsweisende Informationen - „Wohin geht die Reise?"
Verbindung	Entsprechend formulierte Ziele bringt die Beteiligten zusammen – „Wir-Gefühl"
Koordination	Konsequente Ausrichtung an den Zielen erleichtert die Beziehungen des Projektteams mit anderen Organisationseinheiten.
Selektion	Schlüssige Ziele erleichtern die Auswahl von und die Entscheidung für Alternativen.

Tabelle 5 - Zielfunktionen

Ziele werden in Kategorien nach bestimmten Ordnungskriterien zusammengefasst. Die Kategorie „Zielgegenstand" wurde bereits mit den drei Zielgrößen des „Magischen Dreiecks" (Termin, Kosten, Leistung) erwähnt. Weitere gebräuchliche Unterscheidungen sind nach

- ➤ der Beziehung zum Projektergebnis
- ➤ der Prozessnähe
- ➤ dem Grad der Verbindlichkeit

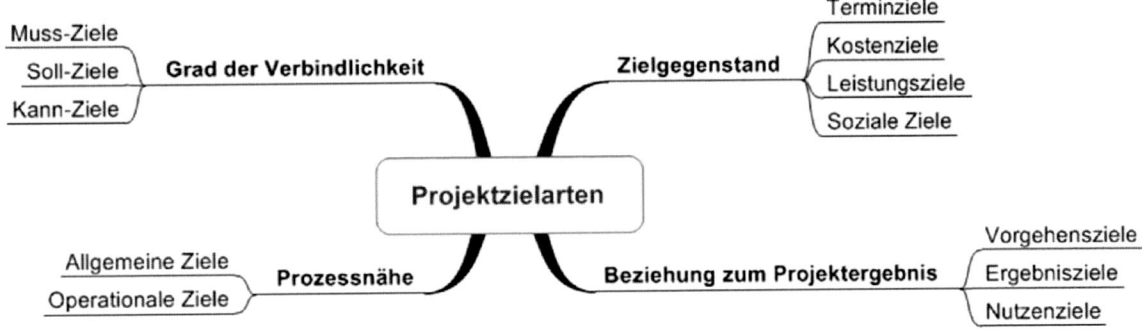

Abbildung 9 - Projektzielarten

Bei der Unterscheidung nach Ergebnis- und Vorgehenszielen (auch Prozessziele) werden unter den **Ergebniszielen** Projektziele zusammengefasst, die sich auf den Projektgegenstand (z.B. Finanzziele, Leistungsziele, Soziale Ziele, Ökologische Ziele) beziehen. **Vorgehensziele** hingegen beschreiben den Weg zur Erreichung des Projektergebnisses, d.h. alle Forderungen und Randbedingungen, die im Laufe des Projektes zu erfüllen sind (z.B. Terminziele, Budgetziele).

Trotz umfassender Zielformulierung kommt es vor, dass der Auftraggeber während der Projektumsetzung eine Leistung einfordert, die vom Projektteam nicht als Teil des Projektes gesehen wird. Um diesem Umstand vorzubeugen ist eine klare Abgrenzung durch die Formulierung von **Nicht-Zielen** hilfreich. Nicht-Ziele drücken aus, was nicht erreicht werden soll und auf welche Aspekte im Rahmen des Projektes verzichtet wird. Die Formulierung der Nicht-Ziele ist zudem eine wichtige Komponente in der Auftragsklärung zwischen Projektleitung und Auftraggeber.[41]

Nach Festlegung der Ergebnis-, Vorgehens- und Nicht-Ziele müssen diese noch kategorisiert werden. Die Zielkategorisierung wird üblicherweise nach *Muss*- (Nicht erreichen bedeutet Scheitern des Projektes), *Soll*- (Nicht erreichen verhindert die Gesamtzufriedenheit der Stakeholder mit dem Projekt) und *Kann*-Ziele (eher sekundär, nur bei angemessenem Aufwand anzustreben) vergeben. Nicht-Ziele werden nicht kategorisiert.

Die grafische Darstellung der Zielhierarchie, erfolgt entsprechend der gewählten Zielart in Form eines Zielbaumes.

---

[41] vgl. Patzak/ Rattay (2009), Seite 123

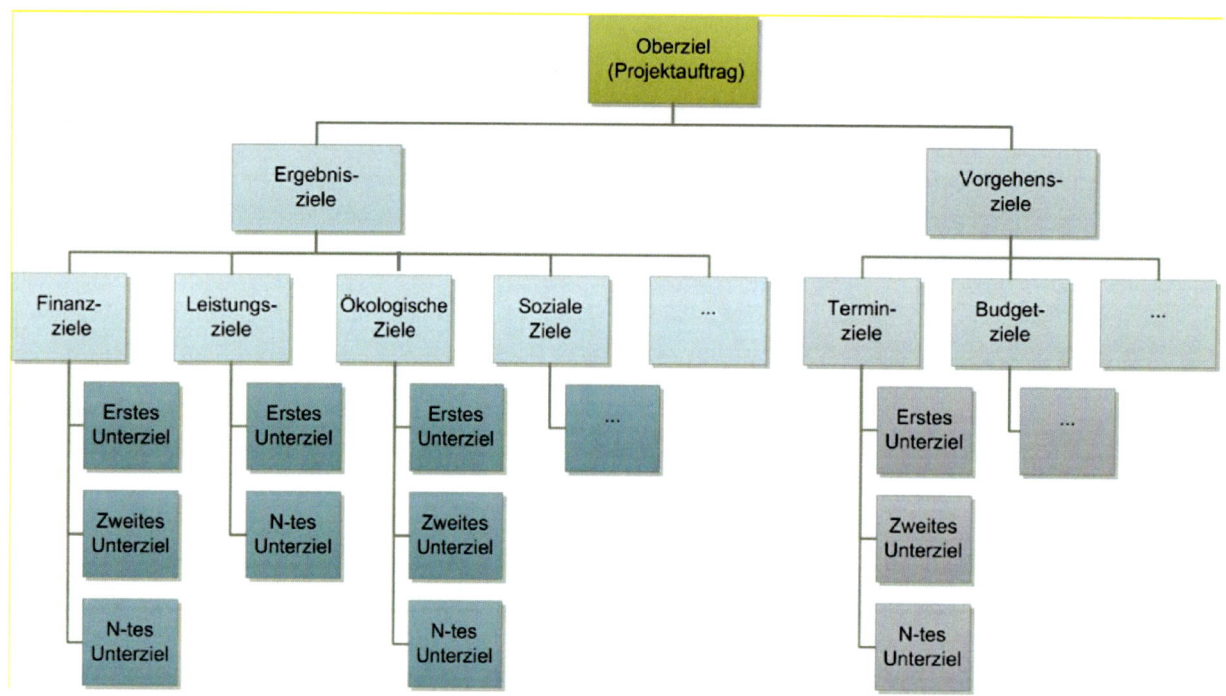

Abbildung 10 - Zielbaum nach der Beziehung zum Projektergebnis

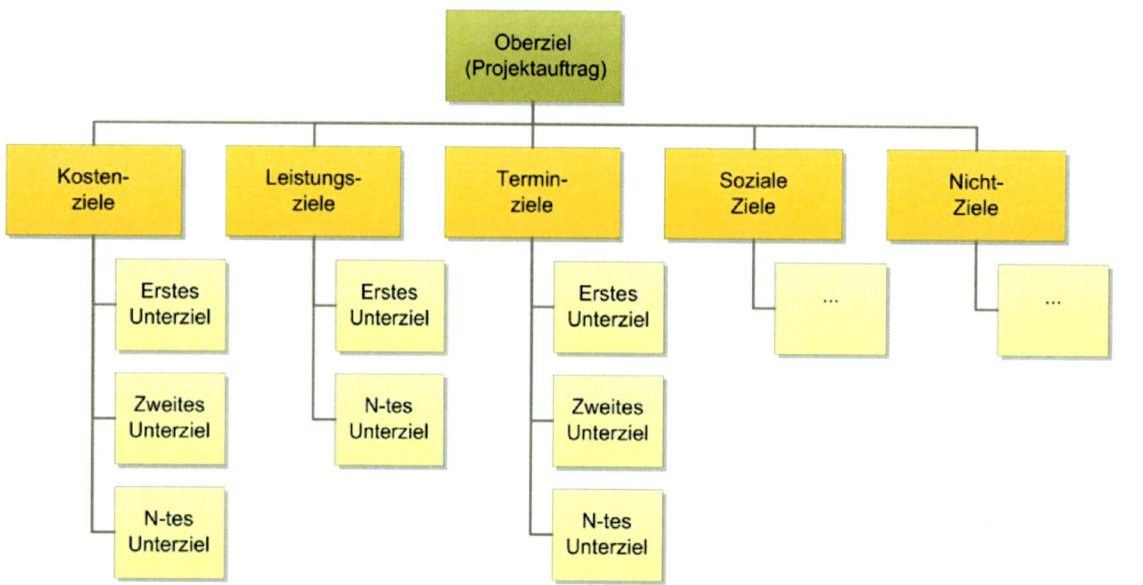

Abbildung 11 - Zielbaum nach Zielgegenstand

3.4.3 Zielformulierung, Zielverträglichkeit

Damit Projektziele ihren Anforderungen gerecht werden können, müssen bei der Formulierung bestimmte Regeln beachtet werden. Ausgehend davon, dass jedes Ziel

- ➤ vollständig
- ➤ eindeutig
- ➤ positiv
- ➤ ergebnisorientiert
- ➤ lösungsneutral
- ➤ in Zielsprache („ … ist erreicht.")

zu formulieren ist, gilt es Inhalt, Zeitbezug, Geltungsbereich und Ausprägung zu beschreiben.[42]

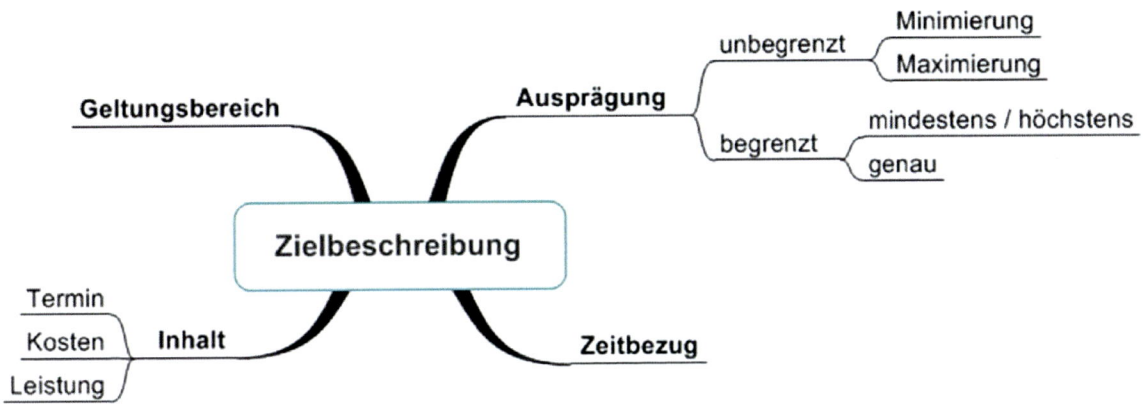

Abbildung 12 - Zielbeschreibung

- ➤ *Zielinhalt*
  Im Zielinhalt wird beschrieben, welche Größe bzw. Größen beeinflusst werden sollen. Dabei handelt es sich um die drei Größen des „Magischen Dreiecks" - Termin, Kosten, Leistung.

- ➤ *Zeitbezug*
  Unter dem Begriff Zeitbezug wird festgelegt, bis wann das Ziel erreicht werden soll, d.h. das Projekt erfolgreich beendet bzw. bestimmte Meilensteine erreicht sein sollen.

- ➤ *Sachlicher Geltungsbereich*
  Der Geltungsbereich konkretisiert das Betätigungsfeld, für welches das Ziel realisiert werden soll.

- ➤ *Zielausprägung*
  Hier wird festgelegt, wie stark der Zielinhalt verändert werden soll. Es können sowohl konkrete Werte vorgegeben (z.B. Kosten, die nicht überschritten werden dürfen) als auch vage Formulierungen (z.B. Maximierung von, Minimierung von) verwendet werden.

---

[42] vgl. Bea/ Scheuerer/ Hesselmann (2008), Seite 114f

Zur Überprüfung der Zielspezifikation eignet sich das Akronym **SMART**

SPEZIFISCH	Einfach und verständlich, nicht allgemein, sondern konkret.
MESSBAR	Operationalisiert (u.a. Leistung, Kosten), d.h. an welchen eindeutigen Indikatoren ist festzustellen, dass das Ziel erreicht ist?
AKZEPTIERT	Zielerreichung beeinflussbar sowie sozial ausführbar (akzeptiert).
REALISTISCH	Sachlich erreichbar und bedeutsam, also weder ein Zustand der sich von alleine einstellt, noch eine in der vorgegebenen Zeit unerreichbare Vision.
TERMINIERT	Schaffen einer Verbindlichkeit durch einen definierten Zeitpunkt.

Tabelle 6 - SMART[43]

„Der Langsamste, der sein Ziel nicht aus den Augen verliert, geht noch immer geschwinder, als jener, der ohne Ziel umherirrt."

Gotthold Ephraim Lessing (1729 - 1781), deutscher Dichter

Werden mehrere Ziele für ein Projekt identifiziert, so sind die Beziehungen der Ziele untereinander zu analysieren. Dabei wird zwischen verschiedenen **Zielverträglichkeiten** unterschieden. Die Skala geht dabei von Zielidentität über Zielneutralität hin zu Zielantinomie.

Abbildung 13 - Zielverträglichkeiten

Die Verträglichkeit der Ziele wird in der folgenden Tabelle im Detail beschrieben.

---

[43] vgl. Schiersmann/ Thiel (2009), Seite 187

Zielverträglichkeit	Definition & Aktion
Identität	Bei Zielen, die vollständig deckungsgleich sind, spricht man von Zielidentität. Eines der identischen Ziele ist zu streichen.
Komplementarität	Um Zielkomplementarität handelt es sich, wenn die Verfolgung eines Zieles gleichzeitig die Erreichung eines anderen Zieles begünstigt („je mehr das eine desto *mehr* das andere").
Neutralität	Lassen sich verschiedene Ziele voneinander vollkommen unabhängig erfüllen, spricht man von Zielneutralität.
Konkurrenz	Unter Zielkonkurrenz versteht man die Beeinträchtigung eines Ziels bei gleichzeitiger Erfüllung eines anderen. Hier ist eine Priorisierung notwendig („je mehr das eine desto *weniger* das andere").
Antinomie	Schließen sich Ziele komplett aus, handelt es sich um Zielantinomie. Hier ist eine Wahl zu treffen.

Tabelle 7 - Definition der Zielverträglichkeiten

Anhand einer **Zielverträglichkeitsmatrix** können die erarbeiteten Ziele auf ihre gegenseitige Wirkung hin überprüft werden.

Ziele	Z_1	Z_2	Z_3	Z_4	Z_n
Z_1					
Z_2	k				
Z_3	n	k			
Z_4	n	n	n		
Z_n	k	n	k	ko	

k = Komplementarität

n = Neutralität

ko = Konkurrenz

Abbildung 14 - Zielverträglichkeitsmatrix

3.4.4 Querverweise

Projektmanagementerfolg, Umfeld und Interessierte Parteien, Risiken und Chancen, Qualität, Problemlösung, Leistungsbeschreibung und Lieferobjekte, Projektphasen, Ablauf und Termine, Kosten und Finanzmittel, Beschaffung und Verträge, Änderungen, Überwachung und Steuerung, Berichtswesen, Projektstart, Projektabschluss, Engagement und Motivation, Ergebnisorientierung, Wertschätzung, Ethik, Projektorientierung, Stammorganisation, Gesundheit, Sicherheit und Umweltschutz

3.5 Umfeld und Interessierte Parteien

Der Erfolg eines Projektes hängt u.a. davon ab, wie sich die Beziehung des Projektes zum Projektumfeld gestaltet. Als Projektumfeld wird die Umgebung bezeichnet, in der ein Projekt entsteht und durchgeführt wird, die das Projekt beeinflusst und von dessen Auswirkungen betroffen ist. Projektbeeinflussungen können aus sozialen und sachlichen Umfeldfaktoren resultieren[44]. Hier bietet sich die Unterscheidung nach

- natürlich, technisch, ökonomisch, rechtlich-politisch (sachliche Umfeldfaktoren) und
- soziokulturell (soziale Umfeldfaktoren)

an. Hinsichtlich der Ausdehnung des Projektumfelds lässt sich

- das unmittelbare (direkte) Projektumfeld, z. B. Auftraggeber, Rahmenbedingungen, und
- das mittelbare (indirekte) Projektumfeld, z. B. Firmenleitung, Arbeitsmarkt

unterscheiden. Häufig werden auch die Begriffe „intern" und „extern" verwendet. Hierbei steht intern für außerhalb des Projektes und innerhalb der Organisation und extern für außerhalb des Projektes und außerhalb der Organisation.[45]

3.5.1 Umfeldanalyse

Chancen und Risiken ergeben sich nicht nur aus dem Projekt selbst, sondern auch aus vielerlei Faktoren des Umfeldes, in dem das Projekt durchgeführt wird. Die frühzeitige Analyse des Projektumfeldes als systematische Betrachtung der positiven (unterstützenden) und negativen (störenden) Einflüsse auf das Projekt hilft, Chancen zu finden und Risiken zu erkennen.

	sozial	sachlich
intern	1) Interner Auftraggeber (z.B. Bereichsleiter) 2) Unternehmensleitung (z.B. Vorstand, Geschäftsführer) 3) Interner Endnutzer (z.B. Fachbereich) 4) Projektmitarbeiter	11) Kultur (z.B. Unternehmenskultur) 12) Rahmenbedingungen (z.B. Gebäude, IT-Infrastruktur) 13) Betriebsvereinbarungen 14) PM-Handbuch 15) Interne Richtlinien
extern	6) Externer Auftraggeber (z.B. Kunden-Projektleiter) 7) Geldgeber (z.B. Bank, Anteilseigner) 8) Behörde (z.B. Baubehörde) 9) Betroffene (z.B. Anlieger, Bürgerinitiativen) 10) Lieferanten	16) Recht (z.B. Gesetze, Normen) 17) Wettbewerb (z.B. Konkurrenten) 18) Marktentwicklungen 19) Klimatische Bedingungen 20) Arbeitsmarkt (z.B. Personalverfügbarkeit)

Abbildung 15 - Umfeldanalyse mit Einflussfaktoren (Beispiele)[46]

Die sozialen und sachlichen Umfeldfaktoren werden als Input in die Stakeholder- (sozial) bzw. Risikoanalyse (sachlich) übernommen und dort entsprechend bewertet. Eine nähere Betrach-

---

[44] vgl. Bea/ Scheurer/ Hesselmann (2008), Seite 97ff
[45] vgl. GPM/ SPM/ Gessler (Hrsg.) (2011), Seite 74
[46] vgl. Hillebrand (2008), in: projekt MANAGEMENT aktuell (05/2008)

tung der Schnittstellen zwischen den sachlichen Umfeldfaktoren und ihrem Einfluss auf das Projekt kann helfen, kritische „Verbindungen" zu identifizieren.

	Kultur	Organisation	Rahmenbedingungen	Recht	Arbeitsmarkt	Wettbewerb	Kapitalmarkt	Meinungsbeeinflusser	Politk
Politk	0	0	+	0	0	0	0	-	
Meinungsbeeinflusser	0	0	0	-	0	0	0		
Kapitalmarkt	0	0	0	0	0	+			
Wettbewerb	0	0	-	0	0				
Arbeitsmarkt	0	+	0	0					
Recht	0	0	0						
Rahmenbedingungen	0	0							
Organisation	-								
Kultur									

neutral **O**
mögliches Problem **-**
unterstützend **+**

Tabelle 8 - Schnittstellenmatrix, sachliche Umfeldfaktoren (Beispiel)

Die möglicherweise kritischen Schnittstellen (gekennzeichnet mit „-") sind mit ihren Ursachen und den daraus für das Projekt entstehenden Folgen kurz zu beschreiben. Eine weitere Bewertung kann dann in der Risikoanalyse erfolgen. Zusätzlich können evtl. vorhandene Chancen (gekennzeichnet mit "+") festgestellt und auf ihre Nutzbarkeit im Projekt hin analysiert werden.

3.5.2 Interessierte Parteien (Stakeholder)

Interessierte Parteien oder Projektbeteiligte werden unterschiedlich definiert

DIN 69901-5:2009	*„Projektbeteiligte – Gesamtheit aller Projektteilnehmer, -betroffenen und – interessierten, deren Interessen durch den Verlauf oder das Ergebnis des Projekts direkt oder indirekt berührt sind."*[47]
ISO 10006:2003	*„Interessierte Partei – Person oder Gruppe mit einem Interesse an der Leistung oder dem Erfolg einer Organisation."*[48]
ISO 31000:2009	*„Person oder Organisation, welche eine Entscheidung oder Aktivität beeinflussen kann oder durch eine Entscheidung oder Aktivität betroffen ist oder sich dadurch betroffen fühlt."*[49]
PMBoK® Guide, 4. Ausgabe 2008	*„Stakeholder - Einzelpersonen und Organisationen, die aktiv an einem Projekt beteiligt sind, oder deren Interesse als Folge der Projektdurchführung oder des Projektergebnisses positiv oder negativ beeinflusst werden kann. Sie können auch das Projekt und seine Liefergegenstände positiv wie negativ beeinflussen."*[50]

Tabelle 9 - Definitionen Stakeholder

In Konklusion lassen sich Stakeholder als Personen oder Personengruppen bezeichnen, die am Projekt beteiligt, von seinem Ergebnis betroffen oder am Projektverlauf interessiert sind. Das Interesse muss nicht zwingend positiv sein, Stakeholder können auch schädlichen Einfluss auf das Erreichen der Projektziele ausüben.

Unterscheiden lassen sich die interessierten Parteien in primäre (wirken direkt) und sekundäre (wirken indirekt über ihre Beziehungen und ihren Einfluss) Stakeholder. Und innerhalb dieser Einteilung wiederum in Projektbefürworter (**Promotoren**) und Projektgegner (**Opponenten**).

In der Gruppe der Promotoren finden sich

> ➤ Machtpromotoren (Unterstützung mittels Durchsetzungsvermögen und ihrer Stellung in der Unternehmenshierarchie)
> ➤ Fachpromotoren (Unterstützung von Entscheidungen durch ausgewiesene Fachexpertise)
> ➤ Sozialpromotoren (Unterstützung durch positives Marketing zugunsten des Projektes)

---

[47] DIN Deutsches Institut für Normung c.V., (2009), DIN 69901-5:2009, Seite 156
[48] DIN Deutsches Institut für Normung e.V., (2009), ISO 10006, Seite 192
[49] DIN Deutsches Institut für Normung e.V., (2011), ISO 31000:2009, Seite 11
[50] Project Management Institute Inc. (2008), Seite 23

3.5.3 Prozess

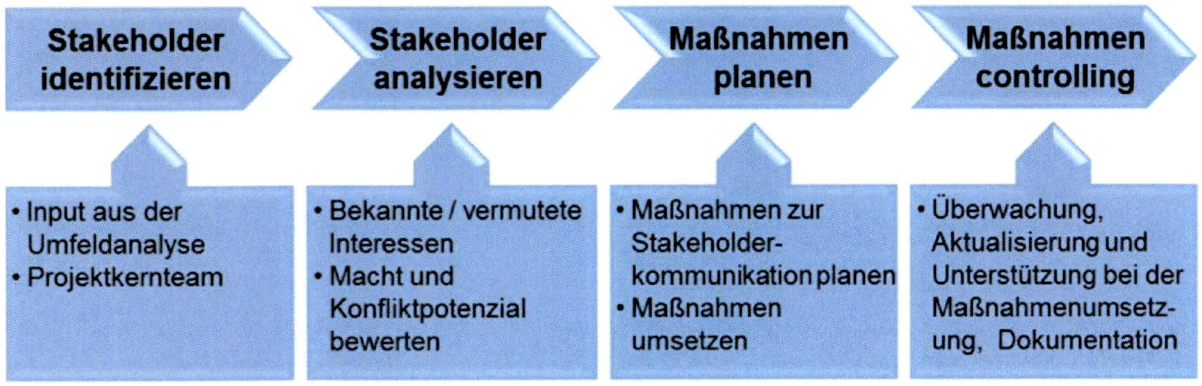

Abbildung 16 - Prozess Stakeholderanalyse

Identifizierung

Ein großer Teil der Stakeholder wurde bereits mit der Umfeldanalyse identifiziert. Es empfiehlt sich, mit dem Kernteam einen Workshop durchzuführen. In diesem Workshop kann mit Hilfe verschiedener Kreativitätstechniken (siehe Kap. 7.9.1) die Stakeholderliste überprüft und aktualisiert werden. Eine Sortierung nach Promotoren, Opponenten und Unentschlossenen kann hierbei unterstützend wirken.

Analyse

Alle Stakeholder des Projektes müssen hinsichtlich ihres Interesses, ihrer Macht bzw. ihres Einflusses und ihres zu erwartenden Konfliktpotenzials bewertet werden, um anschließend geeignete Maßnahmen für den Umgang mit ihnen festzulegen.

Nr.	Name	Interesse		Einfluss	Konflikt-potenzial
		bekannt	vermutet		
1	Auftraggeber	erfolgreiches Projekt	Prestigegewinn	hoch	niedrig
2	Nutzer	nutzbares, ergonomisches Produkt	Arbeitserleichterung	niedrig	hoch
3	Arbeitspartner	erfolgreiches Projekt		niedrig	niedrig
4	Firmenleitung	erfolgreiches Projekt	mögliche Rationalisierungseffekte	hoch	hoch
5	Lieferant	Geld verdienen	langfristige Kundenbindung	niedrig	niedrig
6	Geldgeber	Rendite		hoch	hoch
n	...	...	...	...	...

Tabelle 10 - Stakeholdertabelle (Beispiel)

Nach erfolgter Bewertung der Stakeholder können diese in ein Portfolio eingeordnet werden.

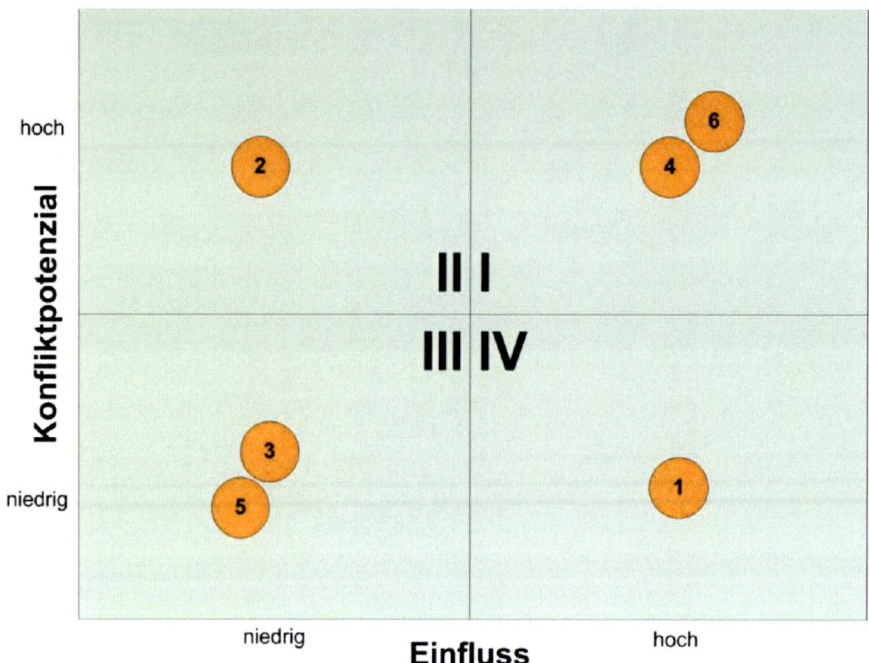

Abbildung 17 - Stakeholderportfolio

Maßnahmenplanung

Die Maßnahmen der Stakeholdersteuerung bedienen sich der Instrumente des Projektmarketing und der Projektkommunikation. Während sich die Projektkommunikation eher an die projektinternen Stakeholder richtet, beschäftigt sich das Projektmarketing überwiegend mit den projektexternen Stakeholdern und zielt darauf ab, den Bekanntheitsgrad des Projektes zu erhöhen sowie dessen Image zu verbessern.[51]

Je nachdem wie die Einschätzung der Interessengruppen ausgefallen ist, sollte eine geeignete Kommunikationsstrategie gewählt werden, um die einzelnen Stakeholder zu informieren und bei ihnen eine positive Einstellung zum Projekt zu fördern. Dabei ist es sinnvoll, zu manchen Stakeholdern eine individuelle Kommunikation zu pflegen, andere Stakeholder können mit weniger Aufwand informiert werden. Aufschluss darüber, ob eine einzel- oder gruppenweise Behandlung sinnvoll ist, gibt z.B. das Stakeholderportfolio.

Die Planung der Maßnahmen ist pro Quadrant des Stakeholderportfolios vorzunehmen. Dabei ist zu beachten, dass die Stakeholder in Quadrant I (hoher Einfluss/ hohes Konfliktpotenzial) die meiste Aufmerksamkeit und somit auch die meiste Zeit des Projektleiters in Anspruch nehmen, da diese für den gewünschten Erfolg 1:1 (Projektleiter direkt mit dem Stakeholder) individuell betreut werden müssen. Der Aufwand für die Betreuung der Stakeholder in den Quadranten II (niedriger Einfluss/ hohes Konfliktpotenzial) und IV (hoher Einfluss/ niedriges Konfliktpotenzial) ist wesentlich geringer, da sie entweder dem Projekt sowieso positiv gegenüber eingestellt sind oder nur wenig Einfluss haben und somit keine größere Gefahr für das Projekt bedeuten. Hier ist eine 1:n Betreuung (z.B. via Infoveranstaltungen) ausreichend. Die im Quadrant III gelisteten Stakeholder werden üblicherweise über unpersönliche Medien (z.B. Newsletter) bedient (m:n).

---

[51] vgl. Patzak/ Rattay (2009), Seite 205ff

Entsprechend ist für den jeweiligen Quadranten eine der folgenden Beeinflussungsstrategien zu wählen[52]

> **partizipativ** – Stakeholder als Partner
Die partizipative Strategie zielt darauf ab, die Stakeholder in unterschiedlicher Intensität partnerschaftlich am Projekt zu beteiligen. Die Beteiligung reicht von der Information, Kommunikation und Diskussion der Ziele, Aufgaben und des Projektstandes über die aktive Beteiligung bis hin zur Übertragung von Verantwortung durch die Einbindung in die Entscheidungsfindung. Ganz nach dem Motto **„Betroffene zu Beteiligten machen."**

> **diskursiv** – Umgang erfordert Konfliktmanagement
Die diskursive Strategie beschäftigt sich mit dem Umgang mit Konflikten, die aus den Umfeldbeziehungen resultieren können. Sie zielt auf eine faire und sachliche Auseinandersetzung zwischen den Parteien ab. Diese strategische Ausrichtung setzt auf den Einsatz der Instrumente des Konfliktmanagement. Bei unvermeidbaren Konflikten werden tragbare Lösungen (Win-Win) angestrebt.

> **repressiv** bzw. **restriktiv** – Machteinsatz bzw. bewusst reduzierte Informationsabgabe
Im Gegensatz zu den beiden anderen Strategien besteht hier die Vorgehensweise darin, über andere Akteure, z.B. Machtpromotoren, die Stakeholder zu beeinflussen und zu steuern. Dies kann u.a. durch direkte Weisungen und Vorgaben der Geschäftsleitung oder durch selektive Verbreitung von Informationen geschehen.

Controlling

Es gilt sowohl die Wirksamkeit der ergriffenen Maßnahmen zu kontrollieren, als auch die Situation der Stakeholder im Sinne von „Hat sich das Interesse des Stakeholders und dessen Machtsituation verändert?" Dies und die übliche Dynamik des Projektumfeldes machen es notwendig, den gesamten Prozess regelmäßig, wenigstens am Ende jeder Phase, zu durchlaufen. Auf diese Weise können „neue Spieler auf dem Feld" identifiziert und der Status der bereits vorhanden überprüft werden. Die Veränderung der Stakeholder lässt sich ebenfalls in einem Portfolio darstellen.[53]

---

[52] vgl. Rößler et al. (2008), Seite 35
[53] vgl. GPM/ SPM/ Gessler (Hrsg.) (2011), Seite 88ff

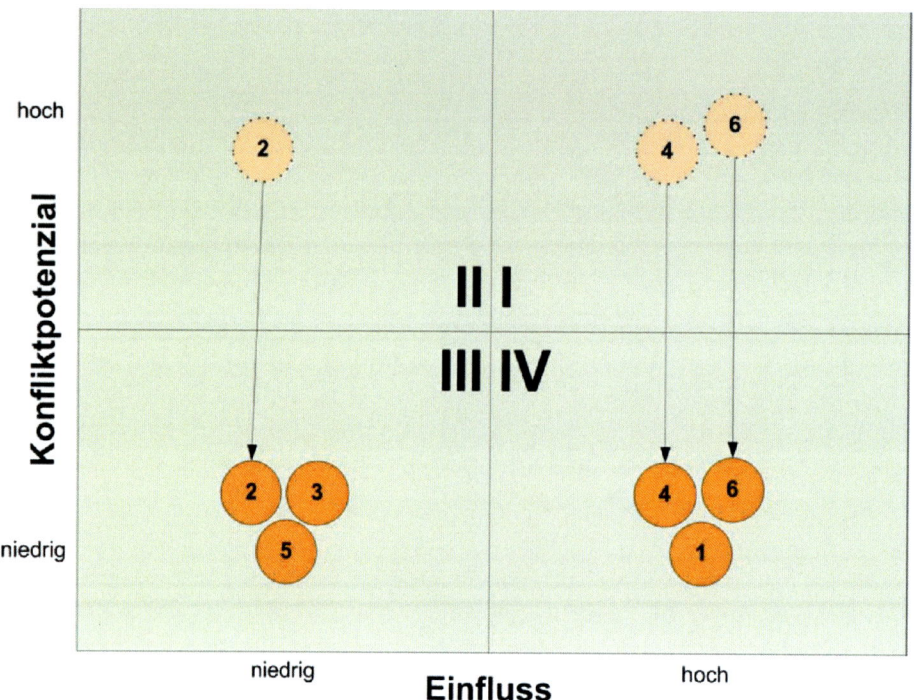

Abbildung 18 - Stakeholderportfolio (Maßnahmen)

3.5.4 Querverweise

Projektmanagementerfolg, Projektanforderungen und Projektziele, Risiken und Chancen, Qualität, Projektorganisation, Leistungsbeschreibung und Lieferobjekte, Kosten und Finanzmittel, Beschaffung und Verträge, Änderungen, Kommunikation, Führung, Engagement und Motivation, Kreativität, Ergebnisorientierung, Konflikte und Krisen, Verlässlichkeit, Projektorientierung

3.6 Projektphasen

Die Dauer eines Projektes kann, abhängig von seiner Größe und Komplexität, von wenigen Wochen über mehrere Monate bis zu einigen Jahren dauern. Trotz unterschiedlicher Laufzeiten und Schwerpunkte folgen alle Projekte, aus der Vogelperspektive betrachtet, einem Muster – den Projektphasen. Projektphasen sind der erste Planungsschritt zur Aufteilung des Gesamtvorhabens, sie gliedern ein Projekt in zeitliche Abschnitte, die inhaltlich voneinander abgegrenzt sind. Diese Phasen haben eine klare Zielsetzung und beinhalten neben der Erstellung wichtiger Lieferobjekte auch Entscheidungen als Grundlage für die folgende Projektphase.[54]

Im Unterschied zu den Projektphasen, welche die **inhaltlichen Aktivitäten des Projektes** widerspiegeln, orientiert sich die Phaseneinteilung für das Projektmanagement an den **logisch zusammenhängenden Aktivitäten des Projektmanagements** – Initialisierung, Definition, Planung, Steuerung, Abschluss.[55]

Mit der Erstellung des Phasenplans liegt eine erste Grobplanung und damit eine Machbarkeitsprüfung für die vom Auftraggeber genannten Projektziele vor. An dieser Stelle kann eine Go / No Go-Entscheidung für das Projekt getroffen werden.

3.6.1 Elemente des Phasenplans

Der Phasenplan besteht aus Hauptaktivitäten, die in den einzelnen Phasen zusammengefasst werden. Die Projektphasen beginnen üblicherweise mit einem Meilenstein und werden mit einem solchen Entscheidungspunkt[56] bzw. Ereignis besonderer Bedeutung[57] abgeschlossen. Diese Ereignisse können sein

> ➤ Liefergegenstände bzw. Zwischenergebnisse
> ➤ Prüfungen bzw. Abnahmen
> ➤ Entscheidungen z.B. über den Beginn der nächsten Phase
> ➤ Phasenübergänge

Meilensteine haben keine Dauer und werden im Phasenplan üblicherweise mit einer Raute dargestellt. Zum besseren Verständnis und Lesbarkeit werden die Meilensteine, inkl. einer Beschreibung des dazugehörenden Ereignisses, in einer Tabelle aufgelistet.

Projektmanagement taucht im Phasenplan nicht als eigene Phase auf, da es sich bei den PM-Aktivitäten um phasenbegleitende Querschnittsfunktionen handelt, die sich über alle Projektphasen erstrecken.

---

[54] vgl. Litke (Hrsg.) (2005), Seite 307; GPM Deutsche Gesellschaft für Projektmanagement e.V. (NCB 3.0, 2009), Seite 73
[55] vgl. DIN Deutsches Institut für Normung e.V. (2009), DIN 69901-2:2009, Seite 88; siehe auch Kapitel 1.6
[56] Terminologie nach HERMES, Informatikstrategieorgan Bund ISB (2009), Seite 5
[57] Terminologie nach DIN 69900, DIN Deutsches Institut für Normung e.V. (2009), DIN 69900:2009, Seite 9

Phasenplan

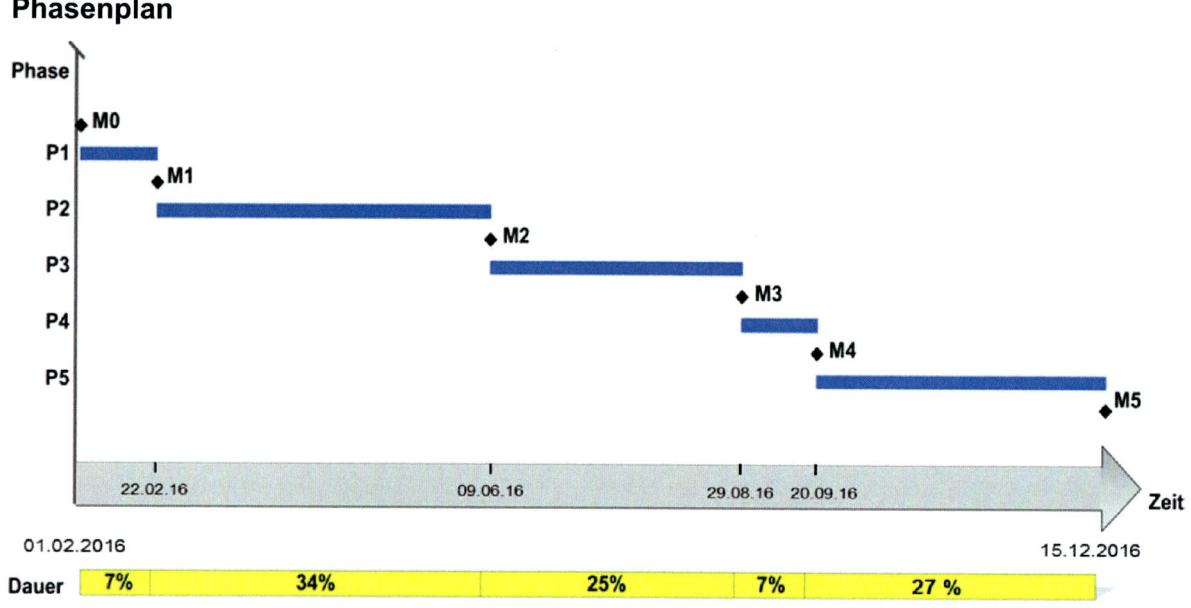

Abbildung 19 - Phasenplan (Beispiel)

Liste der Projektphasen mit Ziel und Hauptaktivitäten

Projektphase	Ziel(e)	Hauptaktivität(en)
P1 - Konzeptionsphase	Mechanisches Konzept und Steuerungsarchitektur ist erstellt.	➢ Mechanisches Konzept ausarbeiten ➢ Steuerungsarchitektur entwickeln
P2 - Konstruktionsphase	Teile sind konstruiert und die Fertigungsunterlagen nach Lastenheft erstellt. Einzelteile sind produziert.	➢ mechanische und elektrische Teile konstruieren ➢ Fremdgefertigte Teile beschaffen ➢ Einzelteile fertigen
P3 - Montagephase	Montage (Zusammenbau) der Maschinen ist erfolgt.	➢ Mustermaschine montieren
P4 - Inbetriebnahmephase	Inbetriebnahme der montierten Maschinen ist erfolgt. Alle Maschinen funktionieren gem. Auftrag.	➢ Maschinen in Betrieb nehmen ➢ Testlauf durchführen ➢ Maschinen verpacken und versenden
P5 - Test und Techn. Abnahmephase	Alle Testdurchläufe sind erfolgreich abgeschlossen. Abnahme ist vorbereitet.	➢ Maschinen vor Ort aufbauen ➢ Testdurchläufe absolvieren

Tabelle 11 - Projektphasen und Hauptaktivitäten (Beispiel)

Liste der Meilensteine mit Ergebnis

Meilenstein	Ergebnis	Termin & Status
M0 - Projektleiter ist benannt, Projektauftrag ist erteilt	Projektauftrag erhalten, Projektstart ist erfolgt.	01.02.16 / abgeschlossen
M1 - Maschinen-Konzept ist erstellt	Konstruktionsplan der Maschine liegt vor.	22.02.16 / geplant (nach 7% der Gesamtdauer)
M2 - Teile sind beschafft bzw. gefertigt	Alle zur Montage notwendigen Teile sind vorhanden.	09.06.16 / geplant (nach 41% der Gesamtdauer)
M3 - Maschinen sind montiert	Maschinen aufgebaut und funktionsfähig.	29.08.16 / geplant (nach 66% der Gesamtdauer)
M4 - Alle Maschinen sind in Betrieb genommen	Testdurchlauf ist abgeschlossen, Maschinen verpackt und verschickt.	20.09.16 / geplant (nach 72% der Gesamtdauer)
M5 - Abnahme für alle Maschinen ist erfolgt	Testdurchlauf vor Ort erfolgreich absolviert und vom Auftraggeber abgenommen.	15.12.16 / geplant

Tabelle 12 - Meilensteintabelle (Beispiel)

Die phasenorientierte Strukturierung des Projektes reduziert durch Beschreibung der phasenspezifischen Hauptaktivitäten die Komplexität des Vorhabens. Entsprechende Vorgehensmodelle helfen, weitere Unsicherheiten zu vermindern, können aber trotz ihrer *„vorausschauenden Modellierung der Wirklichkeit"* die Realität nie 1:1 abbilden.[58]

3.6.2 Vorgehensmodelle

Vorgehensmodelle dienen als „Best PM Practice" und bieten verschiedene Vorteile. Diese Modelle

> **standardisieren** durch festgelegte Verfahren die Arbeit im Projektmanagement,
> **erleichtern** durch vorgegebene Lösungsmuster die Arbeit Projektmanagement,
> **verbessern** die Arbeit im Projektmanagement, da sie die Vollständigkeit überprüfbar machen und sie
> machen Projekte innerhalb des Unternehmens **vergleichbar**[59]

Eine grobe Unterscheidung der Vorgehensmodelle kann branchenspezifisch und branchenübergreifend getroffen werden. Beispiele verschiedener Modelle zeigt die folgende Tabelle.

---

[58] GPM/ SPM/ Gessler (Hrsg.) (2011), Seite 352
[59] vgl. GPM/ SPM/ Gessler (Hrsg.) (2011), Seite 358

Modell	Branche	Phasen
HERMES[60]	Informations- und Kommunikations-technologie	Initialisierung, Voranalyse, Systemerstellung, Einführung, Abschluss
V-Modell XT[61]	Systementwick-lung	Produktzentrierter Entwicklungsprozess mit den Phasen Anforderungsdefinition, Grobentwurf, Feinentwurf, Modulspezifikation, Programmierung, Modultest, Integrationstest, Systemtest, Abnahmetest
Wasserfall-modell	SW-Entwicklung	Problemanalyse, Anforderungsanalyse und -definition, Design, Realisierung, Einführung
HOAI Honorarordnung für Architekten und Ingenieure	Bauwesen	Problemanalyse, Konzeption, Konstruktion (Entwurfsplanung, Genehmigungsplanung, Ausführungsplanung), Vorbereitung (Vorbereitung der Vergabe, Mitwirkung bei der Vergabe), Ausführung (Objektüberwachung, Objektbetreuung und Dokumentation)
RUP Rational Unified Process	SW-Engineering	Aktivitätsgetriebener Entwicklungsprozess bestehend aus den Phasen Inception, Elaboration, Construction, Transition in denen verschiedene Disziplinen (Tätigkeiten) ausgeführt werden. RUP unterscheidet in Kerndisziplinen (Geschäftsprozessmodellierung, Anforderungen, Analyse & Entwurf, Implementierung, Test, Verteilung) und Unterstützungsdisziplinen (Konfigurationsmanagement, Projektmanagement, Entwicklungsumgebung)
XP Extreme Programming	SW-Entwicklung	**Agiles** Vorgehensmodell zur iterativen Software-Entwicklung mit Iterationszyklen von ca. zwei Wochen. Planung wird dabei zur kontinuierlichen Aktivität. Jede Iteration wird auf Basis der Erfahrung aus der vorhergehenden geplant. Weitere Besonderheit dieses Modells: TDD, Test-Driven Development - Die Testfälle werden vor dem Start der Programmierung geschrieben.
Scrum	SW-Entwicklung	**Agiles** Vorgehensmodell bestehend aus einer Folge von 30-tägigen Iterationen, sog. Sprints. Nach jedem Sprint stellt das Scrum-Team das Ergebnis vor. Produkt-Backlog, Sprint Planung, Sprint Backlog, Sprint, Sprint-Ergebnis, Sprint-Review, Produkt-Backlog …
Six Sigma	unabhängig	Define, Measure, Analyze, Improve, Control (DMAIC)
PRINCE2	unabhängig	Projektplanung, Projektauslösung, Projektstart, Projektdurchführung, Projektcontrolling, Projektabschluss, Ergebnisübergabe
PMI	unabhängig	Initiierung, Planung, Ausführung, Überwachung/Steuerung, Abschluss

Tabelle 13 - Vorgehensmodelle (Beispiele)[62]

Mit Blick auf die Tabelle lässt sich sagen, dass es nicht das Vorgehensmodell gibt. Es gilt, passend zum Projekt die richtige Auswahl zu treffen und das gewählte Modell entsprechend anzupassen (Tailoring). Mit der Anpassung des Modells soll erreicht werden, dass sich der (modell-

---

[60] HERMES ist eine Modell zum Führen und Abwickeln von Projekten im Bereich Informations- und Kommunikationstechnik der schweizerischen Bundesverwaltung vertreten durch das Informatikstrategieorgan Bund ISB
[61] V-Modell XT ist ein flexibles Modell zum Planen und Durchführen von Systementwicklungsprojekten
[62] vgl. Litke (Hrsg.) (2005), Seite 313ff; Bea/ Schmelzer/ Hesselmann (2008), Seite 72ff; GPM/ SPM/ Gessler (Hrsg.) (2011), Seite 355ff; Hruschka/ Rupp/ Starke (2009), Seite 52ff

spezifische) Verwaltungsaufwand an den Projektzielen bzw. der Aufgabenstellung orientiert und nur die sachlich erforderlichen Ergebnisse erstellt werden.

Diese Vorgehensweise kommt häufig bei der Erarbeitung unternehmensspezifischer Vorgehensmodelle zum Einsatz.

3.6.3 Querverweise

Projektanforderungen und Zielsetzungen, Risiken und Chancen, Ressourcen, Kosten und Finanzmittel, Änderungen, Überwachung und Steuerung, Berichtswesen, Projektstart, Engagement und Motivation, Effizienz, Projektorientierung, Personalmanagement

3.7 Projektorganisation

Die Durchführung eines Projektes erfolgt immer in einem bestimmten Rahmen (→ Projektkriterien, Kapitel 1.4). Dies impliziert, dass Personen, die das Projekt durchführen, in eine Organisationsform eingebunden sind – die Projektorganisation. Diese stellt nach der DIN 69901-5:2009 die *„Aufbau- und Ablauforganisation eines bestimmten Projektes"*[63] dar. Etwas konkreter wird die ISO 10006, sie unterscheidet zwischen Trägerorganisation bzw. Stammorganisation und Projektorganisation. Die Trägerorganisation wird als diejenige Organisation bezeichnet, welche entscheidet, das Projekt durchzuführen und es einer Projektorganisation zuweist. Die **Projektorganisation** wiederum führt das Projekt durch.[64]

Präziser bzgl. der Projektorganisation wird die NCB, die ausführt, dass eine Projektorganisation aus einer Gruppe von Menschen und der dazugehörigen Infrastruktur besteht, *„für die Vereinbarungen bezüglich Autorität, Beziehungen und Zuständigkeiten unter Ausrichtung auf die Geschäftsprozesse getroffen wurde. Dieses Kompetenzelement umfasst die Entwicklung und Aufrechterhaltung von geeigneten Rollen, Organisationsstrukturen, Zuständigkeiten und Fähigkeiten für das Projekt."*[65]

Eine **Gruppe** von Menschen kann mittelbar, also im Umfeld des Projektes oder unmittelbar als Mitglied des Projektteams Einfluss auf das Projekt nehmen (→ Projektbeteiligte, siehe Kapitel 3.5.1 Interessierte Parteien). **Rollen** beschreiben Stellen im Projekt, für die sich üblicherweise je eine Person verantwortlich zeichnet. Einer Rolle werden Aufgaben, Kompetenzen/ Befugnisse und Verantwortung zugewiesen.

3.7.1 Klassische Formen der Projektorganisation

Projektorganisationen sind aufgrund der bestimmten Lebensdauer eines Projektes (→ Projektkriterien Kapitel 1.4) temporär und werden spezifisch für die zu erledigende Aufgabe ins Leben gerufen. Sie stellen, wie eingangs erwähnt, die Aufbau- und Ablauforganisation des Projektes dar.

Mit der **Aufbauorganisation** wird der Rahmen abgesteckt, mit dessen Hilfe das hierarchische Gerüst der Projektorganisation abgebildet wird. Die **Ablauforganisation** hingegen regelt das räumliche und zeitliche Zusammenwirken von Menschen, Betriebs- bzw. Arbeitsmitteln und Informationen zur Erfüllung der Arbeitsaufgaben (Prozesssicht). Sie ist nicht Gegenstand dieses Kapitels.[66]

Die klassischen und am längsten bekannten Projektorganisationsformen sind Einfluss-, Matrix- und autonome bzw. reine Projektorganisation. Sonderformen der autonomen Projektorganisation sind:

> ➤ **Projektgesellschaften** (rechtlich selbständig, Projektleiter ist in Personalunion auch Geschäftsführer), z.B. Projektgesellschaft Landesgartenschau Rheinland-Pfalz mbH, Projektgesellschaft Neue Messe GmbH & Co. KG[67]
> ➤ **Arbeitsgemeinschaften** (ARGE) - Zusammenschluss mehrerer Unternehmen für ein gemeinsames Projekt, z.B. ARGE Fahrbahn Transtec Gotthard (ALPINE und Balfour Beatty Rail), ARGE Heben und Bewegen (Wiesbauer und SCHOLPP)

---

[63] DIN Deutsches Institut für Normung e.V. (2009), DIN 69901-5:2009, Seite 159
[64] vgl. DIN Deutsches Institut für Normung e.V. (2009), ISO 10006, Seite 195
[65] GPM Deutsche Gesellschaft für Projektmanagement e.V. (NCB 3.0, 2009), Seite 63
[66] vgl. REFA (1991), Seite 32
[67] weitere Infos unter www.pg-lgs-rp.de oder www.landesmesse.de, abgerufen am 04.05.2016

Einfluss-Projektorganisation

Bei der Einfluss-Projektorganisation wird der Projektleiter als Stabsstelle in die unveränderte Stammorganisation des Unternehmens eingebettet. Der Projektleiter hat keine Weisungs- oder Entscheidungsbefugnis und somit auch keine Ergebnisverantwortung. Er übt lediglich eine beratende Funktion aus. Die Projektmitarbeiter verbleiben weiterhin in ihrer Linienfunktion.[68]

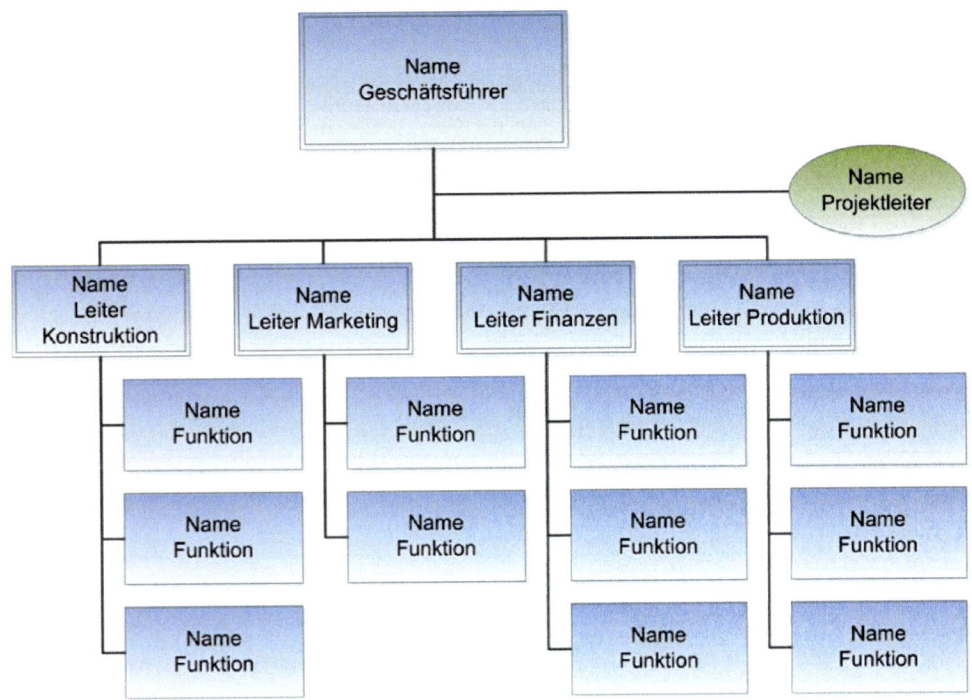

Abbildung 20 - Einfluss-Projektorganisation

---

[68] vgl. Patzak/ Rattay (2009), Seite 172

Matrix- Projektorganisation

Die Matrix-Projektorganisation teilt die Kompetenzen zwischen der Linien- und der Projektorganisation. Der Projektleiter ist für die Dauer des Projektes aus der Linienorganisation herausgelöst und verfügt über fachliche Entscheidungs- und Weisungsbefugnis bzgl. projektbezogener Aktivitäten. Die Projektmitarbeiter verbleiben nach wie vor in ihrer Linienfunktion und bleiben ihrem Vorgesetzten disziplinarisch unterstellt.[69]

Die gestrichelten Linien stellen hierbei Über- bzw. Unterordnungen mit fachlicher Leitungsbefugnis dar, die durchgezogenen Linien hingegen Über- bzw. Unterordnungen mit fachlicher und disziplinarischer Leitungsbefugnis.

Der abgebildete Lenkungsausschuss ist ein temporäres, übergeordnetes Steuerungsgremium für das Projekt. Er dient dem Projektleiter als Berichts-, Entscheidungs- und Eskalationsgremium und löst sich mit Projektende auf.[70]

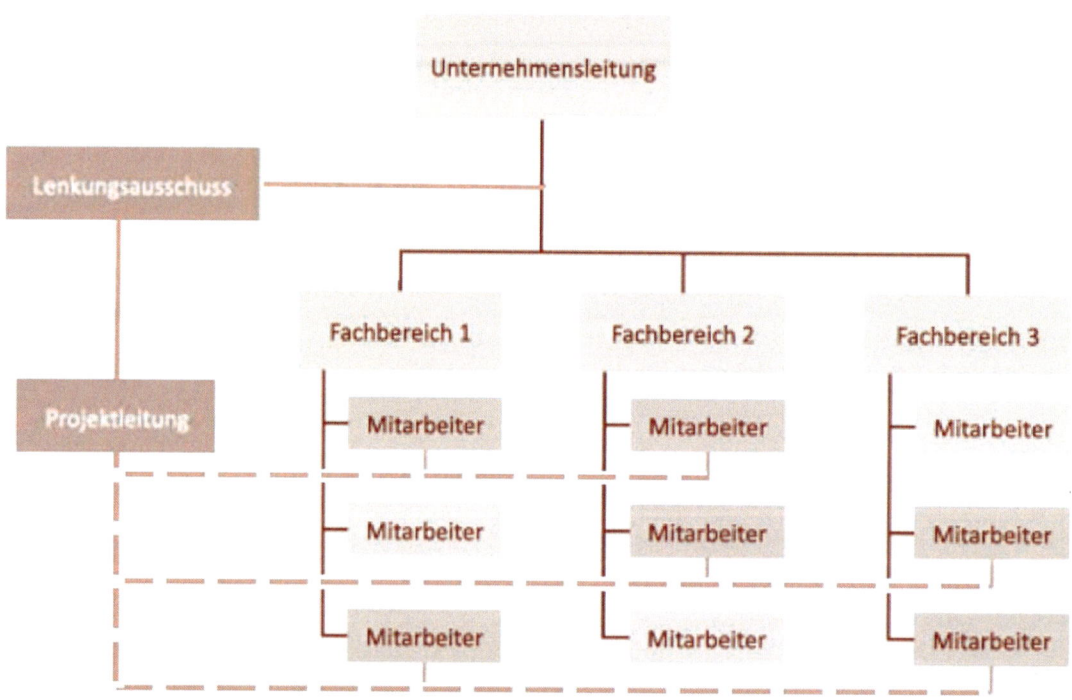

Abbildung 21 - Matrix-Projektorganisation

Bei dieser Form der Projektorganisation wird zwischen einer starken (reinen), einer ausgewogenen und einer schwachen Matrix unterschieden. Die oben beschriebene starke Matrix-Projektorganisation (PO) orientiert sich bei der Stellung des Projektleiters eher an der autonomen Projektorganisation. Bei der ausgewogenen Matrix-PO verbleibt der Projektleiter in der Linie, die schwache Matrix-PO geht hingegen mehr in Richtung Einfluss-PO. Bei dieser Form der Matrix-PO gibt es keinen ausgewiesenen Projektleiter sondern nur einen Projektkoordinator.

---

[69] vgl. Litke (Hrsg.) (2005), Seite 84
[70] vgl. GPM/ SPM/ Gessler (Hrsg.) (2011), Seite 197

Autonome bzw. Reine Projektorganisation

Das Projekt wird aus der Linie ausgegliedert und somit zu einem selbständigen Element in der Stammorganisation. Der Projektleiter nimmt die fachliche und disziplinarische Verantwortung für die Projektmitarbeiter wahr. Die Projektmitarbeiter werden aus ihrer Linienfunktion herausgenommen und arbeiten ausschließlich für das Projekt.[71]

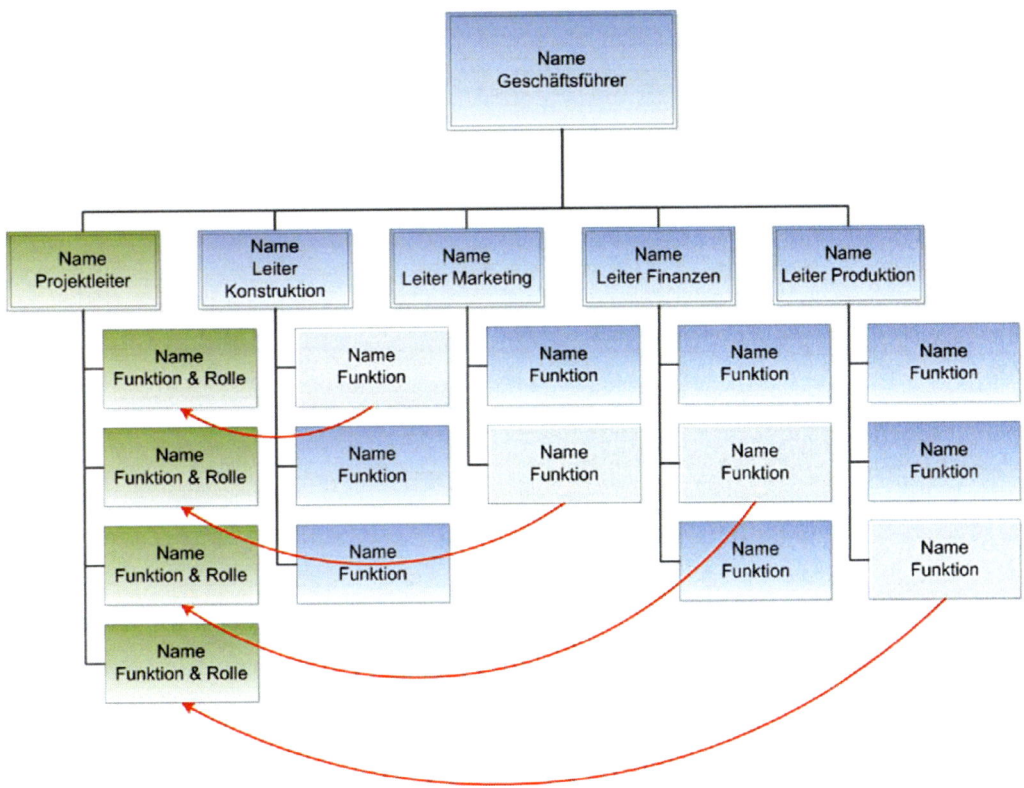

Abbildung 22 - Autonome Projektorganisation

---

[71] vgl. Litke (Hrsg.) (2005), Seite 83

3.7.2 Vergleich der Projektorganisationen

Merkmale	Einfluss-Projektorganisation	Matrix-Projektorganisation	Autonome/ Reine Projektorganisation
Aufbauorganisation, Befugnisse und Verantwortungen			
Befugnisse PL	• Projekteinflussnahme durch laterale Führung (informelle Einflussmöglichkeiten) • Zugreifen auf alle Projektinfos • Keine Weisungsbefugnis	• Linie: Disziplinarische Weisungsbefugnis • Projekt: Fachliche Weisungsbefugnis	• Fachliche und disziplinarische Weisungsbefugnis • Projekt: temporäre, eigenständige Organisationseinheit
Verantwortung PL	Verantwortung für Koordination und Beratung, keine Verantwortung für Projekterfolg	Verantwortung für Projekterfolg	Verantwortung für Projekterfolg
Schnelligkeit und Qualität von Entscheidungen	GF trifft Entscheidungen und ist damit ggf. überlastet		Entscheidungen im Projekt treffen und verantworten
Einheit/Klarheit der Auftragserteilung	Prinzip eingehalten	Prinzip gebrochen	Prinzip eingehalten
Ressourcen			
Ressourcenausstattung Projekt	Mitarbeiter verbleiben in Linie, ggf. Probleme (Vernachlässigung Projektarbeit)	Mitarbeiter verbleiben in Linie, ggf. Probleme mit Projektarbeit	keine Probleme
Belastung Linie	stark	ja	nein
Mitarbeit an Projekt	Teilzeit	Teilzeit (Gefahr Überlastung)	Vollzeit
Wissenstransfer	unbürokratisch möglich	einfach und schnell möglich	Know-How Abfluss
Organisation			
Einbindung in Stammorg./ Schnittstellen	hoch	mittel	schwach
Flexibilität bei wechselndem Ressourcenbedarf	gut	gut	schwach (Auslastungsprobleme)
Mensch			
Identifikation mit Projekt	gering	hoch	hoch, ggf. Motivationsprobleme
Kommunikationsintensivität	hoch	wahrscheinlich	gering
Konflikte PM/ Linie	keine Konflikte		keine Konflikte
Anwendung			
Anwendung	• Projekte mit geringem Umfang, geringen Risiken, geringem Innovationsgrad; • strategische, abteilungsübergreifende Projekte • Hohe Betroffenheit Organisationseinheiten	• Mittlere bis große Projekte • Abteilungsübergreifende Projekte	• Große, langfristige Projekte, wenn Mitarbeiter Vollzeit im Projekt eingebunden sind

Tabelle 14 - Formen der Projektorganisation – Vor- und Nachteile, Merkmale[72]

[72] vgl. Litke (Hrsg.) (2005), Seite 81ff; Patzak/ Rattay (2009), Seite 172ff; GPM/ SPM/ Gessler (Hrsg.) (2011), Seite 206ff; Bea/ Scheurer/ Hesselmann (2008), Seite 61ff

3.7.3 Kriterien für die Auswahl der Projektorganisation

Die Auswahl der Organisationsform ist unternehmensspezifisch. Es gibt keine ideale Organisationsform, jedoch lassen sich Faktoren benennen, die die Wahl der Organisationsform beeinflussen.

	Einfluss-PO	Matrix-PO		Autonome PO
		schwach	stark	
Bedeutung für das Unternehmen	gering	gering	groß	sehr groß
Projektumfang	gering	gering	groß	sehr groß
Risiko	gering	gering	groß	sehr groß
Zeitdruck	gering	gering	mittel	hoch
Projektdauer	kurz	kurz	mittel	lang
Komplexität	gering	gering	mittel	hoch
Betroffenheit der Mitarbeiter	hoch	mittel bis hoch	gering bis mittel	gering
Projektleitereinsatz	Teilzeit	Teilzeit	Vollzeit	Vollzeit
Anteil Projekteinsatz des PL	gering	0 - 25%	50 - 95%	85 - 100 %
Zugestandene Weisungsbefugnisse des PL	keine	fachlich		disziplinarisch, fachlich
Mitarbeitereinsatz	Teilzeit	Teilzeit	Vollzeit	Vollzeit

Tabelle 15 - Kriterien für die Wahl der Organisationsform[73]

Tendenziell lassen sich aus der Tabelle folgende Empfehlungen herausarbeiten:

Einfluss-Projektorganisation für kleinere Projekte mit geringem Risiko, die nicht zeitkritisch sind oder die als Projektziel die Erarbeitung unternehmensweiter Kompromisse, wie beispielsweise bei einer Organisationsentwicklung, zum Inhalt haben.

Matrix-Projektorganisation für Projekte mit ausgeprägter Interdisziplinarität, also bei stark abteilungsübergreifenden Projekten.

Autonome Projektorganisation für Projekte mit komplexer und neuartiger Aufgabenstellung, strategischer Bedeutung und hohem Risiko.[74]

In der Praxis kommt es immer wieder zu Mischformen zwischen autonomer PO und Matrix-PO. So kann beispielsweise die Projektorganisation eines Programms mit Programmleitung und den Projektleitern autonom sein, die Mitarbeiter in den Projekten des Programms werden aber über die Matrixorganisationsform zugeordnet.

---

[73] vgl. Litke (Hrsg.) (2005), Seite 98; GPM/ SPM/ Gessler (Hrsg.) (2011), Seite 214; Patzak/ Rattay (2009), Seite 172ff
[74] vgl. Bea/ Scheurer/ Hesselmann (2008), Seite 68f

3.7.4 Projektrollen

Eine Rolle beschreibt eine Stelle in der Projektorganisation für die sich eine Person verantwortlich zeichnet. Gleichzeitig ist sie die Summe der Erwartungen, die an den Rolleninhaber gerichtet werden. Einer Rolle sind

a) Aufgaben
b) Kompetenzen
c) Befugnisse und
d) Verantwortung

zugeordnet.[75]

Während **Aufgaben** (Was muss der Rolleninhaber tun? Welche Pflichten zur Erfüllung der Aufgabe hat er?) und **Verantwortung** (Wofür ist der Rolleninhaber fachlich und/ oder disziplinarisch verantwortlich?) klar abgegrenzt sind, werden Kompetenzen und Befugnisse oft „in einen Topf" geworfen bzw. synonym verwendet. Getrennt steht **Befugnis** für die *„Berechtigung zu (rechtswirksamen) Handlungen im Namen und im Rahmen von Organisationen und/ oder Projekten."*[76] im Sinne von „Was darf der Rolleninhaber?" **Kompetenz** dagegen beschreibt die *„Befähigung, die ein Individuum, ... auf einem bestimmten Gebiet oder in definierten Bereichen besitzt."*[77] im Sinne von „Was kann der Rolleninhaber bzw. was soll er können?" Kompetenzen können beispielsweise in Fach-, Methoden-, Sozial- und personale Kompetenz unterschieden werden.

Beim Ausarbeiten der Projektorganisation sind die benötigten Rollen und ihre **AKV**s (**A**ufgaben, **K**ompetenzen, **V**erantwortung) im Projekt zu beschreiben. Im Idealfall hat der Projektleiter in dieser Phase bereits Personen, die er diesen Rollen zuordnen kann. Meist jedoch erfolgt die Besetzung der Rollen während der Ressourcenplanung.

Rolle	Aufgaben	Kompetenzen/ Befugnisse	Verantwortung
Lenkungs-ausschuss	Abstimmung mit Unternehmenszielen Entscheidung über wesentliche Änderungen Freigabe Phasenabschlüsse Eskalation bei Problemen	Formulierung des Projektauftrags und Definition der Rahmenbedingungen für das Projekt Steuerung und Entscheidung auf höchster Ebene Ernennung des Projektleiters	Gegenüber der Unternehmensleitung
Projektleiter (PL)	Projektvorbereitung Repräsentation Projekt Stakeholder Management	Fachlicher Vorgesetzter für die Projektmitarbeiter	Trägt die Gesamtverantwortung für den erfolgreichen Abschluss des Projektes
Architekt	Erstellung, Beschreibung und Kommunikation der Softwarearchitektur Festlegung des Programmierstils Erstellung/Verwaltung technische Dokumentation	Fachliche Weisungsbefugnis für Umstellung der Programme und des Testkonzepts Abnahme/Ablehnung der Software-Erweiterungen und der umgestellten Programme	Abstimmung und Empfehlung bei der Testkonzeptausarbeitung
Tester	Durchführen der Testfälle, Protokollieren der Fehler	Umsetzung Aufgaben Vorbereitung von Entscheidungen	Konzeption des Testkonzepts für den Test der einzelnen Programme Durchführung der einzelnen Testfälle

Tabelle 16 - Aufgaben, Kompetenzen/ Befugnisse und Verantwortung (Beispiel)

---

[75] vgl. GPM/ SPM/ Gessler (Hrsg.) (2011), Seite 191ff
[76] Motzel (2010), Seite 39
[77] Motzel (2010), Seite 106

3.7.5 Querverweise

Interessierte Parteien, Teamarbeit, Projektstrukturen, Ressourcen, Beschaffung und Verträge, Projektstart, Projektabschluss, Führung, Engagement und Motivation, Kreativität, Effizienz, Stammorganisation

4 Planung

4.1 Wesentliche Kapitel der ICB 3.0

Kapitel

1.04	Risiken und Chancen *(risk & opportunity)*
1.05	Qualität *(quality)*
1.09	Projektstrukturen *(project structures)*
1.11	Ablauf und Termine *(time & project phases)*
1.12	Ressourcen *(resources)*
1.13	Kosten und Finanzmittel *(cost & finance)*
1.14	Vertragsrecht in der Projektarbeit *(procurement and contract)*
3.05	Stammorganisation *(permanent organisation)*
3.08	Personalmanagement *(personnel management)*

4.2 Lernziele

Sie können nach der Durcharbeitung dieses Kapitels ...

- ✓ *den formellen Aufbau eines Projektstrukturplans (PSP) sowie dessen Gliederungsmöglichkeiten aufzeigen*
- ✓ *ein Arbeitspaket umfassend und sinnvoll beschreiben*
- ✓ *die Ableitung der Vorgangsliste, Ablaufplan und Terminplan aus dem PSP erläutern*
- ✓ *ein sachlogisches Modell mithilfe von Anordnungsbeziehungen erstellen*
- ✓ *einen einfachen Netzplan berechnen*
- ✓ *zwischen Puffern und Zeitreserven unterscheiden*
- ✓ *Möglichkeiten der Optimierung von Ablaufketten erläutern*

4.3 Projektstrukturierung

Projektstrukturen, so die NCB 3.0, schaffen Ordnung innerhalb eines Projektes. Dazu gehört neben der Aufteilung der Gesamtaufgabe in überschaubare Einheiten auch die Phasenplanung (siehe Kapitel 3.6), das Festlegen der Projektorganisation (siehe Kapitel 3.7), das Planen der Kosten (siehe Kapitel 4.6), das Informationsmanagement (siehe Kapitel 5.4) sowie die Planung der Kommunikation (siehe Kapitel 7.4).[78]

Die Projektstrukturierung gibt damit allen Stakeholdern eine klare Orientierung und erleichtert dem Projektleiter die Kommunikation.[79]

Dieses Kapitel beschäftigt sich mit dem in der obigen Aufzählung noch offenen Punkt, der Aufteilung der Gesamtaufgabe in Teilaufgaben und Arbeitspakete und dem daraus entstehenden Projektstrukturplan.

4.3.1 Der Projektstrukturplan (PSP)

Ein Projektstrukturplan (Work Breakdown Structure, WBS) stellt als Schlüsselinstrument die Grundlage für alle weiteren Pläne eines Projekts dar und wird daher auch als „Plan der Pläne" oder als „Mutter aller Pläne" bezeichnet.[80] In anderen Worten, der PSP ist „*eine an Liefergegenständen orientierte Strukturierung der durch das Projektteam auszuführenden Arbeit, um die Projektziele zu erfüllen und die erforderlichen Liefergegenstände zu erstellen. Er organisiert und*

---

[78] vgl. Deutsche Gesellschaft für Projektmanagement e.V. (NCB 3.0, 2009), Seite 69
[79] vgl. DIN Deutsches Institut für Normung e.V. (2009), DIN 69901-3:2009, Seite 100
[80] vgl. Bea/ Scheurer/ Hesselmann (2008), Seite 140; Schelle (2010), Seite 119; GPM/ SPM/ Gessler (Hrsg.) (2011), Seite 306

definiert den gesamten Inhalt und Umfang des Projekts." (A deliverable-oriented hierarchical decomposition of the work to be executed by the project team to accomplish the project objectives and create the required deliverables. It organizes and defines the total scope of the project.)[81]

Der Projektstrukturplan liefert somit

> ➤ ein gute Übersicht durch die systematische Erfassung der Einzelaufgaben über das Projekt in seiner Gesamtheit
> ➤ eine Grundlage für die Unterteilung der Liefergegenstände in kleinere Komponenten (Arbeitspakete) mit eindeutiger Verantwortlichkeit
> ➤ eine vollständige Übersicht des Projektinhaltes
> ➤ alle Leistungen zur Erreichung des Projektzieles, die sich kostenmäßig niederschlagen
> ➤ eine Basis für die notwendige Koordination bei Schnittstellen zwischen den Arbeitspaketen[82]

4.3.2 Aufbau des Projektstrukturplans

Für den Aufbau des PSP kommt eine hierarchische Baumstruktur zur Anwendung. Sie besteht aus

> ➤ Wurzelelement
> ➤ Teilaufgabe oder Teilprojekt
> ➤ Arbeitspaket

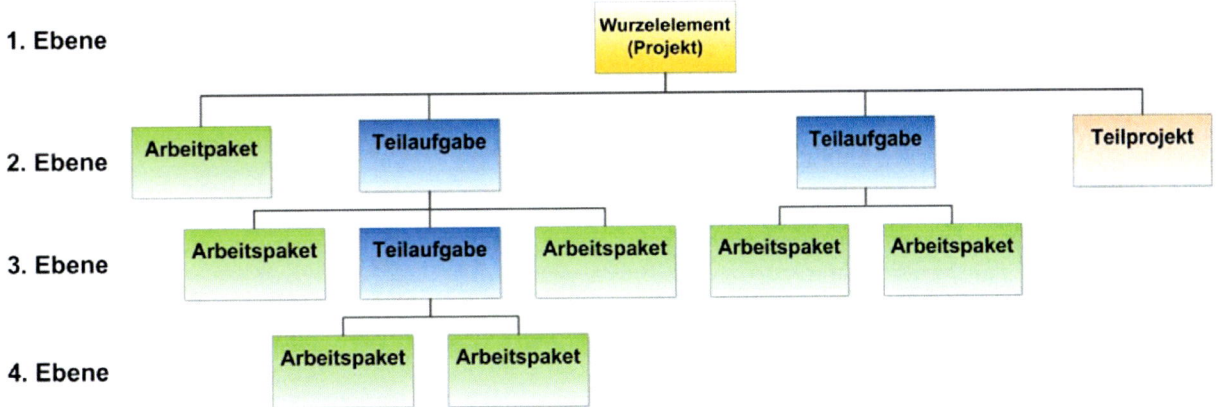

Abbildung 23 - Elemente des PSP

Das Arbeitspaket stellt die kleinste nicht mehr teilbare Einheit im PSP dar. Es kann aber, falls dies im weiteren Verlauf der Planung notwendig ist, in einzelne **Vorgänge** zerlegt werden. Die Beziehung zwischen Arbeitspaket und Vorgang kann sich wie folgt gestalten

> ➤ 1:1 (ein Arbeitspaket = ein Vorgang)
> ➤ 1:n (ein Arbeitspaket = mehrere Vorgänge)
> ➤ m:1 (mehrere Arbeitspakete = ein Sammelvorgang)

Die Arbeitspakete sollten nicht zu klein gewählt werden, da der Strukturplan sonst sehr unübersichtlich wird und nur noch schwer zu verwalten ist. Als Faustregel kann die Größe von 1 bis 5% der Gesamtkosten des Projektes herangezogen werden.[83]

---

[81] Project Management Institute Inc. (2008), Seite 452
[82] vgl. Patzak/ Rattay (2009), Seite 223; Kerzner (2008), Seite 403
[83] vgl. Schelle (2010), Seite 130, Kerzner (2008), Seite 408

Als Gliederungstiefe hat sich in der Praxis eine Detaillierung in drei bis vier Ebenen bewährt. Allerdings ist dies immer auch abhängig vom

- Informationsbedürfnis der Entscheidungsträger
- Detaillierungsgrad bereits vorhandener Informationen (z.B. ähnliche Projekte)
- Informationsbedürfnis der Adressaten des PSP

4.3.3 Gliederungsprinzipien des Projektstrukturplans

Bei der Erstellung von Projektstrukturplänen werden vier verschiedene Gliederungsprinzipien unterschieden.[84]

Objektorientiert

Die Strukturierung erfolgt nach der technischen Struktur des Objektes bzw. den einzelnen Bestandteilen die im Projekt erstellt werden sollen (WAS ist zu tun?).

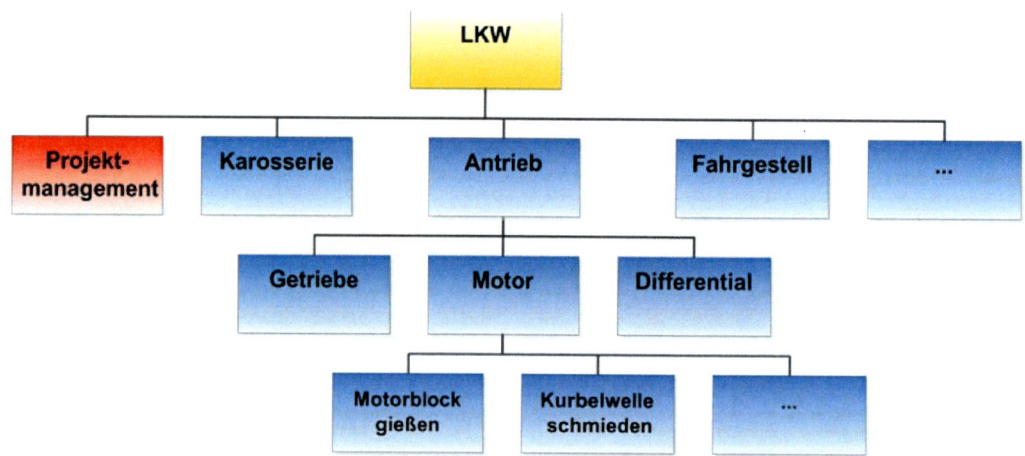

Abbildung 24 - Objektorientierter PSP (Beispiel)[85]

pro	contra
- die Gliederung lässt sich unmittelbar aus den Konstruktionsunterlagen ableiten	- Synergievorteile aus der Erfüllung gleichartiger Teilaufgaben für unterschiedliche Objekte bleiben ungenutzt, z.B. Beschaffung - manche Arbeitspakete lassen sich auf kein Objekt zurückführen, z.B. Sicherstellen der Projektfinanzierung

---

[84] vgl. DIN Deutsches Institut für Normung e.V. (2009), DIN 69901-3:2009, Seite 101
[85] in Anlehnung an Zelewski (2008), Seite 78

Funktions- oder aktivitätsorientiert

Die Strukturierung erfolgt nach unterschiedlichen Funktionen bzw. nach den einzelnen Verrichtungen, die für die Verwirklichung des Projekts notwendig sind (WER führt die Arbeit durch?).

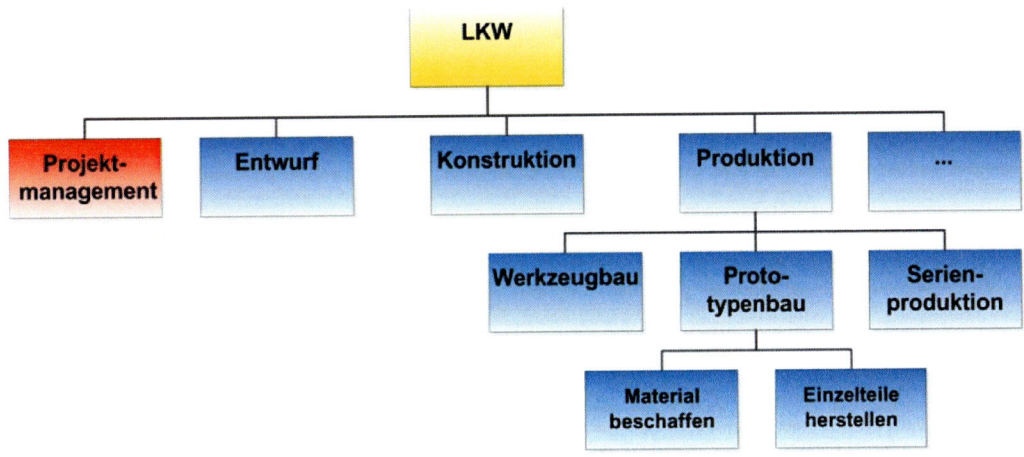

Abbildung 25 - Funktionsorientierter PSP (Beispiel)[86]

pro	contra
➢ Synergievorteile durch Spezialisierung werden genutzt ➢ unmittelbare Zuordnung von funktionsorientiert definierten Arbeitspaketen (AP) zu den Einheiten der Unternehmensorganisation	➢ Festschreiben der funktionalen Organisationsform, keine Berücksichtigung übergreifender Erfordernisse ➢ nicht alle Funktionen gelten für alle Projektteile

Phasen- oder Ablauforientiert

Die Strukturierung orientiert sich am gewählten Phasenmodell bzw. erfolgt nach dem zeitlichen Ablauf der einzelnen Tätigkeiten, die für die Verwirklichung des Projekts notwendig sind. (WANN wird die Arbeit gemacht?)

---

[86] in Anlehnung an Zelewski (2008), Seite 80

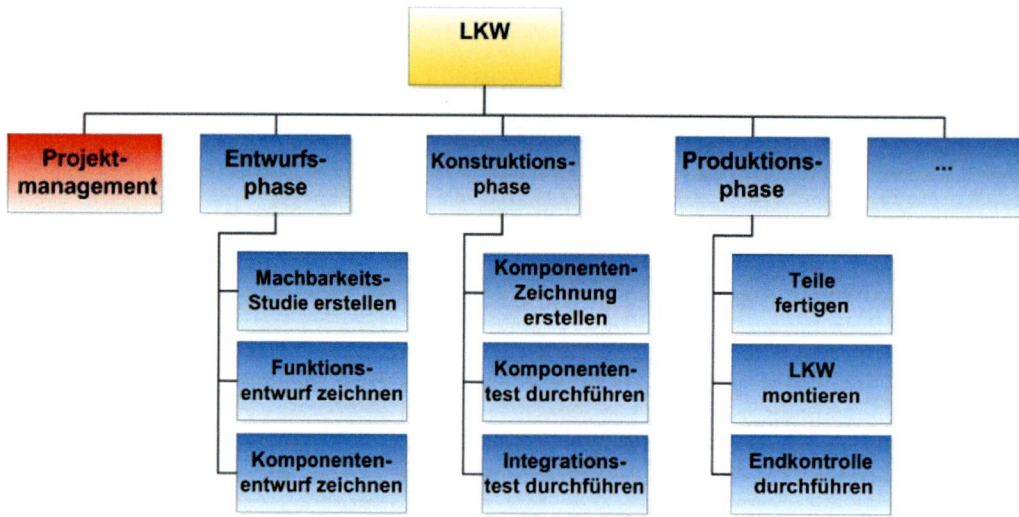

Abbildung 26 - Phasenorientierter PSP (Beispiel)[87]

pro	contra
➢ der grobe zeitliche Ablauf des Projekts ist aus dem PSP ersichtlich ➢ Überschaubare Projektabschnitte	➢ Voraussetzung einer rein sequenziellen Abarbeitung aller Teilaufgaben ➢ Vermengung der Strukturplanung mit den Aspekten der nachgelagerten Ablaufplanung

Gemischtorientiert

Die Strukturierung erfolgt nach der Zweckmäßigkeit durch die Vermischung der o.g. Verfahren.

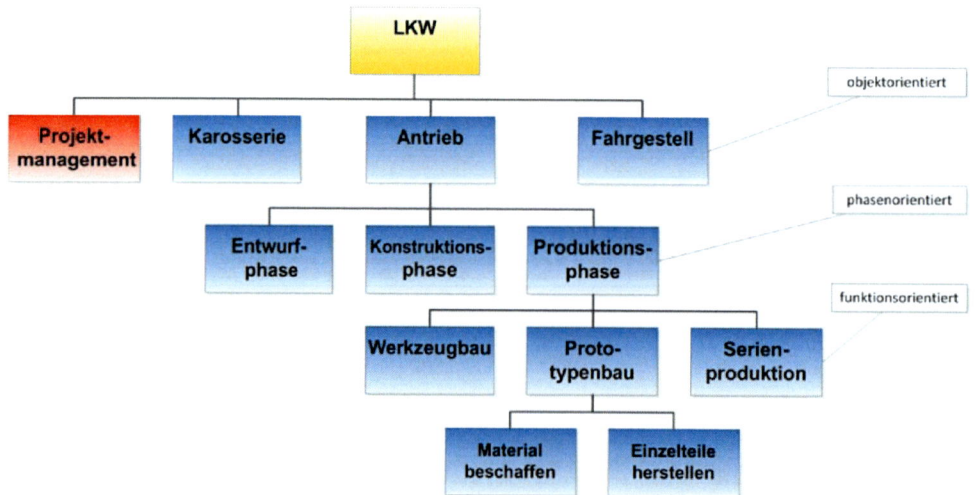

Abbildung 27 - Gemischtorientierter PSP (Beispiel)[88]

pro	contra
➢ flexibler Einsatz der verschiedenen Gliederungsmöglichkeiten	➢ keine eindeutige Systematik für die Projektstruktur

---

[87] in Anlehnung an Zelewski (2008), Seite 82
[88] in Anlehnung an Zelewski (2008), Seite 84

Üblicherweise wird in der Ebene unter dem Wurzelelement die PSP-Gliederung festgelegt, in den Ebenen darunter werden entsprechend die durchzuführenden Arbeitspakte aufgelistet. Auch gibt es nicht „den richtigen" Projektstrukturplan. Wichtig ist der Nutzen fürs Projekt, dass die Teammitglieder mit der Struktur zurechtkommen und dass damit die Arbeitspakete des Projektes vollständig abgebildet werden. Es gilt der Grundsatz **„So genau wie nötig, nicht so genau wie möglich."**

4.3.4 Projektmanagement im PSP

Die Tätigkeiten bzw. Vorgänge des Projektmanagement sind, wie die anderen Vorgänge auch, Leistungen, die erbracht und in der Regel vergütet werden. Damit die PM-Tätigkeiten und der damit verbundene Aufwand für alle Beteiligten sichtbar sind, ist in jedem PSP auf der zweiten Ebene „Projektmanagement" als eigenes Element mit entsprechender Untergliederung aufzuführen.[89]

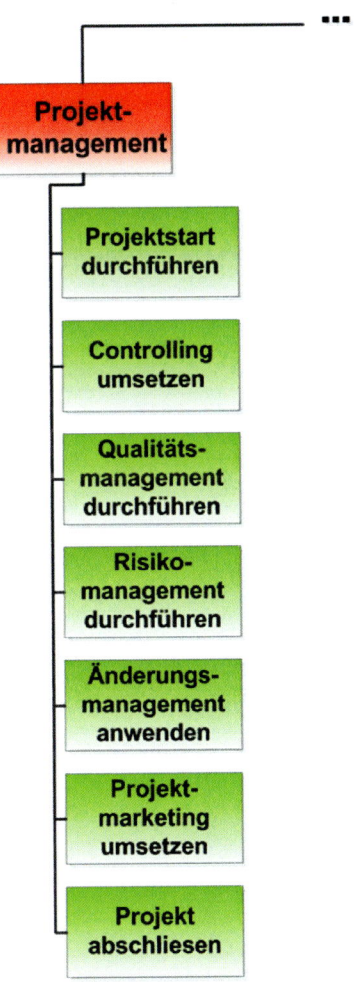

Abbildung 28 - Projektmanagement im PSP (Beispiel)

Das Element „Projektmanagement" dabei ist unabhängig von dem gewählten Gliederungsprinzip - objekt-, funktions-, phasen- oder gemischtorientiert - des PSP.[90]

---

[89] vgl. GPM/ SPM/ Gessler (Hrsg.) (2011), Seite 319; Schelle (2010), Seite 129
[90] vgl. Patzak/ Rattay (2009), Seite 231

4.3.5 Arbeitspakete

Nachdem das Gliederungsprinzip für den Projektstrukturplan festgelegt ist, wird dieser weiter detailliert. Die Arbeitspakete als *„in sich geschlossene Aufgabenstellung ... die bis zu einem festgelegten Zeitpunkt mit definiertem Ergebnis und Aufwand vollbracht werden"*[91], sind entsprechend zu beschreiben und zuzuordnen.

Der Mindestumfang der Arbeitspaketbeschreibung enthält folgende Punkte[92]

- ➢ Projektnummer und -name
- ➢ Titel des Arbeitspaketes und PSP-Code
- ➢ Arbeitspaketverantwortlicher
- ➢ Aktivitäten bzw. Leistungsbeschreibung
- ➢ Ziel bzw. Ergebniserwartung
- ➢ Voraussetzungen (z.B. Einsatzmittel, Vorleistungen)
- ➢ Termine, Kosten
- ➢ Aufwand
- ➢ Messung des Fortschrittsgrads
- ➢ Status des Arbeitspaketes (z.B. offen, begonnen bzw. in Arbeit, abgeschlossen)
- ➢ Risiko (Ist das Arbeitspaket eine Maßnahme (präventiv) aus der Risikoliste? Beinhaltet das Arbeitspaket ein Risiko?)
- ➢ Datum und Unterschrift des Arbeitspaketverantwortlichen (APV)

---

[91] DIN Deutsches Institut für Normung e.V. (2009), DIN 69901-5:2009, Seite 151
[92] vgl. GPM/ SPM/ Gessler (Hrsg.) (2011), Seite 322

Arbeitspaketbeschreibung

Blatt 1 von 1
Status: begonnen

Arbeitspaket-Titel:		PSP-Nr.:
Elektrische Konstruktion		**1.3.2**

Projektname:	Projekt-Nr.:	Datum:
PRALILINE	**xyz-2016-bereich-01**	**01.03.2016**

Aktivitäten:	Verantwortlich:
- Auslegung und Dimensionierung der Bauteile - Schaltplanerstellung - Erstellung des Schaltschrankaufbauplans - Zeichnungserstellung zum Aufbau des Steuerpultes - Stücklistenerstellung	**N.N.$_2$** Start: **07.03.2016** Ende: **29.03.2016**

Ziele:

- Stücklisten zur Beschaffung der Elektro-Teile sind erstellt
- Schaltplan ist erstellt
- Aufbauzeichnungen für den Schaltschrank und das Steuerpult sind erstellt

Schnittstellen:

- Mechanische Konstruktion – PSP 1.3.1
- Einkauf – PSP 1.4.3
- Elektro-Montage – PSP 1.4.4

Fortschrittsmessung:

Statusschrittmethode
Stücklisten erstellt → 20% / Schaltplan fertig → 60% / Aufbauzeichnungen erstellt → 100%

Voraussetzungen (Einsatzmittel, Dokumente etc.):

- SAP-Materialverwaltung
- CAD-System

Aufwand:	Kosten:	Dauer:
25 Personentage	**19.000.- €**	**17 Tage**

Ressourcen:		
N.N.$_1$	**N.N.$_4$**	**N.N.$_7$**

Risiko/ Risiken:

Keine

Anlagen:

Keine

Datum   Unterschrift Arbeitspaketverantwortlicher

Tabelle 17 - Arbeitspaketbeschreibung (Beispiel)

4.3.6 Codierung des Projektstrukturplans

Zur Identifikation der PSP-Elemente - Wurzelelement, Teilprojekt, Teilaufgabe, Arbeitspaket - ist es erforderlich, diese eindeutig zu kennzeichnen. Dazu werden die Elemente codiert, also mit einer PSP-Code-Nummer versehen. Das Wurzelelement erhält in den meisten Fällen die Projektnummer, unter der das Projekt im Unternehmen angelegt wurde. Der PSP-Code für alle weiteren Elemente ist jetzt so zu wählen, dass diese unmissverständlich dem Projekt zugeordnet werden können.

Für die Codierung wird ein identifizierendes und klassifizierendes Schlüsselsystem unterschieden. Die **identifizierende** Codierung ermöglicht nur das direkte Auffinden des PSP-Elements ohne zusätzliche Informationen. Sie kann

- ➢ numerisch,
- ➢ dekadisch (Sonderform der numerischen Codierung),
- ➢ alphabetisch oder
- ➢ alpha-numerisch

ausgeführt werden.

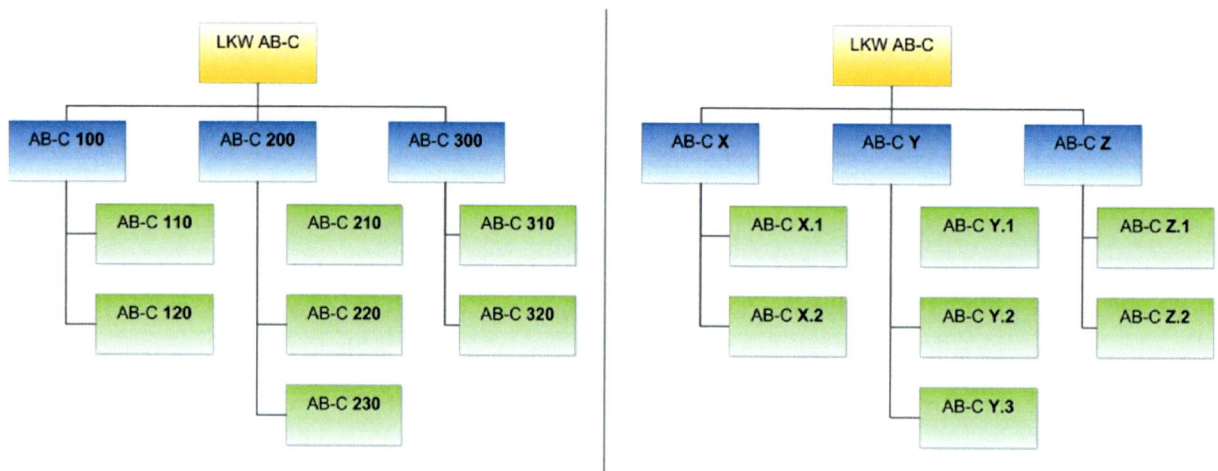

Abbildung 29 - Beispiel für numerische (links) und alpha-numerische Codierung (rechts)

Der **klassifizierende** Projektcode wird angewendet, wenn mehr als nur die reine Zuordnung der Elemente dargestellt werden soll.[93]

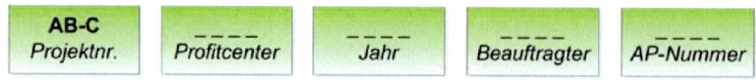

Abbildung 30 - Klassifizierende Codierung (Beispiel)

Achtung, auch hier gilt, wie bei der Gestaltung des Projektstrukturplans „**Nicht so viel Information wie möglich sondern nur so viel wie nötig.**"

---

[93] vgl. GPM/ SPM/ Gessler (Hrsg.) (2011), Seite 323ff

4.3.7 Vorgehensweise zur Erstellung des PSP

Bei der Erstellung des Projektstrukturplans ist neben dem Projektleiter auch das Kernteam involviert. So ist sichergestellt, dass die Projektbeteiligten alle Aufgaben erfassen und ein einheitliches Projektverständnis entwickeln.

Als Vorgehensweise bieten sich folgende Verfahrensschritte an[94]

> **top down** (Deduktives Vorgehen oder Zerlegungsmethode)
  ausgehend vom Wurzelelement wird das Projekt in den einzelnen Ebenen zerlegt bis die Arbeitspakete vorliegen, anschließend werden die Elemente codiert
> **bottom up** (Induktives Vorgehen oder Zusammensetzmethode)
  mittels Kreativitätstechniken (z.B. Brainstorming) werden die Arbeitspakete identifiziert und aufsteigend zusammengefasst, danach wird den Elementen ein PSP-Code zugewiesen

Bei beiden Vorgehensweisen ist darauf zu achten, dass keine Arbeitsschritte vergessen und keine Doppelarbeiten geplant werden.

Der „fertige" Projektstrukturplan wird im erweiterten Projektteam diskutiert und ggfls. mit Experten abgestimmt. Die daraus resultierenden Anpassungen werden eingearbeitet, dokumentiert für die weiteren Planungsschritte (Ablauf- und Terminplanung, Einsatzmittelplanung, Kostenplanung, Risikoanalyse) als Basis festgelegt.

4.3.8 Querverweise

Projektmanagementerfolg, Projektorganisation, Leistungsumfang und Lieferobjekte, Kosten und Finanzmittel, Änderungen, Überwachung und Steuerung, Berichtswesen, Kommunikation, Führung, Kreativität, Effizienz, Verlässlichkeit

---

[94] vgl. Patzak/ Rattay (2009), Seite 224; GPM/ SPM/ Gessler (Hrsg.) (2011), Seite 325

4.4 Ablauf und Termine

Auf Grundlage des im Projektstrukturplan festgehaltenen Projektinhalts wird mit der Ablauf- und Terminplanung die sachlogische und zeitliche Anordnung der Arbeitspakete bzw. der daraus hervorgehenden Vorgänge ermittelt. Ein wichtiges Instrument dafür ist die Netzplantechnik. Mit Hilfe eines Netzplans lassen sich die zu bearbeitenden Aufgaben inkl. ihrer Abhängigkeiten darstellen. Die gebräuchlichste Darstellung ist der Vorgangsknoten-Netzplan (AON Diagram - Activity on Node Diagram oder PDM - Precedence Diagram Method).

4.4.1 Prozess

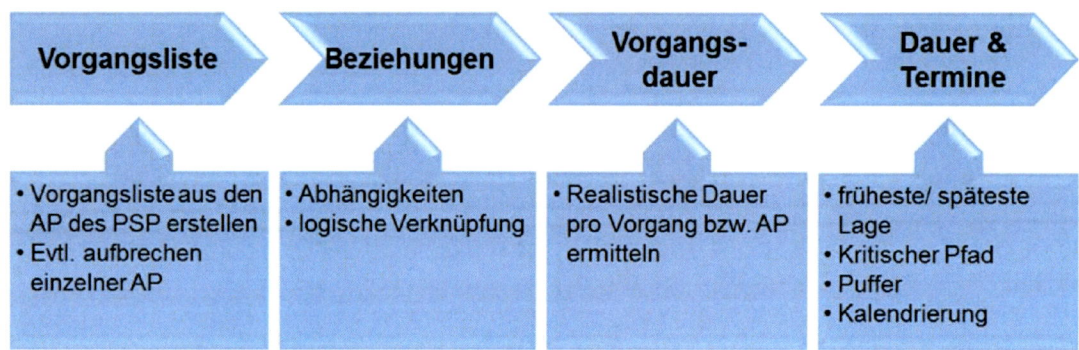

Abbildung 31 - Ablauf Netzplanerstellung

Vorgangsliste

Basis der Vorgangsliste sind die im Projektstrukturplan ermittelten Arbeitspakete. Je nach Erfordernis kann es notwendig sein, einzelne Arbeitspakete in die darin enthaltenen Vorgänge zu zerlegen (1:n). Wichtig ist, dass dabei alle davon betroffenen Arbeitspaketverantwortlichen die notwendigen Informationen für das „Aufschnüren" ihrer Arbeitspakete bereitstellen bzw. dies selbst vornehmen.[95]

Das Motto dabei sollte sein **„So grob wie möglich, so detailliert wie nötig."**

Beziehungen

Die Vorgänge werden jetzt auf ihre zeitlichen und logischen Abhängigkeiten untersucht. Häufig bestehen neben den Abhängigkeiten der Vorgänge eines Arbeitspaketes untereinander logische Beziehungen über die AP-Grenze hinaus. Folgende Anordnungsbeziehungen (AOB) können zur Anwendung kommen: **Normalfolge** (Ende-Anfang-Beziehung), **Anfangsfolge** (Anfang-Anfang-Beziehung), **Endfolge** (Ende-Ende-Beziehung) und **Sprungfolge** (Anfang-Ende-Beziehung).[96] Siehe hierzu auch Abbildung 34 - Anordnungsbeziehungen.

Es empfiehlt sich, erst mit Normalfolgen zu starten und im weiteren Planungsverlauf (z.B. für die Optimierung) Anfangs- und Endfolgen einzusetzen.

Vorgangsdauer
Ziel dieses Schritts ist es, die Dauer für die einzelnen Vorgänge realistisch abzuschätzen. Basis dafür ist die bereits im PSP ermittelte Dauer für das Arbeitspaket aus dem die Vorgänge hervorgegangen sind.

Folgende Tabelle zeigt beispielhaft das Ergebnis der drei Schritte Vorgangsliste, Beziehungen und Vorgangsdauer.

---

[95] vgl. GPM/ SPM/ Gessler (Hrsg.) (2011), Seite 371
[96] vgl. Patzak/ Rattay (2009), Seite 260ff

PSP-Code	Vorgangsname	Dauer	PSP-Code von Vorgängern	AOB
...	...	...	...	...
2	*Produktionsvorbereitung*			
2.10	Drehorte erkunden	10 Tage		
2.20	Drehorte auswählen	5 Tage	2.10	Normalfolge
2.30	Dreherlaubnis beschaffen	5 Tage	2.20	Normalfolge
2.40	Produktionsablauf festlegen	15 Tage	2.30	Normalfolge
...	...	...	...	...

Tabelle 18 - Beispiel Vorgangsliste

Projektdauer & Termine

Aus der Vorgangsliste wird jetzt der Netzplan erstellt. Dabei ist darauf zu achten, dass jeder Vorgang mindestens einen Vorgänger und einen Nachfolger haben muss. Ausnahmen gelten nur für das Startereignis (kein Vorgänger) und das Endereignis (kein Nachfolger). Ausgehend vom Startereignis kann anhand der Dauer der Vorgänge die Gesamtdauer des Projektes dargestellt werden. Mit dieser Analyse erhält man außerdem eine Aussage zur frühesten und zur spätesten Lage der Vorgänge, wie viel Puffer zwischen den Vorgängen existiert und welcher Folge von Vorgängen besondere Aufmerksamkeit zu widmen ist (→ kritischer Pfad). Bei der anschließenden Kalendrierung wird der Ablaufplan mit dem Projektkalender hinterlegt. Jetzt können vorgegebene Termine, Wochenenden, Feiertage und Arbeitszeiten berücksichtigt werden.[97]

Zum Verständnis der verschiedenen Berechnungen ist es wichtig und sinnvoll, diese in Grundzügen manuell nachvollziehen zu können. In der Projektpraxis wird niemand ein komplexes Projekt „von Hand" durchrechnen. Das übernehmen üblicherweise Planungstools wie z.B. Microsoft® Office Project, ORACLE® Primavera, OpenProj oder ähnliche.

4.4.2 Elemente im Netzplan

Die wichtigsten Elemente des Netzplans - Vorgangsknoten und Anordnungsbeziehungen - werden hier mit den zugehörigen Begriffen dargestellt und erläutert. Eine ausführliche Beschreibung findet sich in der DIN 69900:2009.[98]

---

[97] vgl. Patzak/ Rattay (2009), Seite 266ff
[98] vgl. DIN Deutsches Institut für Normung e.V. (2009), DIN 69900:2009, Seite 4ff

Vorgangsknoten

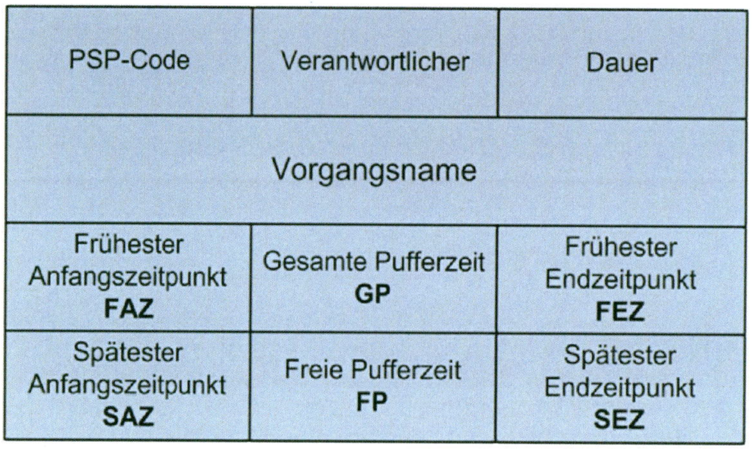

PSP-Code	Verantwortlicher	Dauer
Vorgangsname		
Frühester Anfangszeitpunkt **FAZ**	Gesamte Pufferzeit **GP**	Frühester Endzeitpunkt **FEZ**
Spätester Anfangszeitpunkt **SAZ**	Freie Pufferzeit **FP**	Spätester Endzeitpunkt **SEZ**

Abbildung 32 - Darstellung und Einteilung eines Vorgangsknotens

FAZ und FEZ bezeichnen Anfangs- und Endzeitpunkt der **frühesten Lage**, also der *„unter Berücksichtigung der im Netzplan enthaltenen Bedingungen nicht weiter nach vorn verschiebbaren Lage"*[99] des Vorgangs. SAZ und SEZ sind somit die Eckzeitpunkte für die **späteste Lage** (nicht weiter nach hinten verschiebbar).

Die gesamte Pufferzeit bzw. Gesamtpuffer (GP) bezeichnet die Zeitspanne zwischen frühester und spätester Lage eines Vorgangs (SAZ - FAZ bzw. SEZ - FEZ) und ist gleichzeitig die Zeitspanne, um die der Vorgang verschoben werden kann, bis er an den spätestens Anfangszeitpunkt seines Nachfolgers stößt.[100]

Der Verbrauch dieses Puffers hat in der Praxis Auswirkung auf den Endtermin des Projektes.

Freie Pufferzeit bzw. Freier Puffer (FP) gibt die Zeitspanne an, um die der Vorgang gegenüber seiner frühesten Lage verschoben werden kann, ohne den FAZ seines Nachfolgers zu beeinträchtigen.[101]

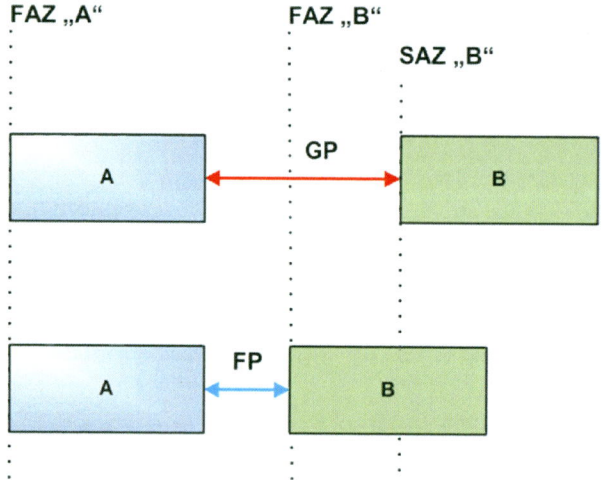

Abbildung 33 - Freier Puffer und Gesamtpuffer

[99] DIN Deutsches Institut für Normung e.V. (2009), DIN 69900:2009, Seite 6
[100] vgl. GPM/ SPM/ Gessler (Hrsg.) (2011), Seite 388
[101] vgl. DIN Deutsches Institut für Normung e.V. (2009), DIN 69900:2009, Seite 6

Anordnungsbeziehungen - Übersicht

Jeder Vorgang hat einen Anfangs- und einen Endzeitpunkt. Die Beziehung zwischen den Vorgängen wird immer bezogen auf den Anfangs- oder Endzeitpunkt ausgedrückt. Dadurch ergeben sich vier mögliche Verbindungen. Mit einer Anordnungsbeziehung (AOB) wird immer die Beziehung genau zweier Vorgänge beschrieben (1:1). Ein Vorgang kann jedoch mehrere dieser Beziehungen haben.

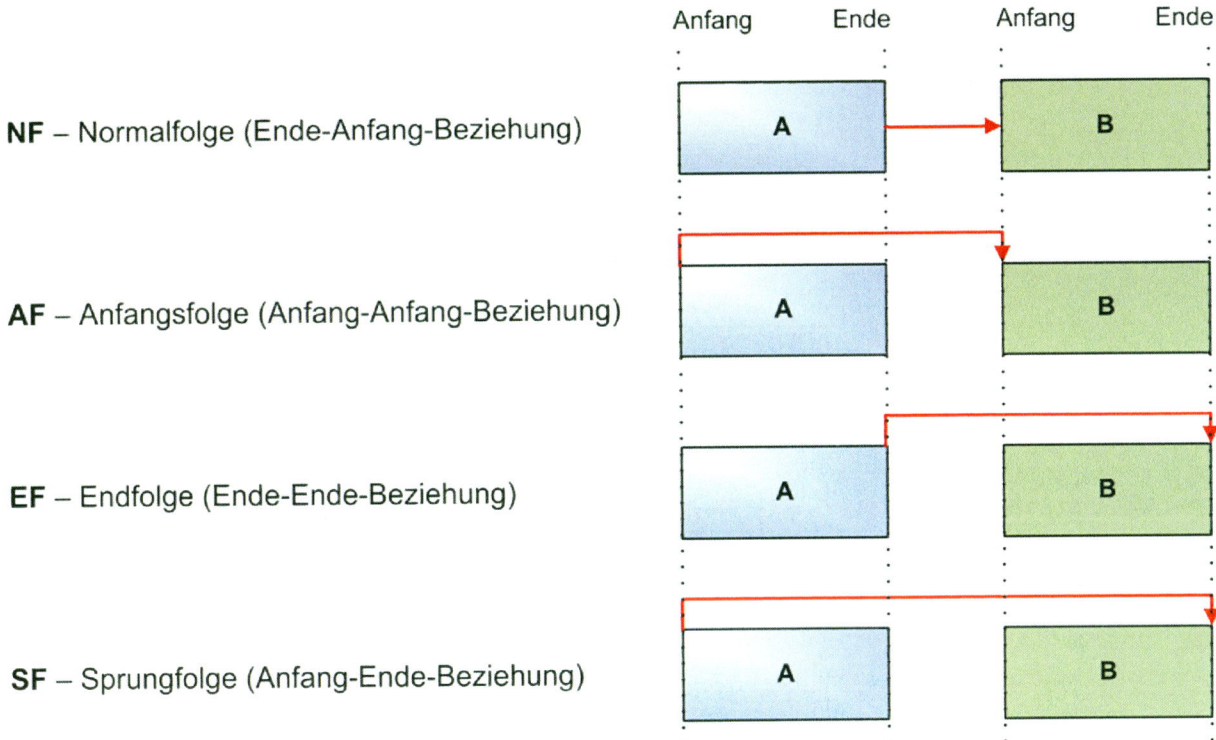

Abbildung 34 - Anordnungsbeziehungen

Zur Verdeutlichung werden die AOB im Folgenden je an einem Beispiel veranschaulicht. Das Beispiel enthält sowohl die Darstellung im Netzplan mit Vorgangsknoten als auch im Balkenplan bzw. Gantt-Chart, wie sie beispielsweise in Microsoft® Office Project dargestellt werden. Die Länge der Balken verhält sich im Gantt-Chart bzw. Gantt-Diagramm proportional zur Dauer des Vorgangs.

Beispiel **Normalfolge**

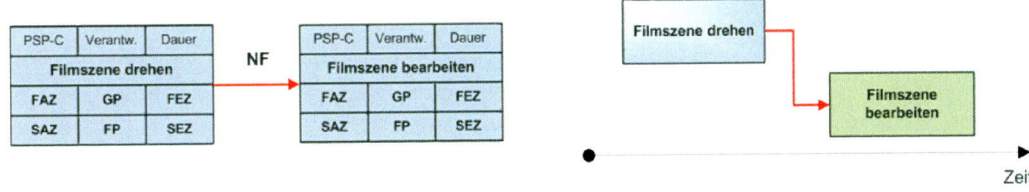

Abbildung 35 - Beispiel Normalfolge

Beispiel **Anfangsfolge**

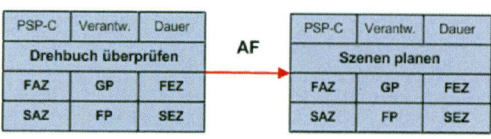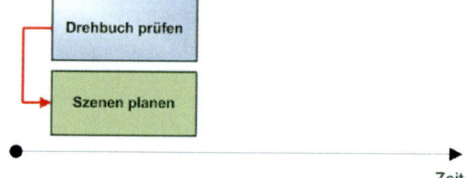

Abbildung 36 - Beispiel Anfangsfolge

Beispiel **Endfolge**

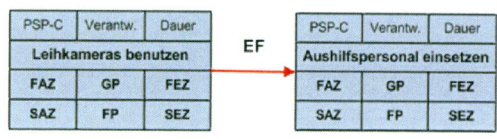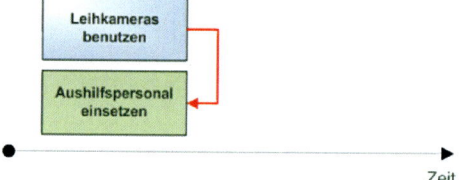

Abbildung 37 - Beispiel Endfolge

Beispiel **Sprungfolge** (selten verwendet)

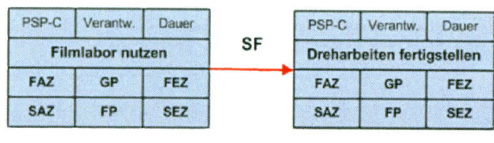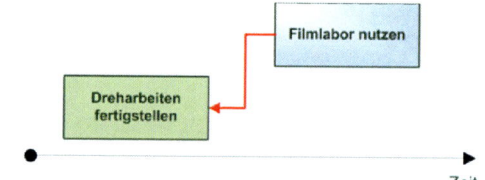

Abbildung 38 - Beispiel Sprungfolge

Positive und negative Zeitabstände

Um notwendige Verzögerungen oder Überschneidungen zwischen Vorgängen darzustellen, können feste Zeitabstände definiert werden. Diese können, wie nachfolgend gezeigt, mit einem positiven (Verzögerung) oder negativen Wert (Überschneidung) belegt sein.

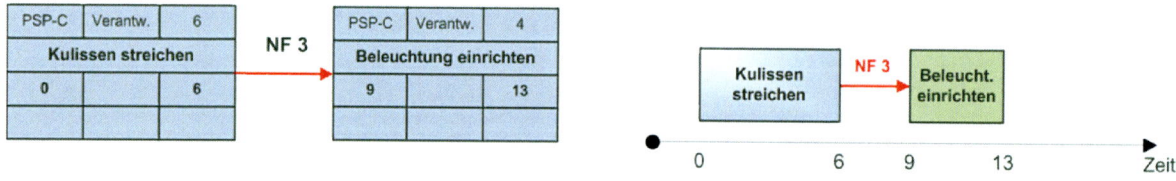

Abbildung 39 - Verzögerung, positiver Zeitabstand

In diesem Beispiel muss die Farbe drei Tage trocknen bevor mit Arbeiten in der Filmkulisse begonnen werden kann. Dieser feste Zeitabstand könnte auch in den Vorgang „Kulisse streichen" als Trocknungszeit integriert werden. Da aber dieser „Tätigkeit" keinerlei Ressourcen zugeordnet werden und sie den Vorgang unnötig verlängern würde, ist der feste Abstand zum Nachfolger die bessere Wahl.

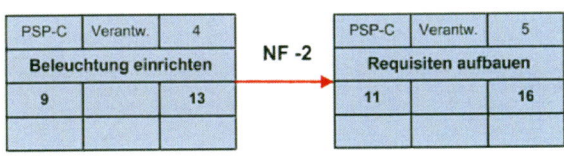 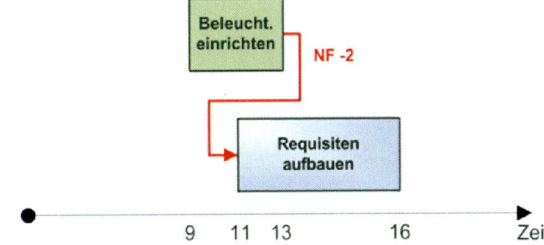

Abbildung 40 - Überlappung, negativer Zeitabstand

Mit einem negativen Zeitabstand wird der Start des Nachfolgers vorgezogen. Im Beispiel kann der Vorgang „Requisiten aufbauen" schon zwei Tage vor Ende seines Vorgängers beginnen. Diese Art der Überschneidung gehört bereits zum Feintuning des Netzplans.

Minimale und Maximale Zeitabstände

Die oben beschriebenen positiven und negativen Zeitabstände werden auch als minimaler Zeitabstand (MINZ) bezeichnet. Ein positiver MINZ (z.B. NF 2) bzw. negativer MINZ (z.B. NF -2) zwischen Vorgänger und Nachfolger darf nicht **unterschritten** werden. Bei einem **positiven MINZ** kann der nächste Vorgang **frühestens** x Zeiteinheiten **nach** seinem Vorgänger oder auch später beginnen (minimale Wartezeit). Ein **negativer MINZ** zeigt an, dass der nächste Vorgang **frühestens** x Zeiteinheiten **vor** Ende seines Vorgängers beginnen kann (maximale Vorziehzeit bzw. Überlappung).

Wird der Zeitabstand unter dem Pfeil notiert, zeigt dies einen maximalen Zeitabstand (MAXZ) an. Ein positiver MAXZ (z.B. NF 2) bzw. negativer MAXZ (z.B. NF -2) zwischen Vorgänger und Nachfolger darf nicht **überschritten** werden. Bei einem **positiven MAXZ** muss der nächste Vorgang **spätestens** x Zeiteinheiten **nach** seinem Vorgänger oder auch früher beginnen (maximale Wartezeit). Ein **negativer MAXZ** zeigt an, dass der nächste Vorgang **spätestens** x Zeiteinheiten **vor** Ende seines Vorgängers beginnen muss (minimale Vorziehzeit).

MINZ und MAXZ gilt analog auch für die drei anderen Anordnungsbeziehungen - AF, EF und SF.

4.4.3 Netzplan berechnen

Zur Berechnung des Netzplans gelten ein paar einfache Rechenregeln.[102]

1. Für alle Vorgänge wird die Dauer ermittelt
2. Vorwärtsrechnung (progressive Rechnung)
   a. Beim ersten Vorgang (Startmeilenstein) wird FAZ = 0 eingesetzt
   b. Dann wird der FEZ ermittelt → FEZ = FAZ + Dauer
   c. Falls kein Zeitabstand auf den nächsten Vorgang besteht ist $FAZ_N = FEZ_V$, ansonsten wird der Zeitabstand mit einbezogen $FAZ_N = FEZ_V +$ Zeitabstand
   d. Werden Vorgänge zusammengeführt, wird der höchste FEZ_V als FAZ_N, eingesetzt

---

[102] vgl. DIN Deutsches Institut für Normung e.V. (2009), DIN 69900:2009, Seite 26f

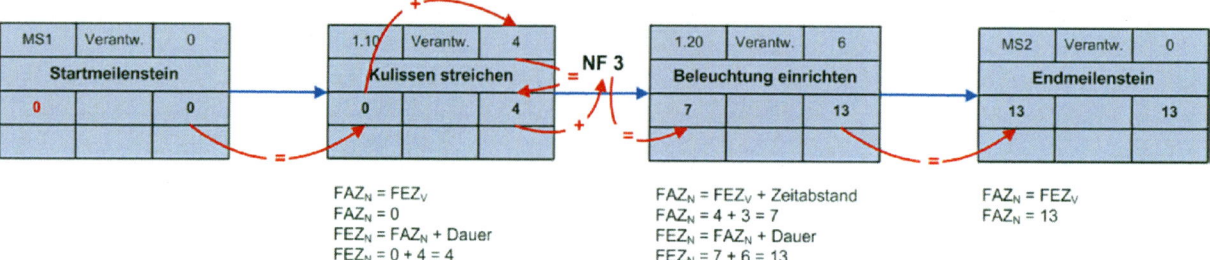

FAZ_N = FEZ_V
FAZ_N = 0
FEZ_N = FAZ_N + Dauer
FEZ_N = 0 + 4 = 4

FAZ_N = FEZ_V + Zeitabstand
FAZ_N = 4 + 3 = 7
FEZ_N = FAZ_N + Dauer
FEZ_N = 7 + 6 = 13

FAZ_N = FEZ_V
FAZ_N = 13

Abbildung 41 - Vorwärtsrechnung

3. Rückwärtsrechnung (retrograde Rechnung)
   a. Beim letzten Vorgang wird SEZ = FEZ eingesetzt
   b. Dann wird der SAZ ermittelt → SAZ = SEZ - Dauer
   c. Falls kein Zeitabstand für den vorhergehenden Vorgang besteht ist SEZ_V = SAZ_N, ansonsten wird der Zeitabstand mit einbezogen SEZ_V = SAZ_N - Zeitabstand
   d. Werden Vorgänge zusammengeführt, wird der niedrigste SAZ_N als SEZ_V, eingesetzt

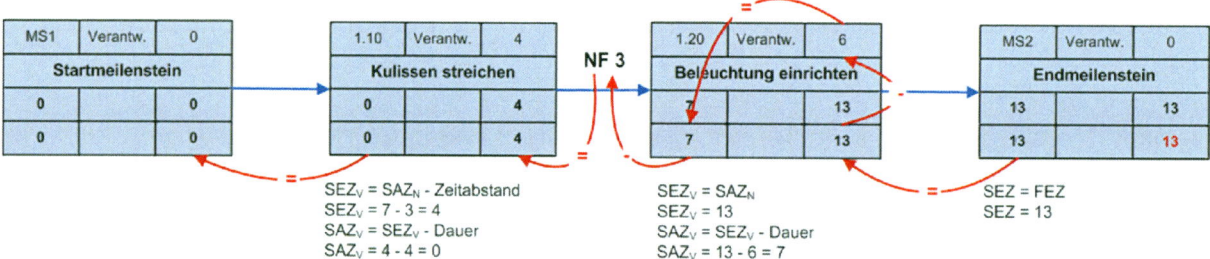

SEZ_V = SAZ_N - Zeitabstand
SEZ_V = 7 - 3 = 4
SAZ_V = SEZ_V - Dauer
SAZ_V = 4 - 4 = 0

SEZ_V = SAZ_N
SEZ_V = 13
SAZ_V = SEZ_V - Dauer
SAZ_V = 13 - 6 = 7

SEZ = FEZ
SEZ = 13

Abbildung 42 - Rückwärtsrechnung

4. Ermittlung der Zeitreserven
   a. Der **Gesamtpuffer** wird für jeden Vorgang berechnet → GP = SAZ - FAZ oder GP = SEZ - FEZ

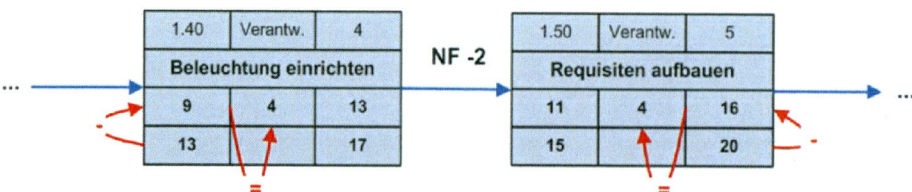

Abbildung 43 - Zeitreserve - Gesamtpuffer

   b. Anschließend wird der **Freie Puffer** für jeden Vorgang errechnet → FP = FAZ_N - FEZ_V Gibt es zwischen den Vorgängen einen Zeitabstand, so wird dieser in die Rechnung mit einbezogen → FP = FAZ_N - Zeitabstand - FEZ_V

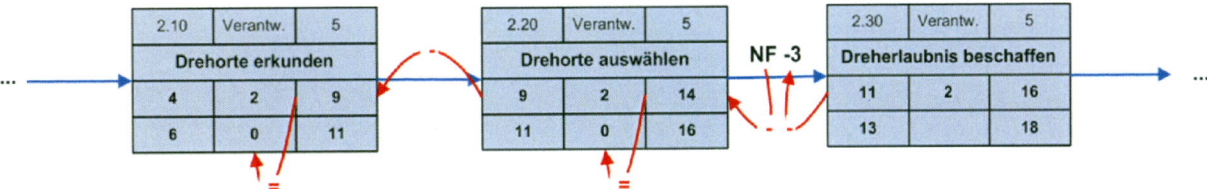

Abbildung 44 - Zeitreserve - Freier Puffer

    c. Identifizieren des **kritischen Pfads** (kritischer Weg) - Der kritische Pfad ist
        i. der längste Weg durch das Projekt und
       ii. bei dessen Vorgängen alle Puffer (GP und FP) Null sind. Das bedeutet, dass jede Verzögerung innerhalb dieser Kette auch gleichzeitig den Endtermin des Projektes verschiebt.

4.4.4 Beispiel Netzplan und vernetzter Balkenplan

Netzplan

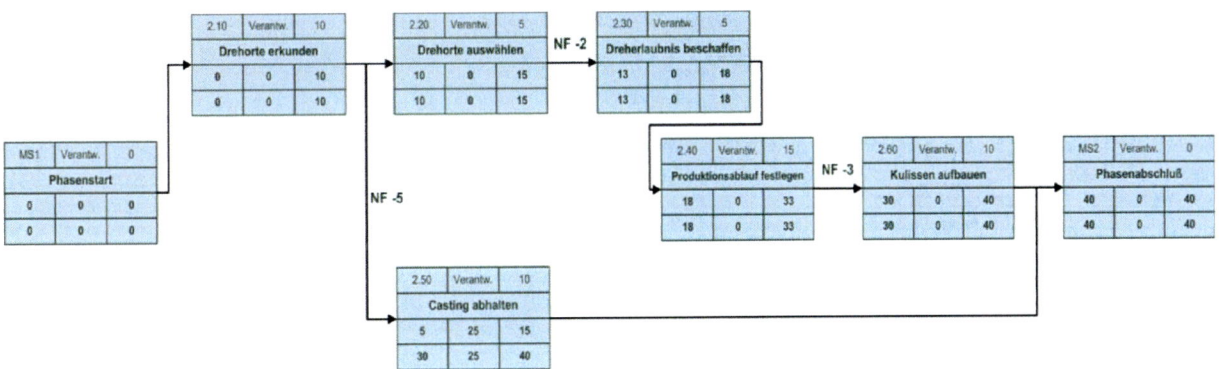

Kritischer Pfad: MS1 – 2.10 – 2.20 – 2.30 – 2.40 – 2.60 – MS2

Abbildung 45 - Netzplan (Beispiel)

Vernetzter Balkenplan (Gantt-Chart)

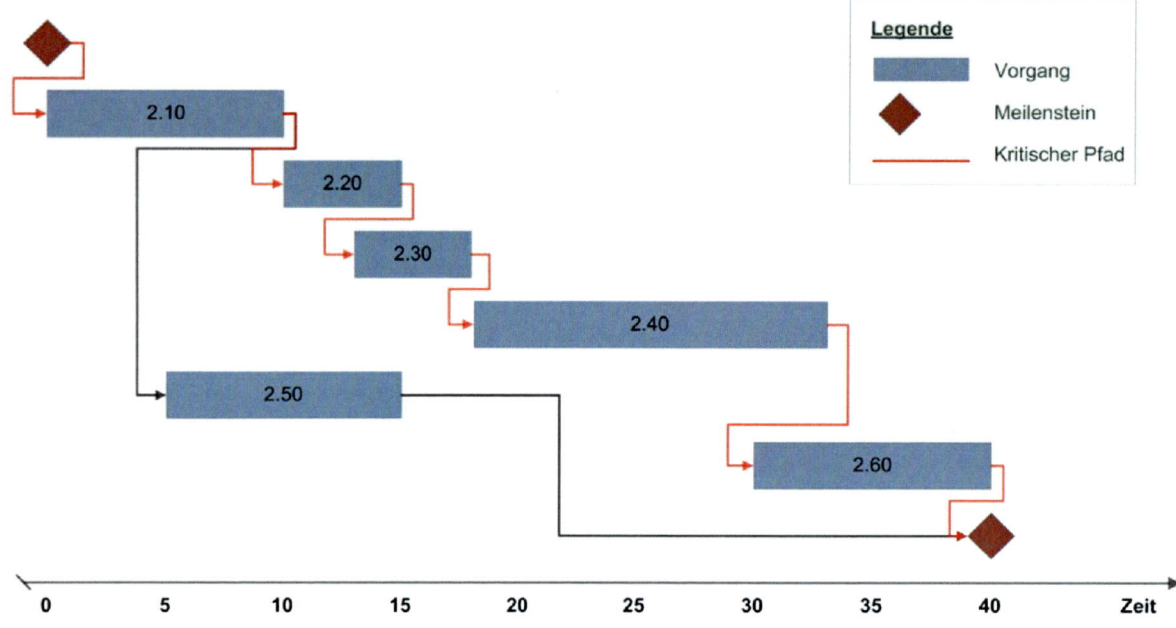

Abbildung 46 - Vernetzter Balkenplan (Beispiel)

4.4.5 Netzplan optimieren

Nach Aufstellen des Netzplans und der Berechnung der voraussichtlichen Gesamtdauer kann sich herausstellen, dass ein vom Auftraggeber geforderter Endtermin in dieser Konstellation nicht realisierbar ist. Jetzt beginnt mit allen Beteiligten ein iterativer Prozess mit dem Ziel, den Ablaufplan zu optimieren ohne Inhalt und Umfang des Projektes zu reduzieren.[103]

1. **Fast Tracking** (Verkürzung)
   a. Überlappung
      Durch die Nutzung negativer Zeitabstände (z.B. NF -2) werden zwei Vorgänge nicht mehr sequenziell sondern überlappend abgearbeitet.
   b. Parallelisierung
      Durch gleichzeitiges Starten zweier oder mehrerer Vorgänge bzw. durch den Wechsel der Anordnungsbeziehung von Normalfolge zu Anfangsfolge, wo dies sinnvoll und möglich ist, werden Vorgänge nicht mehr sequenziell sondern parallel abgearbeitet.
2. **Crashing** (Verdichtung)
   Die Dauer von Vorgängen kann durch Kapazitätsmaßnahmen verkürzt werden. z.B. Erhöhung der Ressourcen, Einsatz besserer (Qualifikation) Ressourcen, anordnen von Mehrarbeit, zuordnen von Ressourcen aus nicht kritischen Vorgängen zu Vorgängen auf dem kritischen Pfad.

Bei all diesen Maßnahmen ist das „Magische Dreieck" (Kosten, Termine, Leistung) zu beachten. Die meisten Verdichtungsmaßnahmen wirken unmittelbar auf die Kosten.

Hinweis: Veränderungen an Projektinhalt und -umfang (Reduzierung der Leistung) können nur mit Zustimmung des Auftraggebers umgesetzt werden und sind Gegenstand des Änderungsmanagements.

---

[103] vgl. Project Management Institute Inc. (2008), Seite 156f

4.4.6 Hintergrund

> **Henry L. Gantt** (1861–1919)
> Unternehmensberater und Ingenieur, entwickelte in der ersten Hälfte des 19. Jahrhunderts ausgehend von grafischen Darstellungen von Mitarbeiterbelegungen den Balkenplan oder auch Gantt-Diagramm, das die zeitliche Abfolge von Aktivitäten grafisch in Form von Balken auf einer Zeitachse darstellt.

4.4.7 Querverweise

Projektanforderungen und Zielsetzungen, Risiken und Chancen, Ressourcen, Kosten und Finanzmittel, Änderungen, Überwachung und Steuerung, Berichtswesen, Projektstart, Engagement und Motivation, Effizienz, Projektorientierung, Personalmanagement

4.5 Ressourcen

Nachdem anhand des Ablauf- und Terminplans eine Vorstellung von der Dauer des Projektes existiert, gilt es mit der Ressourcenplanung den ermittelten Plan mit den realen Ressourcen - **Personal**, **Material**, **Sach-** und **Finanzmittel** - in Einklang zu bringen.[104]

Grundlage für die Ressourcenplanung oder Einsatzmittelplanung bildet der Projektstrukturplan mit seinen Teilaufgaben und Arbeitspaketen und die daraus abgeleitete Vorgangsliste.

4.5.1 Prozess

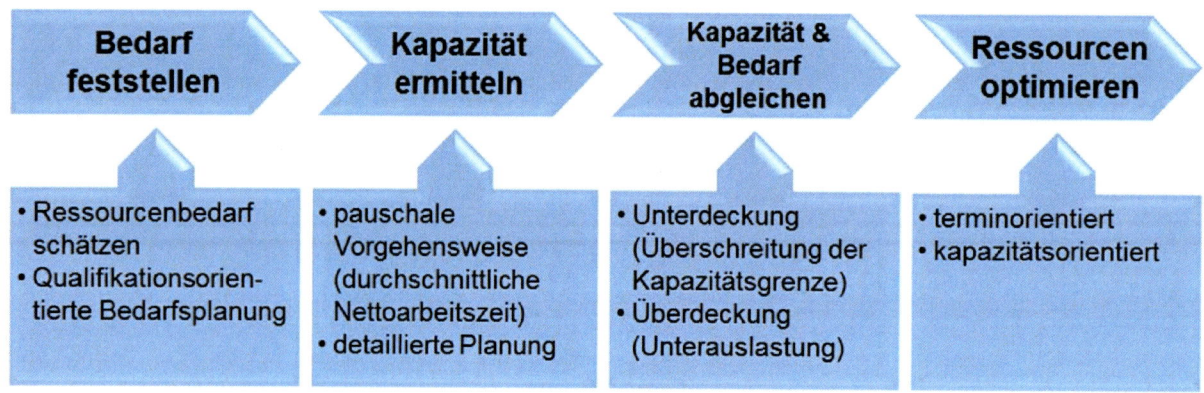

Abbildung 47 - Ablauf Ressourcenplanung

Bedarf feststellen

Im ersten Schritt kann der Bedarf an Personentagen „global" für das gesamte Projekt geschätzt werden, was allerdings zur Folge hat, dass zwischen den verschiedenen benötigten Qualifikationen nicht unterschieden wird. Damit später der Abgleich mit den zur Verfügung stehenden Kapazitäten durchgeführt werden kann, muss die Projektplanung verfeinert und den Arbeitspaketen bzw. Vorgängen die unterschiedlichen notwendigen Ressourcen zugeordnet werden.[105]

Einsatzmittel	Anzahl	Aufwand (PT)
Projektleiter (PL)	1	120
Regisseur (RG)	1	65
Locations Manager (LM)	1	35
Assistant Director (AD)	2	60
Elektriker (ELO)	4	80
Kulissenbauer (KB)	4	80
Requisiteur (RQ)	3	60
Lichttechniker (LT)	4	80

Tabelle 19 - Grobe Schätzung der Einsatzmittel (Beispiel)

Folgende Fragen helfen, die Einsatzmittel zu planen[106]

> ➢ **Welche** Qualifikationen sind erforderlich?

---

[104] vgl. Litke (Hrsg.) (2005), Seite 329f
[105] vgl. Bea/ Scheurer/ Hesselmann (2008), Seite 191f
[106] vgl. Patzak/ Rattay (2009), Seite 282; GPM/ SPM/ Gessler (Hrsg.) (2011), Seite 424

- ➢ **Wie viele** davon (Anzahl) werden benötigt?
- ➢ **Welche** sind Engpass-Ressourcen?
- ➢ **Wann** (Zeitpunkt/ Zeitraum) werden sie benötigt?
- ➢ **Wie** kann sichergestellt werden, dass diese Ressourcen auch verfügbar sind?

Um bei der Schätzung möglichst all diese Aspekte zu erfassen, empfiehlt es sich, alle Beteiligten mit einzubeziehen. Das Ergebnis ist eine Liste der benötigten Einsatzmittel nach Art und Anzahl, ohne Bezug auf bestimmte Personen.

PSP-Code	Vorgangsname	Dauer	Aufwand	Anzahl
...	...	...	...	...
2	*Produktionsvorbereitung*			
2.10	Drehorte erkunden	10 Tage	10 PT	1 LM
2.20	Drehorte auswählen	5 Tage	5 PT 2 PT	1 LM 1 RG
2.30	Dreherlaubnis beschaffen	5 Tage	5 PT	1 LM
2.40	Produktionsablauf festlegen	15 Tage	15 PT 10 PT	1 RG 1 LM
2.50	Casting abhalten	10 Tage	20 PT	2 AD
2.60	Kulissen aufbauen	10 Tage	20 PT 20 PT 20 PT 6 PT	2 ELO 2 RQ 2 LT 1 LM
...	...	...	...	...

Tabelle 20 - Einsatzmittelbedarfsplan (Beispiel)

Kapazität ermitteln

Bei der Berechnung kann pauschal oder detailliert vorgegangen werden. Bei der pauschalen Vorgehensweise wird die zur Verfügung stehende Nettoarbeitszeit (Nettokapazität) nach Abzug aller Wochenenden, Feier-, Urlaubs-, Weiterbildungs- und durchschnittlicher Krankheitstage berechnet.[107]

Kalendertage	365
Wochenende	-105
Feiertage	-10
Bruttokapazität	**250**

---

[107] vgl. Bea/ Scheurer/ Hesselmann (2008), Seite 193f

Urlaubstage	-30
Krankheit, Weiterbildung	-10
Nettokapazität	**210**

Tabelle 21 - Nettokapazität (Beispiel)

Mit der pauschalen Planung könnten rund 10 Personenmonate an verfügbarer Arbeitszeit pro Einsatzmittel veranschlagt werden. Dies spiegelt aber nicht die Projektrealität wider. Je nach Projektorganisation haben die Mitarbeiter Routineaufgaben in ihrer Linienfunktion zu erledigen oder sind noch in weiteren Projekten tätig. Die detaillierte Planung bringt hier mehr Klarheit.[108]

Nettokapazität	210
Administration/ Besprechungen	-25
Linientätigkeit	-20
Projektkapazität	**165**
Arbeit in anderen Projekten	-95
Freie Kapazität	**70**

Tabelle 22 - Freie Kapazität (Beispiel)

Diese Planung sollte für jede Ressource wenigstens auf Monatsebene durchgeführt werden, je exakter (tagesgenauer) desto besser.

Abgleich Kapazität und Bedarf

Nachdem nun klar ist, welche Einsatzmittel wann und wie lange für das Projekt eingesetzt werden sollten, müssen diese Erkenntnisse nun den tatsächlich zur Verfügung stehenden Kapazitäten gegenübergestellt werden. Dazu nimmt man die Vorgänge im vernetzten Balkenplan (Gantt-Chart), die von der vorgesehenen Ressource ausgeführt werden sollen und legt für diese die Einsatzmittelganglinie fest.[109]

Dabei dürfen „keine Äpfel mit Birnen verglichen" werden, d.h. es darf immer nur eine Ressourcenart analysiert werden.

---

[108] vgl. GPM/ SPM/ Gessler (Hrsg.) (2011), Seite 416f
[109] vgl. Bea/ Scheurer/ Hesselmann (2008), Seite 194f

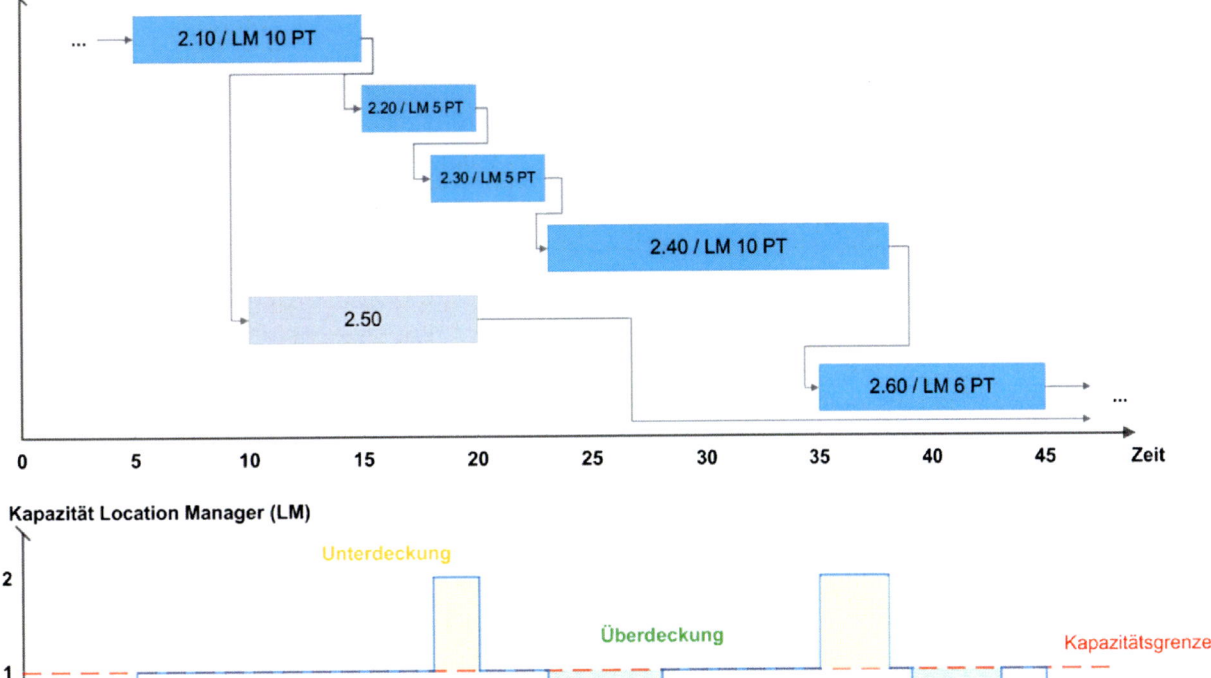

Abbildung 48 - Einsatzmittelganglinie

Mit der Einsatzmittelganglinie lässt sich schnell feststellen, wann eine Überschreitung der Kapazitätsgrenze (**Unterdeckung**) stattfindet bzw. wann die Ressource nicht ausgelastet ist (**Überdeckung**). Während eine Überdeckung nur aus wirtschaftlichem Blickwinkel kritisch zu betrachten ist, kann eine Unterdeckung den Projekterfolg gefährden (z.B. Aufgaben werden nicht oder qualitativ schlecht erledigt, krankheitsbedingter Ausfall der Ressource durch Überlastung führt zu weiteren Engpässen). Deshalb sind Unterdeckungen immer zu lösen, d.h. der Projektplan ist dahingehend zu optimieren.

Ressourcen optimieren

Ziel der Einsatzmitteloptimierung (Ressourcenoptimierung) ist es, alle Möglichkeiten unter den gegebenen Verfügbarkeiten auszuschöpfen, um die Durchführbarkeit des Projektes zu gewährleisten. Dazu gibt es zwei grundsätzliche Vorgehensweisen[110]

- ➢ die termintreue Optimierung
- ➢ die kapazitätstreue Optimierung

Die **termintreue Optimierung** hält am Ablauf- und Terminplan fest, eine Verschiebung der Vorgänge darf nur innerhalb der Pufferzeiten erfolgen. Dazu wird die Verfügbarkeit durch mehr qualifiziertes Personal erhöht. Maßnahmen dazu können sein z.B. Umschichten von Ressourcen innerhalb des Unternehmens zugunsten des Projektes, Vergabe von Fremdleistungen, Mehrschichtbetrieb … Das Budget spielt dabei eine untergeordnete Rolle.

Bei der **kapazitätstreuen Optimierung** wird die gegebene Kapazität als unveränderlich angesehen. Eine Optimierung kann nur durch schieben und/ oder strecken von Vorgängen erfolgen. Dabei werden Verschiebungen von Projektterminen in Kauf genommen.

---

[110] vgl. Litke (Hrsg.) (2005), Seite 332

Konkrete Maßnahmen der Optimierung können sein[111]

> **schieben** - das Ressourcenproblem wird über das (Ver-)schieben des Vorgangs gelöst. Dies ist aber nur möglich, wenn die zeitlichen und logischen Beziehungen zu den anderen Vorgängen/ Arbeitspaketen dies zulassen.

> **strecken** - es wird mehr Zeit für die Bearbeitung des Vorgangs eingeplant, der Aufwand bleibt gleich, verteilt sich aber über eine längere Dauer.

> **stauchen** - der Vorgang wird zeitlich verkürzt, was aber zu einem erhöhten Ressourcenbedarf führt und evtl. zusätzliche Optimierungsmaßnahmen an anderen Vorgängen/ Arbeitspaketen erforderlich macht.

> **splitten** - der Vorgang bzw. das Arbeitspaket wird in mehrere Teile zerlegt, die zeitlich so verschoben werden, dass der Ressourcenengpass aufgelöst werden kann.

> **substituieren** - es wird die bisher eingesetzte Ressource durch eine effizientere Ressource ersetzt.

Die sechste Maßnahme durch **streichen** Leistung zu reduzieren, ist wie bereits im Kapitel 4.4 Ablauf und Termine festgestellt, Gegenstand des Änderungsmanagements und kein Instrument zur Optimierung.

4.5.2 Schätzmethoden

Die Abschätzung des Aufwandes bildet eine wichtige Basis für grundlegende Entscheidungen und ist somit nach dem Phasenplan die zweite Machbarkeitsprüfung für die vom Auftraggeber genannten Projektziele. An dieser Stelle kann unter dem Blickwinkel der gegebenen Rahmenbedingungen bezüglich Personal, Material und Sachmittel erneut eine Go/ Nogo Entscheidung für das Projekt getroffen werden.

Beispiele zu Fehleinschätzungen die u.a. zu Imageschäden und/ oder hohen Vertragsstrafen führten, sind

> Einführung der „LKW-Maut in Deutschland" durch das Betreiberkonsortium Toll Collect 2006 - mehrfache Verschiebung des Starttermins vom 31.08.2003 auf den 02.11.2003, dann auf 01.01.2005. Letztendlich war das System im Januar 2006 vollständig betriebsbereit. Der Verschiebung lag neben technischen Themen auch eine Unterschätzung des mit dem Projekt verbundenen Aufwands zugrunde.

> Neubau Terminal 5 London-Heathrow 2008 - Gepäckchaos nach Inbetriebnahme, zeitweise türmten sich bis zu 28.000 Koffer, in den ersten vier Tagen mussten 431 Flüge gestrichen werden. Der Aufwand für das Testen der neuen Gepäckabfertigung wurde unterschätzt und aus Zeitgründen (Eröffnungstermin war veröffentlicht) nicht korrigiert, ebenso wurden die Aufwände für die Schulung der Gepäckarbeiter zu niedrig angesetzt.

Zur Schätzung der Aufwände können folgende Methoden zum Einsatz kommen

Methoden	Beschreibung
Expertenschätzung	
Einzelschätzung	Zugriff auf das Fachwissen eines einzelnen Experten. Vorgehen ist unkompliziert, die Qualität der Schätzung hängt allerdings von der Professionalität der befragten Person ab.
Mehrfachbefragung	Es werden mehrere Experten gebeten, einzeln den Aufwand zu schätzen. An-

---

[111] vgl. Bea/ Scheurer/ Hesselmann (2008), Seite 196f

	schließend wird der Durchschnitt gebildet. Auch hier besteht die Gefahr, dass der Schätzwert nicht mit der Realität übereinstimmt.
Delphi-Methode	Mehrfache Befragung einer Gruppe von Experten. Die Schätzung erfolgt unabhängig und ohne Diskussion. Es wird auf die Anonymität der Experten geachtet, um unerwünschte Beeinflussung zu verhindern. Vorgehensweise ist sehr zeitaufwendig.
Schätzklausur	Bei diesem Vorgehen wird Wert auf gruppendynamische Prozesse gelegt. Die Experten (meist das Projektteam) planen und schätzen die Vorgänge/ Arbeitspakete gemeinsam. Auf diese Weise entsteht eine gemeinsame Basis und Verständnis für das Projekt.
Analogiemethoden	Das zu schätzende Projekt wird mit einem oder mehreren ähnlichen, abgeschlossenen Projekten verglichen. Aus dem bekannten Aufwand wird der geschätzte Aufwand für das neue Projekt abgeleitet. Interessant für Unternehmen, die Projekte mit hohem Wiederholungscharakter durchführen. Hilfreich bei der Auswertung von Analogieprojekten sind Erfahrungsdatenbanken und Kennzahlensysteme.
Prozentsatzmethode	Ausgangspunkt ist die prozentuale Verteilung des Gesamtaufwandes auf die einzelnen Phasen. Aufgrund der Gefahr einer Hochrechnung von Fehlern wird diese Methode meist zur Plausibilitätskontrolle für mit anderen Verfahren vorgenommene Schätzungen verwendet.
Bereichsschätzung	Der Aufwand für Arbeitspakete wird an drei Werten dargestellt - optimistischer, pessimistischer und wahrscheinlicher Schätzwert (Dreipunktschätzung). Danach wird der Durchschnitt errechnet → D=(o+4w+p)/6 Dieses Verfahren kann auch bei der Expertenschätzung verwendet werden. Die Dreipunktschätzung verbirgt sich u.a. auch hinter dem Akronym PERT.[112]
Parametrische Verfahren (kommen überwiegend in der Softwareentwicklung zum Einsatz)	
COCOMO (Constructive Cost Model)	COCOMO besteht aus drei Modellen, die entweder für das gesamte Projekt eingesetzt oder innerhalb des Projektes in verschiedenen Phasen verwendet werden können. Algorithmisches Modell, das mithilfe mathematischer Funktionen und definierten Kostentreibern die Kosten eines Projektes darstellt. Sehr aufwendig.
Function Point Methode	Auf Basis geforderter Funktionalität, der Bewertung der Funktionen, der zu erbringenden Qualität und des erforderlichen Aufwands schließt man analog von bekannten, ähnlichen Projekten auf das neue Projekt.

Tabelle 23 - Schätzmethoden[113]

4.5.3 Querverweise

Projektorganisation, Teamarbeit, Kosten und Finanzmittel, Beschaffung und Verträge, Verhandlungen, Konflikte und Krisen, Projektorientierung, Personalmanagement

---

[112] PERT = Program Evaluation and Review Technique
[113] vgl. Bea/ Scheurer/ Hesselmann (2008), Seite 146ff; Litke (Hrsg.) (2005), Seite 489ff; GPM/ SPM/ Gessler (Hrsg.) (2011), Seite 444ff; DIN Deutsches Institut für Normung e.V. (2009), DIN 69901-3:2009, Seite 96f

4.6 Kosten und Finanzmittel

Die Planung der Kosten ist eine weitere Aufgabe im Projektplanungsprozess, bei der auf Grundlage der Ressourcenplanung erarbeitet wird, wann welche Kosten für Material, Personal, Sachmittel und Kapital zur Erledigung der einzelnen Projektaufgaben anfallen werden. [114]

Kostenarten	
Personal	Löhne & Gehälter Sozialleistungen Weiterbildung
Material	Büromaterial Roh- Hilfs- und Betriebsstoffe Werkzeuge
Sach- & Dienstleistungen	Miete Energiekosten Telefon- und Porto Reisekosten IT-Kosten Lizenzen
Kapital	Abschreibungen Zinsen Steuern, Gebühren Versicherungen

Tabelle 24 - Projektkostenarten

4.6.1 Kostenplanung

Die Kostenplanung verfolgt hierbei drei Ziele - Kalkulationsbasis für den Preis des zu verkaufenden Produkts, Basis für das projektbegleitende Controlling (Plan/Ist-Vergleich) und Grundlage für die Planung zeitbezogener Zahlungen. Gleichzeitig findet damit aber auch eine Verifizierung der Annahmen aus der Projektauswahl statt, da die Projektarbeit, wie jedes unternehmerische Handeln, *„dem Primat der Wirtschaftlichkeit"*[115] unterliegt und somit wenigstens zur Sicherung der Rentabilität des Unternehmens beitragen sollte.[116]

Wie eingangs des Kapitels erwähnt, baut die Kostenplanung auf der Ressourcen- bzw. Einsatzmittelplanung auf. Pro Einsatzmittel werden die Kosten ermittelt und diese dann den Arbeitspaketen bzw. Vorgängen zugeordnet. In der Summe erhält man so die (Plan-) Gesamtkosten für das Projekt verteilt über die Projektlaufzeit.

Einsatzmittel	Anzahl	Kosten (€)

---

[114] vgl. Motzel (2010), Seite 113
[115] Litke (Hrsg.) (2005), Seite 479
[116] vgl. Patzak/ Rattay (2009), Seite 294

Personal		
Projektleiter (PL)	1	1.200.- /$_{Tag}$
Regisseur (RG)	1	1.500.- /$_{Tag}$
Locations Manager (LM)	1	1.000.- /$_{Tag}$
Assistant Director (AD)	2	800.- /$_{Tag}$
Elektriker (ELO)	4	500.- /$_{Tag}$
Kulissenbauer (KB)	4	500.- /$_{Tag}$
Requisiteur (RQ)	3	500.- /$_{Tag}$
Lichttechniker (LT)	4	500.- /$_{Tag}$
Material		
Baumaterial Kulissen		1.500.-
Kabel, Stecker, Scheinwerfer		3.000.-
Werkzeuge		800.-
Sachmittel		
Raummiete Casting (täglich)		100.-
Verpflegung (täglich)		150.-
Reisekosten (Summe)		1.000.-

Tabelle 25 - Kosten der Einsatzmittel (Beispiel)

Die Kosten der Einsatzmittel werden den einzelnen Vorgängen zugeordnet. Zudem wird für die Finanzplanung festgehalten, ob die entstehenden Kosten **anfangsverteilt** (Fälligkeit zu Beginn des Vorgangs), **endverteilt** (Fälligkeit zum Ende des Vorgangs) oder **gleichverteilt** (Fälligkeit gleichmäßig während des Vorgangs) anfallen.

PSP-	Vorgangsname	Dauer	Aufwand	Anzahl	Kosten (€)	Verteilung

Code		(Tage)	(PT)			
...	...	...	...	...		
2	*Produktionsvorbereitung*					
2.10	Drehorte erkunden	10	10	1 LM	10.000.-	gleich
				Reisekst.	500.-	end
2.20	Drehorte auswählen	5	5	1 LM	5.000.-	gleich
			2	1 RG	3.000.-	gleich
				Reisekst.	500.-	end
2.30	Dreherlaubnis beschaffen	5	5	1 LM	5.000.-	gleich
2.40	Produktionsablauf festlegen	15	15	1 RG	22.500.-	gleich
			10	1 LM	10.000.-	gleich
2.50	Casting abhalten	10	20	2 AD	16.000.-	gleich
				Raummiete	1.000.-	anfangs
				Verpfl.	1.500.-	end
2.60	Kulissen aufbauen	10	20	2 ELO	10.000.-	gleich
			20	2 RQ	10.000.-	gleich
			20	2 LT	10.000.-	gleich
			6	1 LM	6.000.-	gleich
				Verpfl.	1.500.-	end
				Werkzeug	800.-	anfangs
				Baumat.	1.500.-	anfangs
				Kabel, ...	3.000.-	anfangs
...	...	...	...	...		

Tabelle 26 - Übersicht Kostenplan

4.6.2 Kostengang- und Kostensummenlinie

Es werden zwei Arten der grafischen Darstellung des voraussichtlichen Kostenverlaufs unterschieden - **Kostenganglinie** (Kostenanfall pro Zeitperiode) und **Kostensummenlinie** (kumulierter Kostenanfall zu jedem Zeitpunkt).

Beide Diagrammformen können in der Praxis als eigenständiges Diagramm oder in Verbindung mit einem Balkenplan vorkommen. Kostengang- und Kostensummenlinie können (bei entsprechendem Maßstab) auch gleichzeitig im gleichen Diagramm abgebildet werden.[117]

---

[117] vgl. Motzel (2010), Seite 113

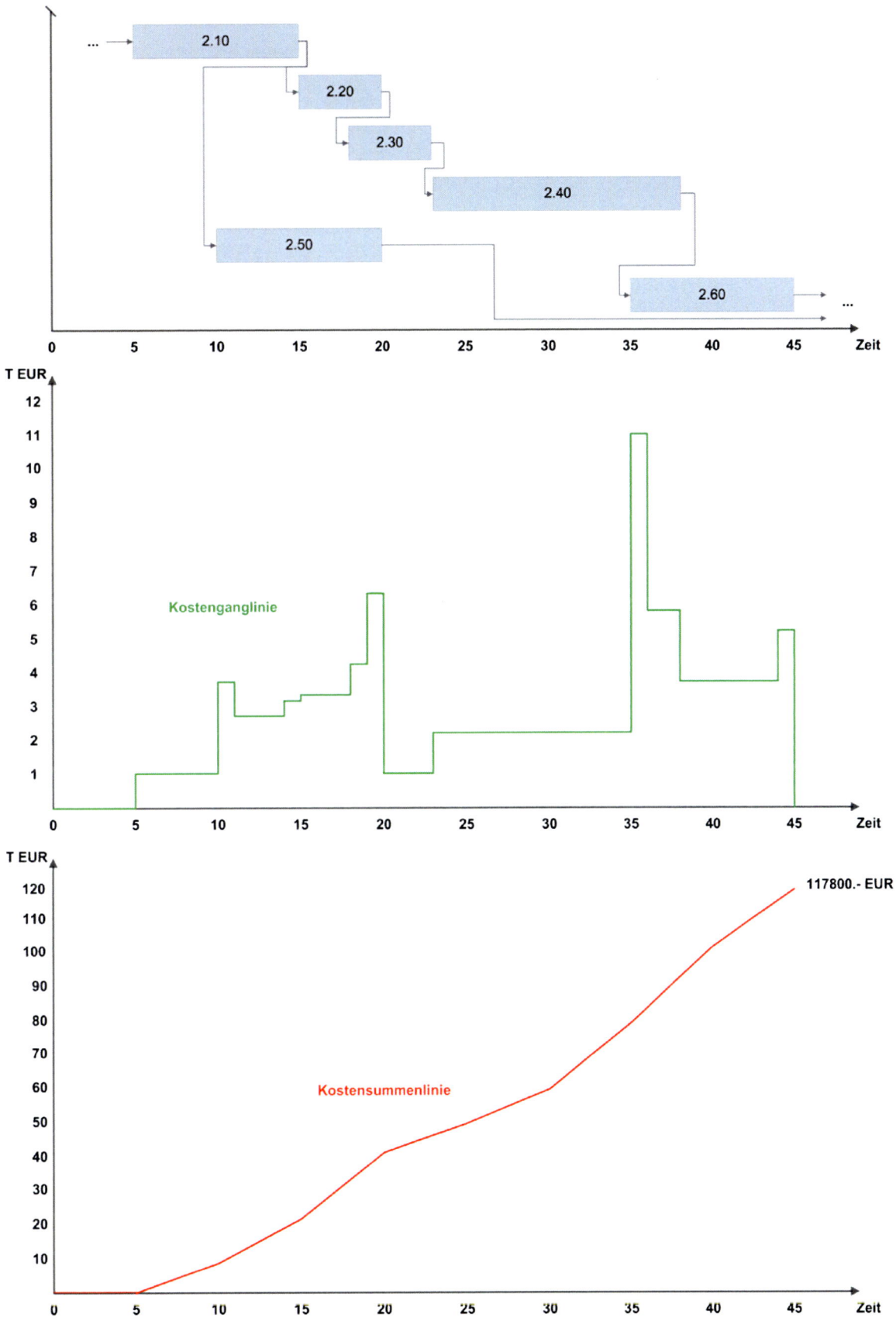

Abbildung 49 - Kostengang- und Kostensummenlinie (Beispiel)

4.6.3 Querverweise

Interessierte Parteien, Projektanforderungen und Projektziele, Risiken und Chancen, Projektstrukturen, Leistungsumfang und Lieferobjekte, Projektphasen, Ablauf und Termine, Ressourcen , Engagement und Motivation, Konflikte und Krisen, Ethik, Projektorientierung, Stammorganisation

4.7 Risiken und Chancen

4.7.1 Wozu Risikomanagement und was sind Risiken?

Neben der Notwendigkeit durch gesetzliche (z.B. KontraG) und unternehmsspezifische Anforderungen (z.B. Corporate Governance) gehört Risikomanagement zu den Aufgabengebieten innerhalb des Projektmanagements, um Projektrisiken zu vermeiden, zu verringern oder zu begrenzen. In dieses Aufgabengebiet fällt auch das Fördern von Projektchancen, also von positiven Entwicklungsmöglichkeiten.

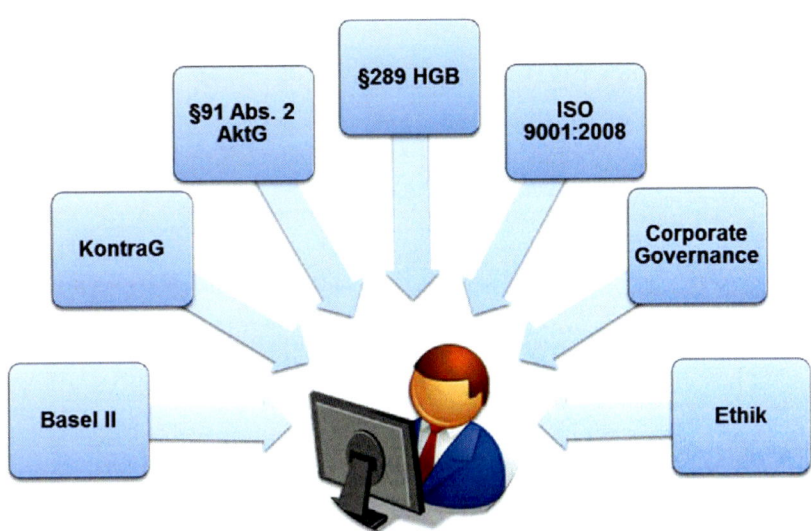

Abbildung 50 - Warum Risikomanagement?

Risikomanagement ...

> ➢ verbessert den Handlungsspielraum des Projektleiters.
> ➢ identifiziert und steuert Risiken und Chancen im Projekt.
> ➢ stellt ein Frühwarnsystem dar, durch das Risiken minimiert und beherrscht werden können.
> ➢ verhindert unvorhergesehene Risikosituationen.
> ➢ erkennt Chancen für das Projekt und zeigt Wege zu deren Nutzung auf.
> ➢ verbessert die Kommunikation und den Umgang mit Risiken und Chancen.

Das Wort „Risiko" leitet sich aus dem frühitalienischen ris(i)co ab – eine Klippe, die es zu umschiffen gilt. Unter diesem Gesichtspunkt sind die folgenden vier Definitionen der DIN 69901, der DIN IEC 62198, der neuen Norm für Risikomanagement ISO 31000 und dem Project Management Institute (PMI) zu betrachten.

DIN 69901-5:2009	*„Mögliche negative Abweichung im Projektverlauf (relevante Gefahren) gegenüber der Projektplanung durch Eintreten von ungeplanten oder Nicht-Eintreten von geplanten Ereignissen oder Umständen (Risikofaktoren)."*[118]
DIN IEC 62198:2002	*„Kombination aus Eintrittswahrscheinlichkeit eines bestimmten Ereignisses und seinen Folgen für die Projektziele."*[119]
ISO 31000:2009	*„Auswirkung von Unsicherheit auf Ziele."*[120]
PMBoK® Guide, 4. Ausgabe 2008	*„Ein ungewisses Ereignis oder Zustand, der – falls er eintritt – eine positive oder negative Auswirkung auf die Projektziele hat."*[121]

Tabelle 27 - Definitionen Risiko

4.7.2 Prozess

Das Risikomanagement folgt dem Prozess Identifizieren – Analysieren – Planen – Controlling. Dieser Prozess wird spätestens bei jedem Meilenstein erneut durchlaufen, um den Status der bekannten Risiken festzustellen und neue zu identifizieren.

Risiken identifizieren	**Risiken analysieren**	**Maßnahmen planen**	**Maßnahmen controlling**
• Projektteam und Hauptstakeholder	• Auswirkungen auf das Projekt, Eintrittswahrscheinlichkeit, Schadenspotenzial & Kritikalität/Priorität	• Maßnahmen, Notfallpläne inkl. Kalkulation bzgl. Aufwand, Kosten, Ressourcen und Termine	• Überwachung, Aktualisierung und Unterstützung bei der Maßnahmenumsetzung, Dokumentation

Abbildung 51 - Risikoprozess

Identifizierung

Hier wird die enge Verzahnung mit der Umfeldanalyse sichtbar. In den Kategorien fachlich und direkt/indirekt bzw. intern/extern bereits identifizierte Bestandteile können direkt in die Risiko-Tabelle übernommen werden. Die während der Umfeldanalyse identifizierten Stakeholder (Kategorien sozial und direkt/indirekt bzw. intern/extern) werden via Stakeholderanalyse, wo notwendig, ebenfalls in die Risiko-Tabelle übernommen. Zur Identifikation weiterer Risiken empfehlen sich verschiedene Kreativitätstechniken (z.B. Brainwriting, Mind Mapping, Checklisten) sowie das systematische Durchforsten der bisher erstellten Projektpläne (PSP, Ressourcenplan, Ablauf- und Terminplan, Kostenplan) auf potenzielle Risiken. Hilfreich ist auch die Kategorisierung nach Risikoarten, wie beispielsweise:

> ➢ Kaufmännische Risiken
> ➢ Ressourcen Risiken

---

[118] DIN Deutsches Institut für Normung e.V. (2009), DIN 69901-5:2009, Seite 159
[119] DIN Deutsches Institut für Normung e.V. (2002), DIN IEC 62198:2002, Seite 8
[120] DIN Deutsches Institut für Normung e.V. (2009), ISO 31000:2009, Seite 8
[121] Project Management Institute Inc. (2008), Seite 446

> ➤ Technische Risiken
> ➤ Terminrisiken
> ➤ Politische Risiken

In dieser Phase sind alle identifizierten Risiken ernst zu nehmen - keine „Das schaffen wir schon"-Mentalität – jedes identifizierte Risiko ist wichtig genug, um betrachtet zu werden.

Die identifizierten Risiken werden in einer Tabelle gesammelt und strukturiert. Alle Risiken sind **präzise** zu benennen und zu beschreiben.

#	Risiko	Ursache (n)	Klassifizierung
1	Streik der Drehbuchautoren	nicht erfüllte Lohnforderungen	Terminrisiko
2	Bereits genehmigte Außenaufnahmen werden verboten	Einstellung zum Filmprojekt hat sich bei den zuständigen Behörden geändert	Politisches Risiko
3	Spezialisten stehen nicht zum vereinbarten Zeitpunkt zur Verfügung	Unklare Vorgaben bei Vertragsabschluss mit der Agentur	Ressourcen Risiko
n	...	...	...

Tabelle 28 - Risikotabelle

Zur besseren Visualisierung können die Risiken in einem Portfolio dargestellt werden. Hierzu werden sie bezüglich Schadenshöhe (auch Tragweite) und Eintrittswahrscheinlichkeit qualifiziert und entsprechend im Portfolio eingeordnet. Eine **Qualifizierung** der Risiken kann beispielsweise nach „sehr hoch, hoch, niedrig, sehr niedrig" erfolgen. Es empfiehlt sich, die Ausprägung „mittel" nicht zu verwenden, um den Beteiligten eine eindeutige Stellungnahme abzuringen.

#	Risiko	Ursache (n)	ETW	SH	Klasse
1	Streik der Drehbuchautoren	nicht erfüllte Lohnforderungen	n	h	Terminrisiko
2	Bereits genehmigte Außenaufnahmen werden verboten	Einstellung zum Filmprojekt hat sich bei den zuständigen Behörden geändert	h	sh	Politisches Risiko
3	Spezialisten stehen nicht zum vereinbarten Zeitpunkt zur Verfügung	Unklare Vorgaben bei Vertragsabschluss mit der Agentur	n	sh	Ressourcen Risiko
n	...	...	...	...	...

Tabelle 29 - Qualifizierte Risikotabelle mit Eintrittswahrscheinlichkeit (ETW) und Schadenshöhe (SH)

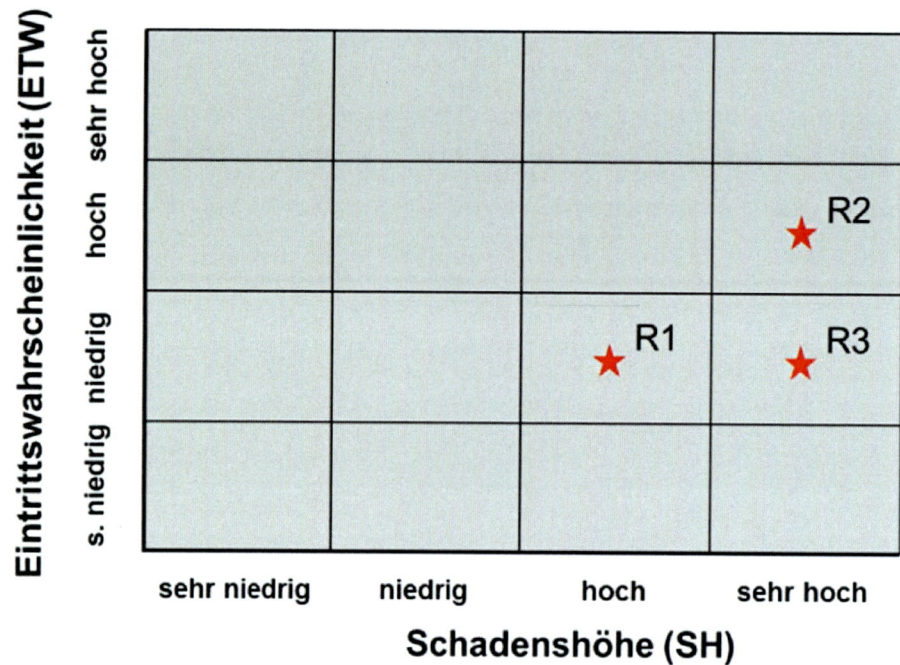

Abbildung 52 - Qualifiziertes Risikoportfolio (Beispiel)

Analyse

Nach der Identifikation der Risiken folgt in dieser Phase deren Analyse und Bewertung und damit ihrer **Quantifizierung**. Es sind Überlegungen anzustellen bezüglich der Auswirkung, Schadenshöhe (auch Tragweite) und der Eintrittswahrscheinlichkeit. Hierzu kann die bereits genutzte Risikotabelle um die notwendigen Felder ergänzt werden. Der Risikowert (RW) ist das Produkt aus Eintrittswahrscheinlichkeit (ETW) und Schadenshöhe (SH) des Risikos.

$$ETW\ (\%) * SH\ (€) = RW\ (€)$$

Die Höhe der Eintrittswahrscheinlichkeit ist, unerheblich ob individuell oder in einer Gruppe festgelegt, immer ein subjektiver Wert, welcher die Risikopräferenz (risikofreudig, risikoneutral oder risikoavers) des Entscheiders/ der Entscheider widerspiegelt.

#	Risiko	Ursache (n)	Auswirkung	ETW in %	SH in €	RW in €
1	Streik der Drehbuchautoren	nicht erfüllte Lohnforderungen	Drehbuch wird nicht rechtzeitig fertig, Start der Dreharbeiten verzögert sich	5%	200.000	10.000
2	Bereits genehmigte Außenaufnahmen werden verboten	Einstellung zum Filmprojekt hat sich bei den zuständigen Behörden geändert	Neue Drehorte müssen ausgewählt werden, Genehmigungen müssen neu eingeholt werden, Dreharbeiten verzögern sich	20%	450.000	90.000
3	Spezialisten stehen nicht zum vereinbarten Zeitpunkt zur Verfügung	Unklare Vorgaben bei Vertragsabschluss mit der Agentur	Verzögerungen bei den Dreharbeiten oder qualitative Einschränkungen, da nur „2. Wahl" zur Verfügung gestellt wird	5%	500.000	25.000
n	…	…	…	…	…	…
					Σ Risikowerte	125.000

Tabelle 30 - Risikotabelle mit ETW und SH

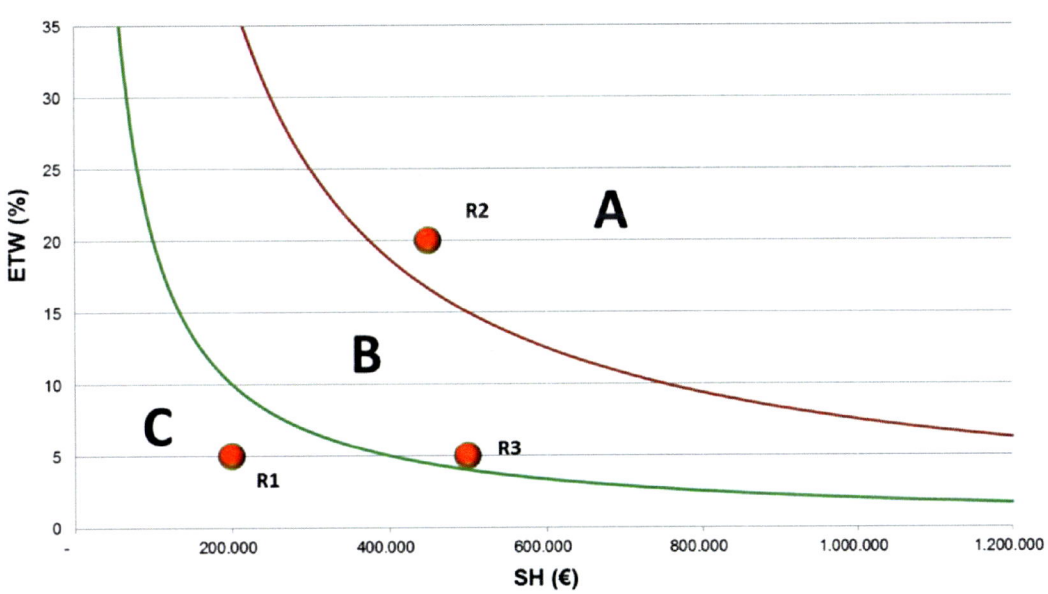

Abbildung 53 - Quantifiziertes Risikoportfolio mit Isorisken[122] (Beispiel)

Wird ein Risiko mit einer Eintrittswahrscheinlichkeit > 50% bewertet, ist es als Tatsache zu betrachten und die notwendigen Arbeiten zur Vermeidung, Verminderung und/oder Verlagerung sind als Arbeitspaket in den Projektstrukturplan aufzunehmen.[123]

Der Risikowert (Expected Monetary Value) entspricht dem gewichteten Mittelwert bzw. den erwarteten Kosten bei Eintreten des Risikos. Die Summe der Risikowerte sollte als Risikorückstel-

---

[122] Isorisken = Linien gleichen Risikos
[123] In der Praxis hat sich bewährt, ab einer Eintrittswahrscheinlichkeit von 30% das Risiko als Tatsache zu betrachten.

lung in die Kostenplanung einfließen. Diese Risikoreserve wird in der Regel ausreichen, um für die tatsächlich eingetretenen Risiken aufzukommen.[124]

Maßnahmenplanung

Nachdem die Risiken identifiziert, ihre Ursachen hinlänglich beschrieben und der jeweilige Risikowert ermittelt wurde, gilt es in diesem Schritt die geeigneten Risikostrategien und die entsprechenden Maßnahmen festzulegen.

Als Risikostrategie wird der Umgang und die Gestaltung der Risikobewältigung in Projekten bezeichnet. Grundsätzlich stehen verschiedene Handlungsalternativen zur Verfügung.[125]

Abbildung 54 - Risikostrategien

Hierbei unterscheidet man zwischen präventiven (ursachenbezogenen), korrektiven (auswirkungsbezogenen) und selbsttragenden Handlungsalternativen.

Präventive Maßnahmen wirken, bevor das Risiko eintritt, beeinflussen also die Eintrittswahrscheinlichkeit. **Korrektive Maßnahmen** verringern nach Eintritt des Risikos die Tragweite bzw. die Schadenshöhe.

Generell gilt, Maßnahmen kosten Zeit und/ oder Geld, nehmen also Ressourcen in Anspruch, die nur begrenzt zur Verfügung stehen. Sie sind also entsprechend der gewählten Risikostrategie zu planen.

---

[124] vgl. DeMarco/ Lister (2003), Seite 66ff
[125] vgl. DIN Deutsches Institut für Normung e.V., DIN IEC 62198:2002, Seiten 15, 17 und ISO 31000:2009, Seite 14

	Strategie	Vorgehen
Präventive Maßnahmen	vermeiden	Das Risiko wird gar nicht erst eingegangen (z.B. neue, noch unerprobte Technologie wird nicht eingesetzt).
	vermindern	beinhaltet alle Aktivitäten zur direkten Beeinflussung des Risikos, sei es über die Senkung der ETW. Risiken können über technische, organisatorische oder personelle Maßnahmen (→TOP, Kapitel 7.10) reduziert werden
Korrektive Maßnahmen	begrenzen	Folgen des Schadensfalles werden minimiert. Die Maßnahmen greifen erst, wenn das Risiko eingetreten ist (z.B. Redundanz vorsehen)
	verlagern	Das Risiko wird auf Dritte übertragen, beispielsweise auf Versicherungen, Lieferanten, Kunden, Staat (z.B. Hermes-Bürgschaft zur Absicherung von Exporten). Diese Übertragung erfolgt i.d.R. mit Verträgen und findet nicht unentgeltlich statt. (z.B. Risikoprämie bei Versicherungen).
Selbsttragende Maßnahmen	akzeptieren	Das Risiko wird vom Management akzeptiert, es werden keine Maßnahmen festgelegt. Meist sind dies Risiken mit geringer Schadenshöhe und niedriger Eintrittswahrscheinlichkeit.

Tabelle 31 - Maßnahmen und Risikostrategie

Je nach gewählter Maßnahme verringert sich die Eintrittswahrscheinlichkeit (präventiv) oder die Schadenshöhe (korrektiv). Es sind auch beide Fälle möglich, wenn für ein Risiko sowohl präventive als auch korrektive Maßnahmen zur Anwendung kommen können.

$$ETW_{neu}\ (\%) * SH\ (€) = RW_{neu}\ (€)$$

oder
$$ETW\ (\%) * SH_{neu}\ (€) = RW_{neu}\ (€)$$

oder
$$ETW_{neu}\ (\%) * SH_{neu}\ (€) = RW_{neu}\ (€)$$

Ein Anhaltspunkt dafür, welche der geplanten Maßnahmen umgesetzt werden sollen, ist, dass die Summe aus RW_{neu} und den Kosten der Maßnahme kleiner sein sollte als der alte Risikowert.

$$RW_{neu}\ (€) + Kosten\ der\ Maßnahme\ (€) < RW_{alt}\ (€)$$

Geht es allerdings um sogenannte nicht tolerierbare Risiken, so sind in jedem Fall Maßnahmen zu ergreifen, auch wenn dies im Extremfall bedeutet, das Projekt nicht durchzuführen. Als nicht tolerierbare Risiken werden solche bezeichnet

> ➤ bei denen Leib und Leben von Menschen bedroht sind,
> ➤ die erhebliche Schäden an der Umwelt verursachen können,
> ➤ die die wirtschaftliche Existenz des Unternehmens gefährden können.

Controlling

Nachdem die Maßnahmen geplant und angestoßen wurden, sind sie in der Folge zu überwachen und gegebenenfalls zu steuern. Das Risikocontrolling ist häufig ein Teil des Projektcontrollings. Es ist für den Projektleiter ein unverzichtbares Instrument während des gesamten Projektverlaufs. Die mit den Maßnahmen festgelegten Kontrollzeitpunkte (z.B. Meilenstein, eintretendes Ereignis, 14-tägiger Jour-Fixe) sorgen für eine erneute Analyse und Bewertung des Risikos bzw. der Risiken. Ergebnisse dieser Überprüfung können sich in allen Projektplänen (z.B. Ressourcenplanung, Kostenplanung, Ablauf-und Terminplanung) niederschlagen und führen möglicherweise zu deren Anpassung.

Die aktuelle Risikosituation ist auch Bestandteil des regelmäßigen Projektstatusberichts.

> ... **good project managers manage risks, poor project managers manage problems**[126]

4.7.3 Hintergrund

> **Gesetz zur Kontrolle und Transparenz im Unternehmensbereich** (KontraG)
> Kern des KonTraG ist eine Vorschrift, die Unternehmensleitungen dazu zwingt, ein unternehmensweites Früherkennungssystem für Risiken (Risikofrüherkennungssystem) einzuführen und zu betreiben, sowie Aussagen zu Risiken und zur Risikostruktur des Unternehmens im Lagebericht des Jahresabschlusses der Gesellschaft zu veröffentlichen.

> **Aktien Gesetz** (AktG)
> § 91 Abs. 2 AktG sieht vor, dass „der Vorstand geeignete Maßnahmen zu treffen, insbesondere ein Überwachungssystem einzurichten hat, damit den Fortbestand der Gesellschaft gefährdende Entwicklungen früh erkannt werden."

> **Handelsgesetzbuch** (HGB)
> §289 Abs. 1 HGB sieht vor, dass „ im Lagebericht die voraussichtliche Entwicklung mit ihren wesentlichen Chancen und Risiken zu beurteilen und zu erläutern ist; zugrunde liegende Annahmen sind anzugeben." Und in Abs. 5 wird festgelegt, dass die „wesentlichen Merkmale des internen Kontroll- und des Risikomanagementsystems im Hinblick auf den Rechnungslegungsprozess zu beschreiben" sind.

> **Basel II**
> Neue Basler Eigenkapitalverordnung des Baseler Ausschusses für Bankenaufsicht. Basel II ruht auf drei Säulen – Neue Eigenkapitalvorschrift, Verbesserung der Transparenz und Intensivierung der Risikoüberwachung. Die Verordnung führt bei der Kreditvergabe durch Banken zu einem Rating (= Beurteilung der Wahrscheinlichkeit der zeitgerechten und vollständigen Bezahlung von Zins- und Tilgungszahlungen des Schuldners) des kreditsuchenden Unternehmens. Der zukünftige Schuldner hat u.a. Aussagen zu seinem Risikomanagement zu liefern - Risikoerkennung, Risikovermeidung, -verringerung und -abwälzung sowie der Umgang mit den Restrisiken.

> **Corporate Governance**[127]
> Ganz allgemein kann Corporate Governance als die Gesamtheit aller internationalen und nationalen Regeln, Vorschriften und ethischen Verhaltensweisen (Werte und Grundsätze) von Mitarbeitern und Führungen von Unternehmen und Organisationen verstanden werden, die bestimmen, wie diese geführt und überwacht werden. Grundlage in
> Deutschland ist der Deutsche Corporate Governance Kodex. Kennzeichen guter Corporate Governance sind:

---

[126] in Anlehnung an "... good managers manage risks, poor managers manage problems", RiskNet GmbH, www.risknet.de/wissen/grundlagen/risikomanagement/, abgerufen am 03.02.2011
[127] Regierungskommission Deutscher Corporate Governance Kodex (2010), www.corporate-governance-code.de/ger/kodex/1.html, abgerufen am 03.01.2011

➤ funktionsfähige Unternehmensleitung
➤ Interessenwahrung verschiedener Gruppen (z.B. der Stakeholder)
➤ zielgerichtete Zusammenarbeit der Unternehmensleitung und -überwachung
➤ Transparenz in der Unternehmenskommunikation
➤ angemessener Umgang mit Risiken
➤ Managemententscheidungen sind auf langfristige Wertschöpfung ausgerichtet.

4.7.4 Querverweise

Projektmanagementerfolg, Interessierte Parteien, Projektanforderungen und Projektziele, Problemlösung, Projektphasen, Ablauf und Termine, Kosten und Finanzmittel, Beschaffung und Verträge, Änderungen, Überwachung und Steuerung, Berichtswesen, Führung, Kreativität, Verhandlungen, Konflikte und Krisen, Stammorganisation, Gesundheit, Sicherheit und Umweltschutz, Rechtliche Aspekte

4.8 Qualität

4.8.1 Die Notwendigkeit von Qualitätsmanagement im Projekt

Nach der NCB 3.0 bezieht sich die Qualität eines Projekts auf das Ausmaß, in dem seine Eigenschaften denen der Projektanforderungen genügen. Entsprechend zieht sich das Qualitätsmanagement eines Projekts durch alle Phasen und Projektteile, von der anfänglichen Projektdefinition, dem Management des Projektteams, den Lieferobjekten bis hin zum Projektabschluss. Einfacher macht es sich die ISO 9000:2005, die Qualität als *„Grad, in dem ein Satz inhärenter Merkmale Anforderungen erfüllt"* bezeichnet.[128]

Unter Anforderungen werden hierbei die Erwartungen der Kunden/ interessierten Parteien verstanden, die häufig in einem Lastenheft, Grobkonzept oder einem Anforderungskatalog festgehalten werden. Diese Anforderungen beinhalten spezielle ihnen zuordenbare Merkmale (inhärente Merkmale).

Das Qualitätsmanagement in Projekten adressiert sowohl das Projektmanagement (Projekt-Qualität) als auch das zu erstellende Produkt (Produktqualität) und die damit im Zusammenhang stehenden Prozesse (Prozessqualität). Es beruht auf den acht Grundsätzen der ISO 9000:2005[129]

> ➢ **Kundenorientierung** – Die Erfüllung der Anforderungen der Kunden/ interessierten Parteien ist für den Projekterfolg notwendig.

> ➢ **Führung** – Ein Projektleiter sollte so früh wie möglich ernannt werden. Er ist die Person mit definierter Verantwortung und Befugnis, das Projekt zu leiten und das projekteigene Qualitätsmanagement-System festzulegen, zu verwirklichen und aufrecht zu erhalten.

> ➢ **Einbeziehung der Personen** – Das Projektteam sollte klar definierte Aufgaben, Kompetenzen und Verantwortung für seine Mitarbeit im Projekt besitzen.

> ➢ **prozessorientierter Ansatz** – Die Projektprozesse sollten festgelegt und dokumentiert sein.

> ➢ **systemorientierter Managementansatz** – Ein Projekt wird als Satz von in Wechselbeziehung stehenden und voneinander abhängigen Prozessen durchgeführt. Um die Projektprozesse zu kontrollieren, ist es notwendig, diese zu definieren, zu verbinden, zu integrieren und als ein System zu handhaben.

> ➢ **ständige Verbesserung** – Die Projektorganisation ist dafür verantwortlich, ständig nach Verbesserungen von Effizienz und Effektivität der Prozesse in ihrem Verantwortungsbereich zu suchen.

> ➢ **sachbezogener Ansatz zur Entscheidungsfindung** – Zur Bewertung des Projektstatus sind Fortschritts- und Leistungsbeurteilungen durchzuführen.

> ➢ **Lieferantenbeziehungen zum gegenseitigen Nutzen** – Die Projektorganisation sollte für den Bezug externer Produkte mit ihren Lieferanten zusammenarbeiten.

"Qualität bedeutet, dass der Kunde und nicht die Ware zurückkommt."

Hermann Tietz (1837-1907), deutscher Kaufmann

---

[128] vgl. GPM Deutsche Gesellschaft für Projektmanagement e.V. (NCB 3.0, 2009), Seite 61
[129] vgl. DIN Deutsches Institut für Normung e.V. (2009), ISO 10006, Seite 189ff; Project Management Institute Inc. (2008), Seite 189

4.8.2 Prozess

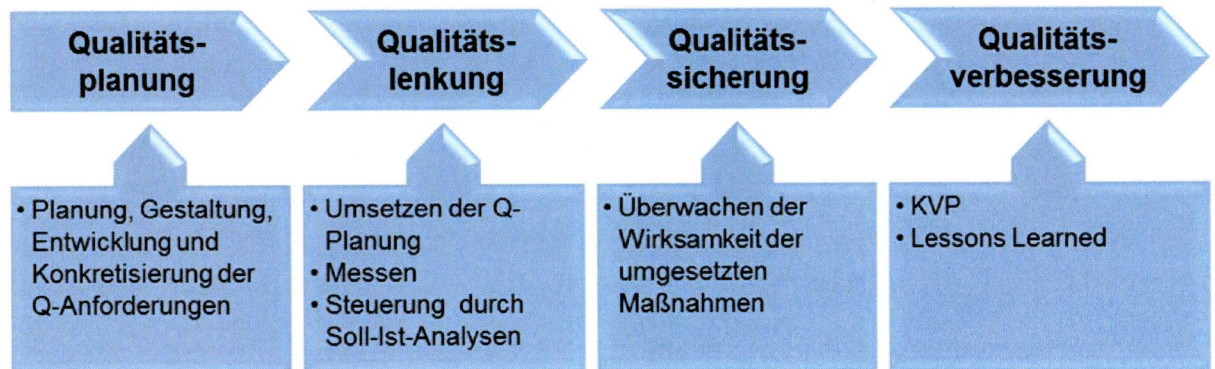

Abbildung 55 - Der Qualitätsmanagement-Prozess

Qualitätsplanung

Die Qualitätsplanung beginnt bereits mit der Konkretisierung der Projektziele aus den gestellten Anforderungen. Die Anforderungen können aus unterschiedlichen Quellen kommen

- ➢ Kundenanforderungen (z.B. Lastenheft, Reklamationen, Marktforschung und -analyse)
- ➢ Normen (z.B. ISO/ IEC 25000 „Software-Engineering - Qualitätskriterien und Bewertung von Softwareprodukten (SQuaRE) - Leitfaden für SQuaRE", DIN EN 50126 „Spezifikation und Nachweis der Zuverlässigkeit, Verfügbarkeit, Instandhaltbarkeit und Sicherheit (RAMS)", ISO 9000 Normenreihe)
- ➢ Reifegradmodelle (z.B. CMMI, SPICE)

Schlussendlich definiert der Kunde als Projektauftraggeber mit seinem Lastenheft, mehr oder weniger konkret, wie er sich das Produkt und in welcher Qualität vorstellt. Die Übersetzung der Kundensicht in ein Pflichtenheft, also der Perspektive des Projektteams ist in der Praxis die Herausforderung schlechthin. Unterstützung kann dabei das Quality Function Deployment (QFD) bieten. In der Anwendung von QFD wird eine Matrix genutzt, das „House of Quality". Mit dieser Matrix können die Kundenanforderungen ermittelt, gewichtet, in technische Merkmale übersetzt und mit den Qualitätsmerkmalen abgeglichen werden.[130]

Ein weiterer Bestandteil der Qualitätsplanung ist die Definition von Quality Gates. Diese können mit Meilensteinen verknüpft werden oder eigene Meilensteine darstellen, mit denen das Erreichen von bestimmten Qualitätsanforderungen verbunden ist.

Qualitätslenkung

Aufgabe der Qualitätslenkung ist die erfolgreiche Umsetzung der Kundenanforderungen in der geplanten Qualität. Zur Überprüfung sind Messgrößen für die Produktqualität festzulegen, um im Rahmen des Projektcontrollings Plan-Ist-Vergleiche durchzuführen und entsprechende Maßnahmen zu initiieren. Unterstützung bieten dabei die „sieben traditionellen Werkzeuge" von Kaoru Ishikawa - Ursache-Wirkungs-Diagramm, Pareto-Analyse, Datentabellen, Trendanalyse, Histogramme, Punktdiagramme und Regelkarten.[131]

Die Produktprüfung kann dabei in zwei Richtungen erfolgen - **Validierung** i.S.v. „Erfüllt das Produkt tatsächlich die Kundenbedürfnisse?" und **Verifizierung** i.S.v. „Entspricht das Produkt den festgelegten Anforderungen aus dem Pflichtenheft?"[132]

---

[130] vgl. Litke (Hrsg.) (2005), Seite 695f; Bea/ Scheurer/ Hesselmann (2008), Seite 339ff
[131] vgl. Kerzner (2008), Seite 803, 807ff; Project Management Institute Inc..(2008), Seite 208ff
[132] vgl. Bea/ Scheurer/ Hesselmann (2008), Seite 343f

Das Ursache-Wirkungs-Diagramm (auch Fischgräten-Diagramm), als ein schnell umsetzbares Qualitätswerkzeug, erleichtert die Ursachensuche durch vorgegebene Kategorien. Ishikawa sah ursprünglich sechs Kategorien (6 M) vor - **M**ensch, **M**anagement, **M**aschine, **M**aterial, **M**ethode, **M**itwelt bzw. Milieu. Im Fischgräten-Diagramm stellen diese 6 M die Gräten, also die möglichen Ursachen, dar und der Kopf die Auswirkungen bzw. das Problem. Diese sechs Kategorien lassen sich problemspezifisch anpassen, so dass in einer Basisversion fünf Ms zum Einsatz kommen (Mensch, Maschine, Material, Methode, Mitwelt) und beispielsweise im Prozessumfeld die Gräten um ein siebtes M - Messung - ergänzt werden können.[133]

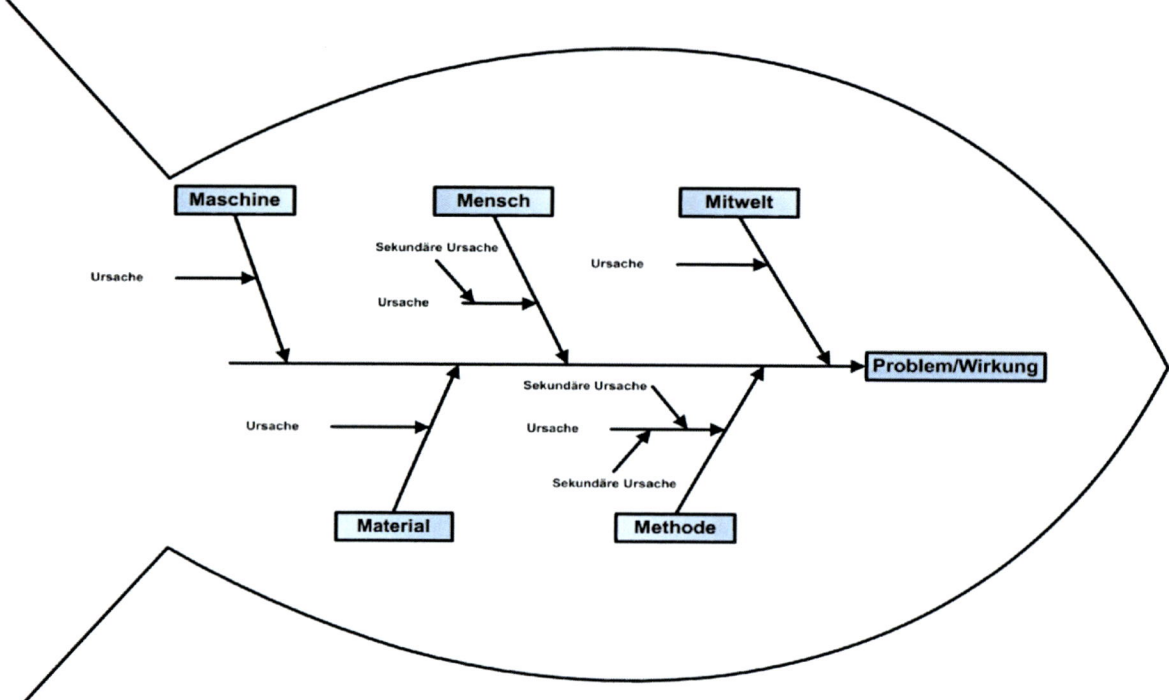

Abbildung 56 - Ursache-Wirkungs-Diagramm

In der Literatur findet man häufig auch 4P (Place, Procedures, People, Policies – Ort, Abläufe, Menschen, Vorgehensweisen) und 4S (Surroundings, Suppliers, Systems, Skills – Umgebung, Zulieferer, Systeme, Fähigkeiten) als Ursachenkategorien.[134]

Weitere nützliche Qualitätswerkzeuge zum Aufspüren von Fehlern bzw. der Analyse von Problemen sind

> **8-V-Regel** (Werkzeug des KAIZEN) hilft unproduktive und nicht wertschöpfende Tätigkeiten (Verschwendung) zu identifizieren und zu beseitigen. Beispiele im Projektumfeld sind

  o Unklare Ziele und Aufgabenstellung

  o fehlende Informationen

  o zu viele Informationen

  o Überforderung, Unterforderung, Demotivation

  o aufwendige Abstimmungs- und Genehmigungsverfahren

  o nicht ausgelastete Betriebsmittel (z.B. Besprechungszimmer, PCs)

> **Qualitätskreis PDCA** (Plan – Do – Check – Act) zur kontinuierlichen Verbesserung.

---

[133] vgl. Kerzner (2008), Seite 809ff
[134] vgl. Bildungswerk der Baden-Württembergischen Wirtschaft e.V. (o.J.).
www.coachacademy.de/de/magazin;managementtechniken;d:243.htm, abgerufen am 30.04.11

- ➢ **RADAR-Logik** (Results, Approach, Deployment, Assessment, Review) des EFQM-Modells (European Foundation for Quality Management) als strukturierter Ansatz, um die Leistungen zu hinterfragen und zu verbessern.
- ➢ **FMEA** (Fehlermöglichkeit und Einfluss-Analyse) - Die FMEA ist eine weitgehend formalisierte analytische Methode zur systematischen Erfassung und Analyse möglicher Fehler mit dem Ziel der vorbeugenden Qualitätssicherung.

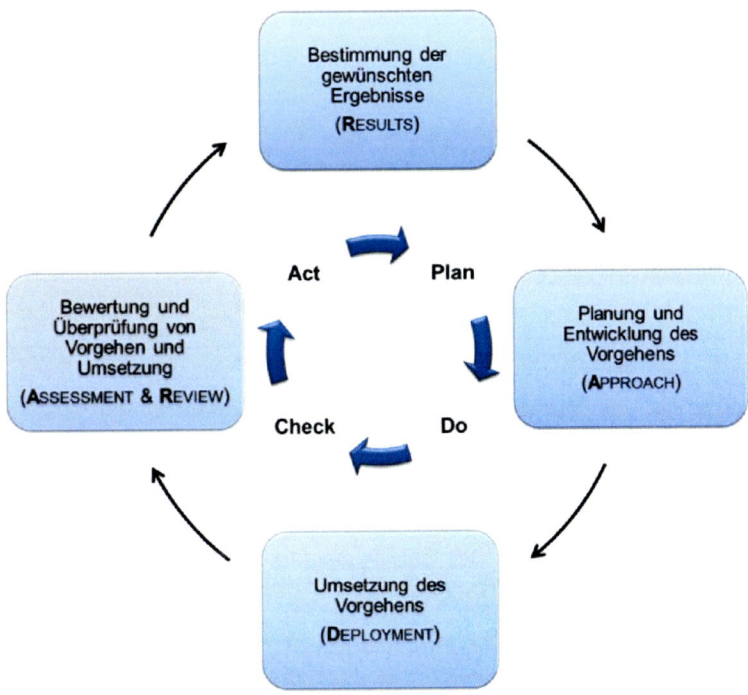

Abbildung 57 - Kombination von PDCA und RADAR[135]

Qualitätssicherung

Qualitätssicherung ist nicht ausschließlich Sache des Projektes, sondern ist eng verknüpft mit den Prozessen des Qualitätsmanagement-Systems des Unternehmens. Der Aufbau entsprechender Strukturen muss durch die Verankerung des Themas „Qualität" in der Unternehmens- und Projektkultur begleitet werden.[136]

Projektreview bzw. ein Projektaudit können als Mittel zur Qualitätssicherung eingesetzt werden.

- ➢ **Projektreview**
  Analytische Qualitätssicherungsmaßnahme, die feststellt, welchen Status das Projekt in Bezug auf die Leistung, Termine und Kosten vorweist. Im Projekt-Review werden die erreichten Sachergebnisse analysiert, der Projektverlauf wird bewertet und Einflussfaktoren und Probleme werden diskutiert. Der vorliegende Projektstatus wird einer kritischen Überprüfung unterzogen. Der Abgleich des Soll-Ist-Zustands erfolgt auf der Grundlage der Projektvorgaben (Verträge und Spezifikationen), der Projektplanung und der Projektfortschreibung (Projektakte), er soll Abweichungen und mögliche Steuerungsmaßnahmen aufzeigen.[137]
- ➢ **Projektaudit**
  Stichtagsbezogene Projektanalyse, die von einem unabhängigen Auditor durchgeführt

---

[135] in Anlehnung an: Litke (Hrsg.) (2005), Seite 690
[136] vgl. Patzak/ Rattay (2009), Seite 43ff; Bea/ Scheurer/ Hesselmann (2008), Seite 346
[137] vgl. GPM/ SPM/ Gessler (Hrsg.) (2011), Seite 566; Schelle (2010), Seite 217

wird. Gegenstand, Ziel und Inhalt werden im Vorfeld festgelegt. Wird in Problemfällen eingesetzt um Ergebnisse, Risiken oder Schwachstellen zu überprüfen.[138]

Qualitätsverbesserung

Die Qualitätsverbesserung beinhaltet die kontinuierliche Verbesserung der Fähigkeiten zur Erfüllung von Qualitätsanforderungen. Ein wichtiger Bestandteil dabei ist die Erfahrungssicherung zum Projektende (Lessons Learned) und das entsprechende Zugänglichmachen der Informationen.

Zur Verbesserung des Projektmanagement-Systems der projektführenden Organisation und zur Unterstützung des organisationalen Lernens können Projektmanagement-Audits durchgeführt oder die Erreichung des Project Excellence Award der GPM angestrebt werden.

➢ **Projektmanagement-Audit**
  Systematische und unabhängige Untersuchung, in der Regel am Ende des Projektes, die feststellt, ob die Verfahrensweise und die damit verbundenen Ergebnisse den geplanten Abläufen und Vorgaben entsprechen(Grundlage: PM-Handbuch). Weiterhin soll herausgefunden werden, ob die geplanten Abläufe geeignet sind, die Ziele zu erreichen. Das PM-Audit zeigt die
  o Zweckmäßigkeit, Angemessenheit und ausreichende Wirksamkeit des PM-Systems,
  o ausreichende Dokumentation der PM-Maßnahmen,
  o Erfüllung der Forderungen des PM-Handbuchs,
  o organisatorischen Schwachstellen
  auf und legt Maßnahmen zur Systemverbesserung fest.[139]

➢ **Project Excellence Award**
  Besondere Art des PM-Audits. Hierbei wird das Projekt von einem Auditoren-Team in allen Bereichen untersucht und gemäß einem TQM Modell ganzheitlich bewertet. Der Excellence Award der GPM (DPEA) wurde 1996 in Anlehnung an das Modell der EFQM entwickelt und bietet eine grundlegende für alle Projekte nutzbare Bewertungsstruktur.[140]

Die Auditierung des Projektmanagements als solches ist auch Gegenstand von Reifegradmodellen, wie z.B.

➢ Capability Maturity Model Integrated (CMMI),

➢ Software Process Improvement and Capability Determination (SPICE)

➢ Project Management Maturity Model (PMMM) oder

➢ Organizational Project Management Maturity Model (OPM3)

Für die Praxis gilt Qualitätsmanagement produziert Kosten, um die Gesamtkosten zu verringern. Diese (Qualitäts-)Kosten müssen bei der Kostenplanung berücksichtigt werden und sind im Rahmen des Projektcontrollings zu verfolgen und gezielt zu steuern.

---

[138] vgl. GPM/ SPM/ Gessler (Hrsg.) (2011), Seite 171
[139] vgl. Schelle (2010), Seite 211f
[140] vgl. www. pe-portal.gpm-ipma.de/project-excellence/gpm-ipma.de/ueber_uns/gpm_awards/deutscher_pe_award.html, abgerufen am 04.05.2016

4.8.3 Hintergrund

> **Yoji Akao** (1928)
> japanischer Wirtschaftstheoretiker und Spezialist für strategische Planungen. Er entwickelte 1966 das Quality Function Deployment als eine Methode der Qualitätssicherung mit dem Ziel, Produkte und Dienstleistungen zu erstellen, die der Kunde wirklich wünscht. Akao ist der Gründer des Quality Function Deployment Instituts.

> **Ishikawa Kaoru** (1915–1989)
> japanischer Chemiker, Entwickler des Ishikawa-Diagramms (Ursache-Wirkungsdiagramm). Diese Technik wurde ursprünglich im Rahmen des Qualitätsmanagements zur Analyse von Qualitätsproblemen und deren Ursachen angewendet. Die möglichen und bekannten Ursachen (Einflüsse), die zu einer bestimmten Wirkung (Problem) führen, werden in Haupt- und Nebenursachen zerlegt und in einer übersichtlichen Gesamtbetrachtung graphisch strukturiert.

> **Vilfredo Pareto** (1848 - 1923)
> italienischer Ingenieur, Ökonom und Soziologe. Er untersuchte die Verteilung des Volksvermögens in Italien und fand heraus, dass ca. 20 % der Familien ca. 80 % des Vermögens besitzen. Die nach ihm benannte Pareto-Verteilung beschreibt das statistische Phänomen, wenn eine kleine Anzahl von hohen Werten einer Wertemenge mehr zu deren Gesamtwert beiträgt, als die hohe Anzahl der kleinen Werte dieser Menge. Daraus leitet sich das Pareto-Prinzip (auch 80/20 Regel) ab, das besagt, dass sich 80% der Probleme auf nur 20% der Ursachen zurückführen lassen. Das zu diesem Prinzip gehörende Diagramm ist Bestandteil der sieben Problemlösungstechniken ("Seven Tools": Fehlersammelliste, Histogramm, Korrelationsdiagramm, Qualitätsregelkarte, Pareto-Diagramm, Brainstorming, Ursache-Wirkungs-Diagramm) des Qualitätsmanagements.

> **William Edwards Deming** (1900 – 1993)
> US-amerikanischer Physiker, Statistiker sowie Pionier im Bereich des Qualitätsmanagements. Er entwickelte den „Demingkreis" oder auch, entsprechend seiner vier Schritte, PDCA-Zyklus genannt, als Systematik zur kontinuierlichen Verbesserung.

> **EFQM**-Modell für Excellence
> Seit 1992 verleiht die European Foundation for Quality Management jährlich den European Quality Award. Bewertungsgrundlage ist das EFQM-Modell, das aus fünf sogenannten Befähiger- und vier Ergebniskriterien besteht. Für eine Nominierung müssen Unternehmen eine erfolgreiche nationale Beurteilung erreicht haben. Dies sind beispielsweise der Ludwig-Erhard-Preis (Deutschland), der Austrian Quality Award (Österreich) und der Swiss Excellence Award ESPRIX (Schweiz).[141]

4.8.4 Querverweise

Projektmanagementerfolg, Interessierte Parteien, Projektanforderungen und Projektziele, Risiken und Chancen, Problemlösung, Beschaffung und Verträge, Überwachung und Steuerung, Berichtswesen, Information und Dokumentation, Ergebnisorientierung, Verhandlungen, Verlässlichkeit, Ethik, Stammorganisation, Gesundheit, Sicherheit und Umweltschutz

---

[141] weitere Informationen siehe www.ilep.de, www.qualityaustria.com, www.esprix.ch

4.9 Vertragliche Aspekte der Projektarbeit

4.9.1 Beschaffung

Die Beschaffung bzw. das Beschaffungsmanagement beinhaltet alle Maßnahmen, um die für das Projekt benötigten Verbrauchsgüter, Investitionsgüter oder Dienstleistungen zu ermitteln und zum günstigsten Preis und zum richtigen Zeitpunkt zu bekommen bzw. zur Verfügung zu stellen.[142] .

Der Beschaffungsprozess lässt sich in folgende Teilschritte untergliedern

- ➢ Bedarfsermittlung im Projekt
- ➢ Suche geeigneter Lieferanten
- ➢ Anfrage und Angebotseinholung
- ➢ Vergleich der eingeholten Angebote
- ➢ Vertragsverhandlungen und -abschluss
- ➢ Auslösen der Bestellung
- ➢ Überwachung des Bestellablaufs und der Lieferung
- ➢ Rechnungsabwicklung
- ➢ Bewertung des Lieferanten

Abbildung 58 - Beschaffungsprozess mit Übergang Vertrags- und Claim-Management[143]

Bei der Bedarfsermittlung kann, sofern dies in der Unternehmensstrategie vorgesehen ist, geprüft werden, ob der Bedarf zugekauft oder im eigenen Unternehmen erstellt werden kann (Make-or-Buy-Entscheidung).[144]

Die Beschaffung findet in rechtlichen Zusammenhängen statt. Betrachtet man den Beschaffungsprozess, so lässt er sich in drei Phasen einteilen - Vorbereitungsphase (das rechtlich verbindliche Handeln wird vorbereitet), Vertragsabschlussphase (Festlegen der Vertragsbedingungen und Vertragsabschluss) und Abwicklungsphase (Abwicklung der vertraglich vereinbarten Inhalte). In allen drei Phasen können, je nach Vertragstyp, rechtliche Probleme mit unterschiedlichen Auswirkungen auftreten.[145]

Der Übergang vom Beschaffungsmanagement zum Vertragsmanagement (**grüne** Linie) und Claim-Management (**rote** Linie) wird von Unternehmen zu Unternehmen unterschiedlich gehandhabt und kann - wie in Abbildung 58 dargestellt - bereits mit dem Angebotsvergleich (Vertragsmanagement) bzw. mit der Bestellung (Claim-Management) beginnen.

4.9.2 Verträge, Vertragsarten

Ein Vertrag ist ein mehrseitiges Rechtsgeschäft, das durch einander entsprechende Willenserklärungen der Beteiligten zustande kommt (Angebot und Annahme). Es enthält eine rechtlich bindende Einigung der Beteiligten, welche Leistungen sie zu welchen Konditionen zur Erreichung des Projektzieles erbringen wollen.

---

[142] vgl. Deutsche Gesellschaft für Projektmanagement e.V. (NCB 3.0, 2009), Seite 80
[143] in Anlehnung an Litke (Hrsg.) (2005), Seite 857
[144] vgl. Patzak/ Rattay (2009), Seite 209f
[145] vgl. Litke (Hrsg.) (2005), Seite 874

Grundsätzlich gilt in Deutschland die Vertragsfreiheit. Diese „*steht als Bestandteil der allgemeinen Handlungsfreiheit (Art. 2 Abs. 1 GG) unter verfassungsrechtlichem Schutz; im bürgerlichen Recht meint Vertragsfreiheit den Grundsatz, dass die Parteien Abschluss wie auch Inhalt eines Vertrages frei gestalten können (Abschluss- und Gestaltungsfreiheit). Die Vertragsfreiheit findet ihre Grenzen in den allgemeinen Verboten der Gesetzwidrigkeit (§ 134 BGB) und der Sittenwidrigkeit (§ 138 BGB) sowie in zwingenden gesetzlichen Vorschriften des Verbraucherschutzes.*"[146]

Im Rahmen der Projektarbeit kann der Projektleiter bzw. Projektmanager hauptsächlich mit folgenden Vertragsarten in Berührung kommen

> ➢ Kaufvertrag (§§ 433 ff. BGB)
> ➢ Werkvertrag (§§ 631 ff. BGB)
> ➢ Dienstvertrag (§§ 611 ff. BGB)

Vertragsart	Bestimmung	Pflichten AG (Käufer)	Pflichten AN (Verkäufer)
Kaufvertrag	Kaufsache bzw. Ware	• Kaufpreiszahlung • Abnahme	• mangelfreie Eigentumsverschaffung (Sachen oder Rechte) • Übergabe
Werkvertrag	Erfolg	• Abnahme • Vergütung	• Herstellung eines vereinbarten Werkes zum vereinbarten Zeitpunkt
Dienstvertrag	Leistung	• Vergütung	• Leistung versprochener Dienste

Tabelle 32 - Vertragsarten und daraus entstehende Pflichten

4.9.3 Leistungsstörungen

Auftraggeber und Auftragnehmer haben im Rahmen des Vertrages ihre jeweilige Leistung vollständig, rechtzeitig und in der vereinbarten Qualität zu erbringen. Tut eine der Vertragsparteien das nicht, ist ihre Leistung gestört. Eine Leistungsstörung entspricht einer Pflichtverletzung. Diese umfasst alle Formen der Leistungsstörungen, z.B. Nichtleistung, Schlechtleistung, verspätete Erfüllung (Verzug).

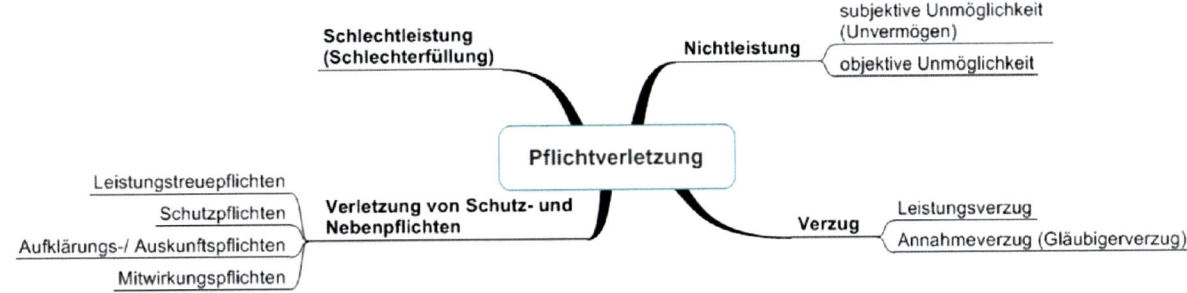

Abbildung 59 - Formen der Pflichtverletzung

---

[146] bpb: Bundeszentrale für politische Bildung (2015~~07~~), www.bpb.de/wissen/S4L4D9.html, abgerufen ~~am 27.12.2010~~am 04.05.2016

In Folge von Leistungsstörung haben sowohl der Auftraggeber als auch der Auftragnehmer gesetzliche oder vertraglich vereinbarte Rechte.

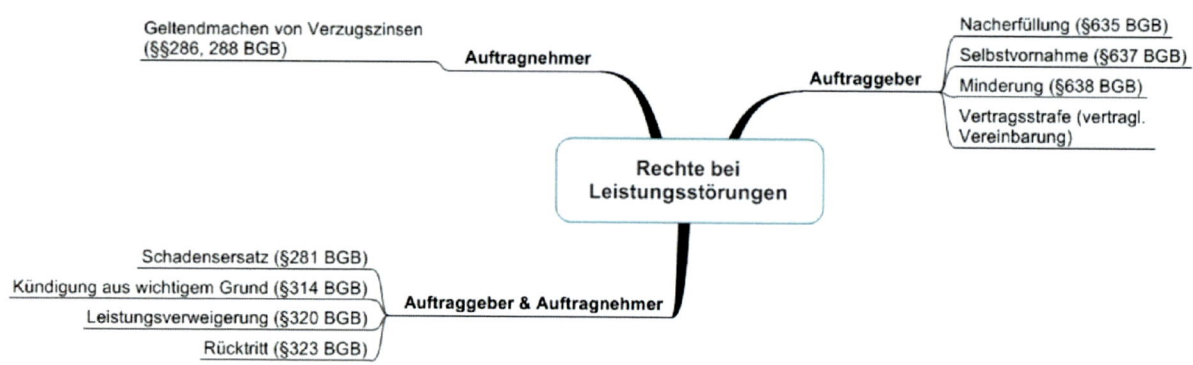

Abbildung 60 - Rechte bei Leistungsstörungen

Leistungsstörungen können nicht zeitlich unbegrenzt geltend gemacht werden. Ansprüche haben ein Verfallsdatum, die Verjährung. Die regelmäßige **Verjährungsfrist** beträgt drei Jahre (Bauwerke fünf Jahre) und beginnt mit der Abnahme des Werkes.

Für den Werkvertrag ist eine Abnahme zwingend vorgesehen (§ 640 BGB). Durch die Abnahme entstehen Folgen für den

Auftragnehmer

➢ Beginn der Mängelhaftungsfrist (§§ 634, 634a BGB)

Auftraggeber

➢ Ursprünglicher Erfüllungsanspruch erlischt
➢ Vergütung wird fällig (§ 642 BGB)
➢ Beweislast für Mängel geht an den Auftraggeber über (§ 644 BGB)
➢ Gefahrenübergang (§ 446 BGB)

4.9.4 Vertrags- und Claim-Management

Bestandteil des Vertragsmanagements ist die **Steuerung der Gestaltung**, der **Abschluss**, die **Fortschreibung** und die **Abwicklung** der im Rahmen des Projektes anfallenden Verträge. Vertragsmanagement ist somit ein Aufgabengebiet des Projektmanagements. Aufgaben innerhalb des Vertragsmanagements sind die Vertragsanalyse (z.B. zu erbringende Leistung, Folgen von Leistungsstörungen, Risiken), die vertragliche Tätigkeitsverfolgung (inhaltliche und formale Erfüllung des Vertrages) und das Stellen bzw. Abwehren von Nachforderungen bzw. Ansprüchen – das Claim-Management.

Abbildung 61 - Vertrags- und Claim-Management im Projektverlauf

Als „Claim" wird eine sachliche, finanzielle oder terminliche Forderung eines Vertragspartners infolge von Änderungen, Abweichungen oder Störungen (Schäden, Erschwernisse) im Zusammenhang mit der Vertragserfüllung bezeichnet.[147]

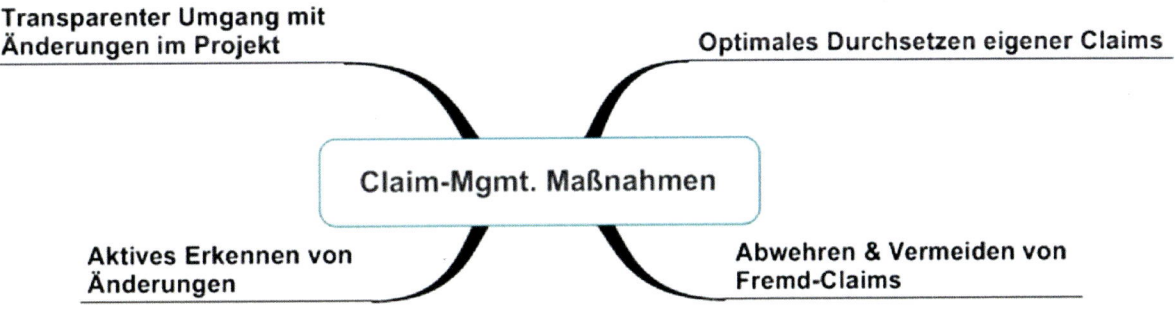

Abbildung 62 - Claim-Management Maßnahmen

4.9.5 Hintergrund

> **Gewährleistung**
>
> Durch den Werkvertrag wird der Auftragnehmer zur Herstellung des versprochenen Werkes, der Auftraggeber zur Entrichtung der vereinbarten Vergütung verpflichtet. Der Auftragnehmer muss dem Auftraggeber das Werk frei von Sach- und Rechtsmängeln beschaffen. Liegt ein Mangel vor, so kann der Auftraggeber Gewährleistungsrechte geltend machen. Die Gewährleistungsfrist beträgt beim Kauf- wie auch beim Werkvertrag in der Regel 2 Jahre ab Abnahme des Werkes. Bei Bauwerken beträgt die **Gewährleis-**

---

[147] vgl. Patzak/ Rattay (2009), Seite 402 ff

tungsfrist im Allgemeinen 5 Jahre ab Abnahme. Weitere Details bei Bauwerken regelt die Vergabe- und Vertragsordnung für Bauleistungen (VOB).[148]

> **Garantie**
> *„Die Garantie wird im alltäglichen Geschäftsverkehr oftmals mit der Gewährleistung verwechselt beziehungsweise mit dieser gleichgesetzt. Im rechtlichen Sinne ist die Garantie jedoch etwas anderes. Unter der Garantie versteht man, dass der Garantiegeber einem Begünstigten einen Anspruch einräumt, der über die gesetzlichen Verpflichtungen hinausgeht oder neben sie treten kann (§ 443 BGB). Die Garantie ist also eine freiwillige Erklärung, meist des Herstellers (Herstellergarantie), oder des Händlers (Händlergarantie). Dabei wird durch den Hersteller oder den Händler die Haftung übernommen, dass die Sache eine bestimmte Beschaffenheit hat (Beschaffenheitsgarantie) oder dass diese Beschaffenheit über einen bestimmten Zeitraum besteht, also nicht durch Verschleiß oder Abnutzung beeinträchtig wird (Haltbarkeitsgarantie).“*[149]

> **Beweislastumkehr**
> Für die Beweislast gilt allgemein § 363 BGB: Hat der Käufer die Sache als Erfüllung angenommen oder im Werkvertragsrecht der Auftraggeber die Sache abgenommen (§ 644 BGB), trifft den Käufer oder den Auftraggeber die Beweislast für den Sachmangel, wenn sie Mängelansprüche geltend machen. Der Auftragnehmer haftet nur für solche Mängel, die bei der Übergabe der Sache vorhanden sind.
> Abweichend gilt beim Verbrauchsgüterkauf: Treten Mängel innerhalb der ersten sechs Monate nach der Abnahme auf, so wird, wenn der Käufer ein Privatmann ist, vermutet, dass die Sache schon bei der Übergabe den nun aufgetretenen Mangel hatte. Der Käufer muss lediglich beweisen, dass überhaupt ein Mangel vorliegt. Die Vermutungsregel zu seinen Gunsten besagt dann, dass dieser Mangel bereits bei der Übergabe der Ware vorhanden war und nicht erst später aufgetreten ist. Das bedeutet, dass während der ersten sechs Monate nach dem Kauf der Verkäufer nachweisen muss, dass der Mangel an der gekauften Sache bei Übergabe noch nicht vorgelegen hat (Beweislastumkehr). Nur dann haftet er nicht. Diese Sechsmonatsfrist gilt nicht beim Kauf von Unternehmer zu Unternehmer.

> **Gefahrenübergang**
> *„Beim **Kaufvertrag** geht die Gefahr des zufälligen Untergangs und der zufälligen Verschlechterung der verkauften Sache auf den Käufer mit der Übergabe der Sache über (§ 446 BGB).“*
> *„Beim **Werkvertrag** trägt i.d.R. der Auftragnehmer die Gefahr bis zur Abnahme (§ 644 BGB). Der Gefahrenübergang erfolgt auch, wenn der Auftraggeber in Annahmeverzug kommt.“*[150]

4.9.6 Querverweise

Projektmanagementerfolg, Interessierte Parteien, Qualität, Projektorganisation, Teamarbeit, Problemlösung, Leistungsumfang und Lieferobjekte, Änderungen, Projektstart, Projektabschluss, Ergebnisorientierung, Verhandlungen, Verlässlichkeit, Ethik, Projektorientierung, Gesundheit, Sicherheit und Umweltschutz

---

[148] vgl. Industrie- und Handelskammer Aachen (2010), http://www.aachen.ihk.de/de/recht_steuern/download/kh_061.htm, abgerufen am 21.12.2010

[149] Industrie- und Handelskammer Aachen (2008), http://www.aachen.ihk.de/de/recht_steuern/download/kh_056.htm, abgerufen am 21.12.2010

[150] Gabler Verlag (Hrsg.) (2016̶0̶), Gabler Wirtschaftslexikon, wirtschaftslexikon.gabler.de/Archiv/4428/gefahrenuebergang-v4.html, abgerufen am 2̶1̶.̶1̶2̶.̶2̶0̶1̶0̶04.05.2016

5 Steuerung

5.1 Wesentliche Kapitel der ICB 3.0

Kapitel

1.15	Konfiguration und Änderung *(changes)*
1.16	Projektcontrolling *(control & reports)*
1.17	Information und Dokumentation *(information & documentation)*

5.2 Lernziele

Sie können nach der Durcharbeitung dieses Kapitels ...

- ✓ *verschiedene Plan-Soll-Ist-Vergleiche durchführen*
- ✓ *Trends und Prognosen für den weiteren Projektverlauf aufzeigen*
- ✓ *die Notwendigkeit für Konfigurationsmanagement für ein Projekt erkennen und darlegen*
- ✓ *die erforderlichen Projektdokumente und Medien bestimmen*

5.3 Projektcontrolling

Die Steuerung des Projektes ist eine permanente Aufgabe des Projektleiters. Um die Projektziele zu erreichen, muss er über den jeweiligen Projektstand informiert sein, Risiken rechtzeitig erkennen und gegebenenfalls entsprechende Maßnahmen einleiten. Unterstützt wird er dabei durch den Projektcontroller, der für die nötige Transparenz der Daten sorgt.[151]

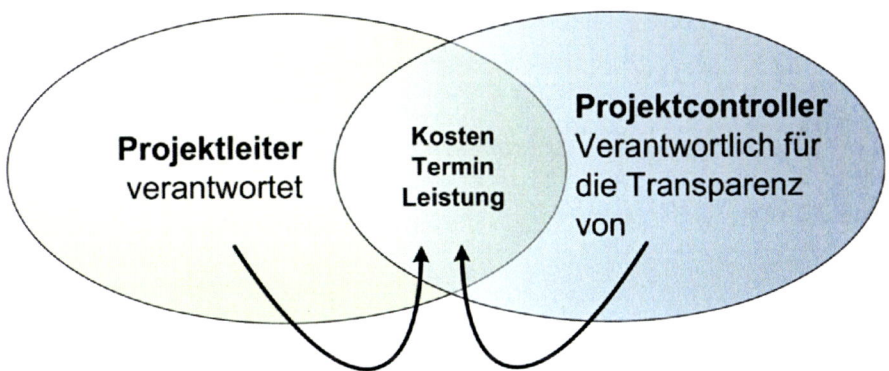

Abbildung 63 - Aufgabenteilung Projektleiter - Projektcontroller[152]

Das Projektcontrolling als Teilaufgabe des Projektmanagements setzt, wie das Qualitätsmanagement, bereits bei der Projektplanung ein und stellt dort die Weichen für eine wirksame spätere Projektüberwachung und -steuerung und somit zum *„Sicherstellen des Erreichens aller Projektziele."*[153]

Zum Projektcontrolling gehören entsprechend dem Controlling-Regelkreis folgende Arbeitsschritte:[154]

- ➢ Zielsetzung - entspricht der Zieldefinition des Projekts

---

[151] vgl. Schelle (2010), Seite 243
[152] in Anlehnung an Litke (Hrsg.) (2005), Seite 511
[153] DIN Deutsches Institut für Normung e.V. (2009), DIN 69901-5:2009, Seite 156
[154] vgl. Motzel (2010), Seite 162

- Planung - entspricht der Projektplanung (Phasenplan, PSP, Ressourcen, Kosten, etc.)
- Erfassen der Ist-Daten
- Vergleich und Bewerten der Ist-Daten mit den Plan- bzw. Soll-Daten, Erstellen von Prognosen, Erkennen von Trends
- Durchführen der Abweichungsanalyse und Erstellen von Korrekturvorschlägen,
- Planen, durchführen und steuern der Korrekturmaßnahmen
- Erfolgskontrolle, ob die ergriffenen Maßnahmen auch wirklich zur Lösung des Problems geführt haben.

Abbildung 64 - Controlling-Regelkreis[155]

Im Sinne der „Integrierten Projektsteuerung" sorgt eine gesamthafte Betrachtung der Zielgrößen des Projekts - Termin, Kosten und Leistung - und deren Analyse als eine gute Entscheidungsbasis für den Projektleiter. Isolierte Maßnahmen zu einer Zielgröße mit entsprechend negativen Effekten auf die Anderen werden so vermieden. Der Hintergrund für die integrierte Betrachtung der Größen des Magischen Dreiecks ist,

- ein Bild des tatsächlichen Projektzustandes zu einem Stichtag zu erhalten,
- dem Leistungsfortschritt die entsprechenden Kosten zuzuordnen,
- Planabweichungen festzustellen,
- passende Steuerungsmaßnahmen zu ergreifen,
- ggfls. Änderungen der Projektziele aufzeigen zu können.

---

[155] in Anlehnung an Voigt (2016~~4~~), www.projektmanagementhandbuch.de/cms/projektrealisierung/projektcontrolling/, abgerufen am ~~28.04.11~~04.05.2016

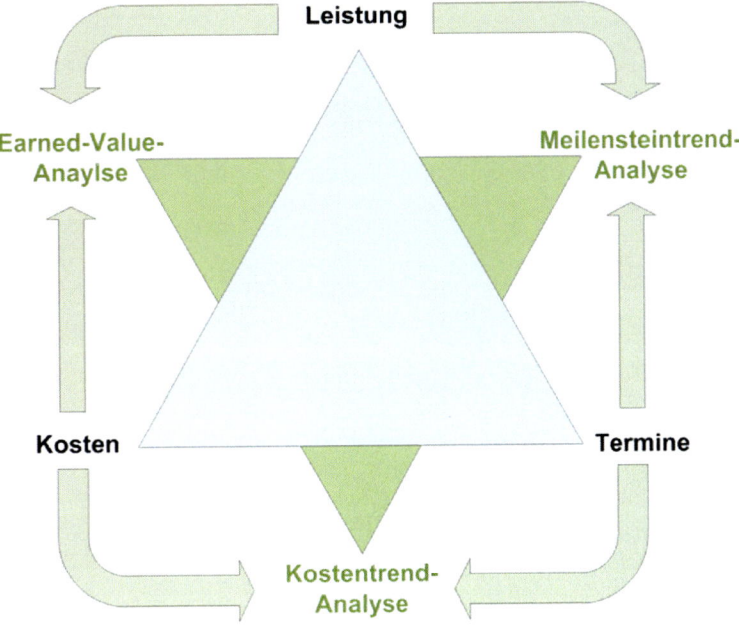

Abbildung 65 - Integrierte Projektsteuerung

Die wesentlichen Methoden Earned-Value-Analyse, Meilenstein-Trendanalyse und die Kosten-Trendanalyse werden in den folgenden Kapiteln vorgestellt.

5.3.1 Arten der Fortschrittsmessung

Bei der Erfassung des Leistungsfortschritts ist der Arbeitsstand der Vorgänge bzw. Arbeitspakete, die

> ➢ noch nicht begonnen wurden
> ➢ bereits beendet sind
> ➢ zum Stichtag in Arbeit sind

zu erheben. Bei den beiden ersteren gestaltet sich das recht einfach - 0% bzw. 100% - für die dritte Variante muss über Maßgrößen der Fortschritt ermittelt werden. Folgende methodische Hilfsmittel können dafür zur Anwendung kommen.[156]

---

[156] vgl. Patzak/ Rattay (2009), Seite 416ff

	Fortschrittsmessung	Beschreibung
eher objektiv	0 - 100	einfach, ungenau, nur geeignet bei Aufgaben von relativ kurzer Dauer (< 1 Monat) mit niedrigem Projektrisiko; geringer Aufwand für die Erfassung des Leistungsfortschritts
	50 - 50	einfach, geeignet bei Aufgaben mit umfangreichen Vorarbeiten und niedrigem Projektrisiko; geringer Aufwand für die Erfassung des Leistungsfort-schritts
	Mengenproportionalität	geeignet bei mess- bzw. zählbaren Leistungsin-halten bzw. Ergebnissen daher nur eingeschränkt nutzbar
	Statusschritt-Methode	auch Mikromeilensteine, beliebig detaillierbar je nach Definition und Anzahl der Statusschritte, universell einsetzbar
	Sekundärproportionalität	komplex, geeignet für begleitenden „Overhead" (z.B. QS, Tests, Maschineneinsatz), speziell ein-setzbar
subjektiv	Zeitproportionalität	Unabhängig von der erbrachten Leistung, daher nur bedingt einsetzbar → **kritisch**
	Schätzen	nur bedingt einsetzbar → **90%-Syndrom**

Tabelle 33 - Schätzmethoden zur Fortschrittsmessung

Der Fertigstellungsgrad oder Fortschrittsgrad$_{IST}$ errechnet sich dann aus dem Quotient der Ist-Leistung zur Gesamtleistung. Er dient als neutrales Maß für das Ergebnis zum Stichtag und ist unabhängig von den dafür benötigten Zeit- bzw. Aufwandsgrößen.[157]

Fortschrittsgrad$_{Ist}$ (FGR$_{Ist}$) = Ist-Leistung / Plangesamtleistung * 100

Besser, als nur die vergangene Leistung zu schätzen, ist es, die noch zu erbringende Leistung zukunftsorientiert zu ermitteln.

Fortschrittsgrad$_{Ist}$ (FGR$_{Ist}$) = Ist-Leistung / (Ist-Leistung + Restleistung) * 100

Die voraussichtliche Gesamtleistung wird ermittelt, indem man die Restleistung für die noch zu erledigenden Arbeitspakete realistisch schätzt und dazu die erbrachte Leistung addiert. Unter Restleistung ist der Aufwand zu verstehen, der noch zu leisten ist, um das Arbeitspaket bzw. den Vorgang zu 100% zu erfüllen (Estimate to Complete).

---

[157] vgl. DIN Deutsches Institut für Normung e.V. (2009), DIN 69901-5:2009, Seite 152

5.3.2 Earned-Value-Analyse (EVA)

Die Earned-Value-Analyse oder Fertigstellungswert-Analyse ist eine Methode, die alle drei Zielgrößen (Termin, Kosten, Leistung) zugleich berücksichtigt und so ein differenziertes Bild des Projekts zum Stichtag ermöglicht. Dabei wird die Leistung in Kosten ausgedrückt und bezogen auf die Zeit erfasst.[158]

Für die Earned-Value-Analyse werden folgende Größen benötigt

> **Plankosten** (PK) bzw. Planned Value (PV) - Geplante Kosten zum Stichtag
> **Ist-Kosten** (IK) bzw. Actual Cost (AC) - Tatsächlich angefallene Kosten zum Stichtag
> **Soll-Kosten** (SK oder Fertigstellungswert FW) bzw. Earned Value (EV) - Geplante Kosten für die tatsächliche Ist-Leistung zum Stichtag

Für die Berechnung kommen folgende Formeln zur Anwendung

Fortschrittsgrad (FGR) - Verhältnis der zu einem Stichtag angefallenen Leistung zur Plangesamtleistung beispielsweise eines Vorgangs, Arbeitspaketes (AP) oder Projekts. Die Leistung kann in Stunden, Personentage oder Mengen angegeben werden.

Arbeitspaket

$$\text{FGR}_{AP} = \text{Ist-Leistung}_{AP} / \text{Plangesamtleistung}_{AP} * 100$$

Projekt (mit gewichtetem Fertigstellungsgrad der Arbeitspakete)

$$\text{FGR}_{Projekt} = \Sigma (\text{FGR}_{Arbeitspaket} * \text{PGK}_{Arbeitspaket}) / \text{PGK}_{Projekt} *100$$

Fertigstellungswert (FW) bzw. Earned Value (EV) - Wert, der sich bei der Abwicklung des Projekts zu einem bestimmten Stichtag ergibt.

$$\text{Fertigstellungswert (FW)} = \text{Plangesamtkosten (PGK)} * \text{FGR}_{Projekt}$$

Erwartete Gesamtkosten (EGK) bzw. Estimate at Completion (EAC) - mit den erhobenen Daten zum Stichtag lassen sich die zu erwartenden Gesamtkosten für das Projekt bzw. Teilaufgabe, Arbeitspaket oder Vorgang bei dessen Fertigstellung prognostizieren. Die drei Prognosemöglichkeiten - additiv, linear und plan - implizieren jeweils eine Vorhersage bzw. eine Annahme über den weiteren Verlauf der Leistungserbringung.[159]

Additive Prognose - es wird festgestellt, dass die Abweichung von einem klar identifizierten Arbeitspaket stammt, das restliche Projekt aber „on track" ist und dies auch so weitergeht, d.h. die zukünftige Leistungserbringung verläuft nach Plan.

$$\text{Additive Erwartete Gesamtkosten (EGK}_{add}) = \text{PGK} + \text{IK} - \text{FW}$$

---

[158] vgl. Bea/ Scheurer/ Hesselmann (2008), Seite 309; Project Management Institute Inc. (2005), Seite 7ff
[159] vgl. Patzak/ Rattay (2009), Seite 435ff, GPM/ SPM/ Gessler (Hrsg.) (2011), Seite 610

Lineare Prognose - es wird festgestellt, dass die Abweichung nicht nur von einem Arbeitspaket, sondern von mehreren verursacht wurde und das Projekt „so gut" oder „so schlecht" bis zum Projektende weitergehen wird.

$$\text{Lineare Erwartete Gesamtkosten } (EGK_{lin}) = PGK * IK / FW$$

Plan-Erfüllung - es wird davon ausgegangen, dass trotz Kostenüberschreitung durch geeignete Steuerungsmaßnahmen die Plankosten letztendlich eingehalten werden können.

$$\text{Erwartete Gesamtkosten } (EGK_{Plan}) = PGK$$

Die Anwendung der Berechnungen zeigt folgendes Beispiel.

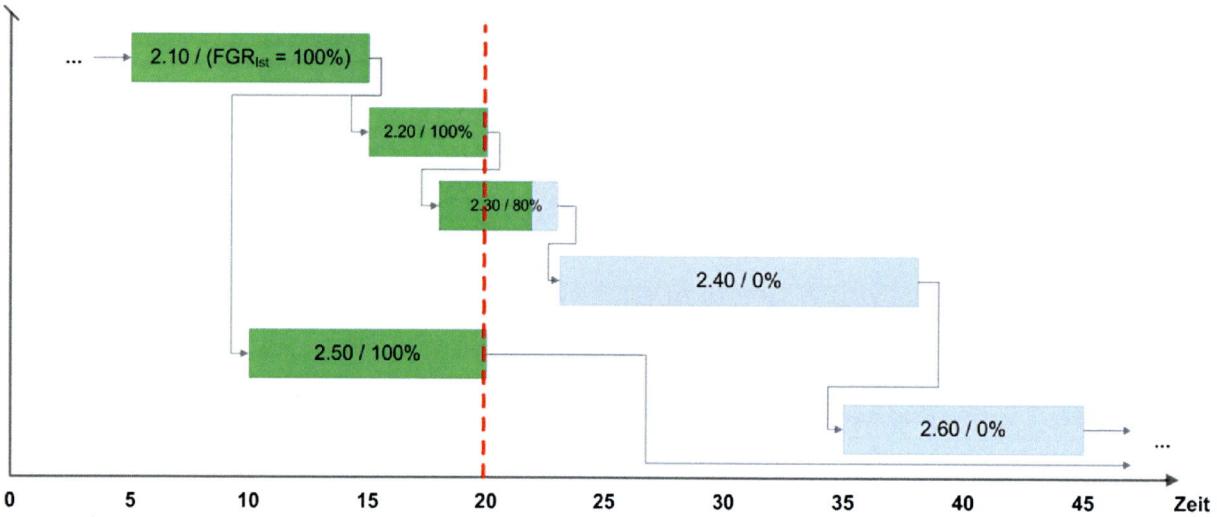

Abbildung 66 - Balkenplan mit Fortschrittsmessung (Beispiel)

Stichtag	5	10	15	20	25	30	35	40	45
PK	0 €	6.000 €	13.500 €	20.000 €	7.334 €	10.833 €	16.133 €	24.500 €	19.500 €
PK (kumuliert)	0 €	6.000 €	19.500 €	39.500 €	46.834 €	57.667 €	73.800 €	98.300 €	**117.800 €**
IK	0 €	9.000 €	16.500 €	24.500 €	0 €	0 €	0 €	0 €	0 €
IK (kumuliert)	0 €	9.000 €	25.500 €	50.000 €					

Tabelle 34 - Plankosten und Ist-kosten zum Stichtag (Beispiel)[160]

---

[160] Anmerkung: Die Plankosten der Arbeitspakete ergeben sich aus Tabelle 26 - Übersicht Kostenplan, Seite 80

Fortschrittsgrad

> **FGR$_{Projekt}$** = Σ (FGR$_{Arbeitspaket}$ * PGK$_{Arbeitspaket}$) / PGK$_{Projekt}$ ➔ **41.500.- € / 117.800 € = <u>35%</u>**

Fertigstellungswert

> **Fertigstellungswert (FW)** = PGK$_{Projekt}$ * FGR$_{Projekt}$ ➔ **117.800.- € * 35% = <u>41.500.- €</u>**

Prognose

Lineare Prognose

> **EGK$_{lin}$** = PGK * IK / FW ➔ **117.800.- € * 50.000.- € / 41.500.- € = <u>141.928.- €</u>**

Additive Prognose

> **EGK$_{add}$** = PGK + IK - FW ➔ **117.800.- € + 50.000.- € - 41.500.- € = <u>126.400.- €</u>**

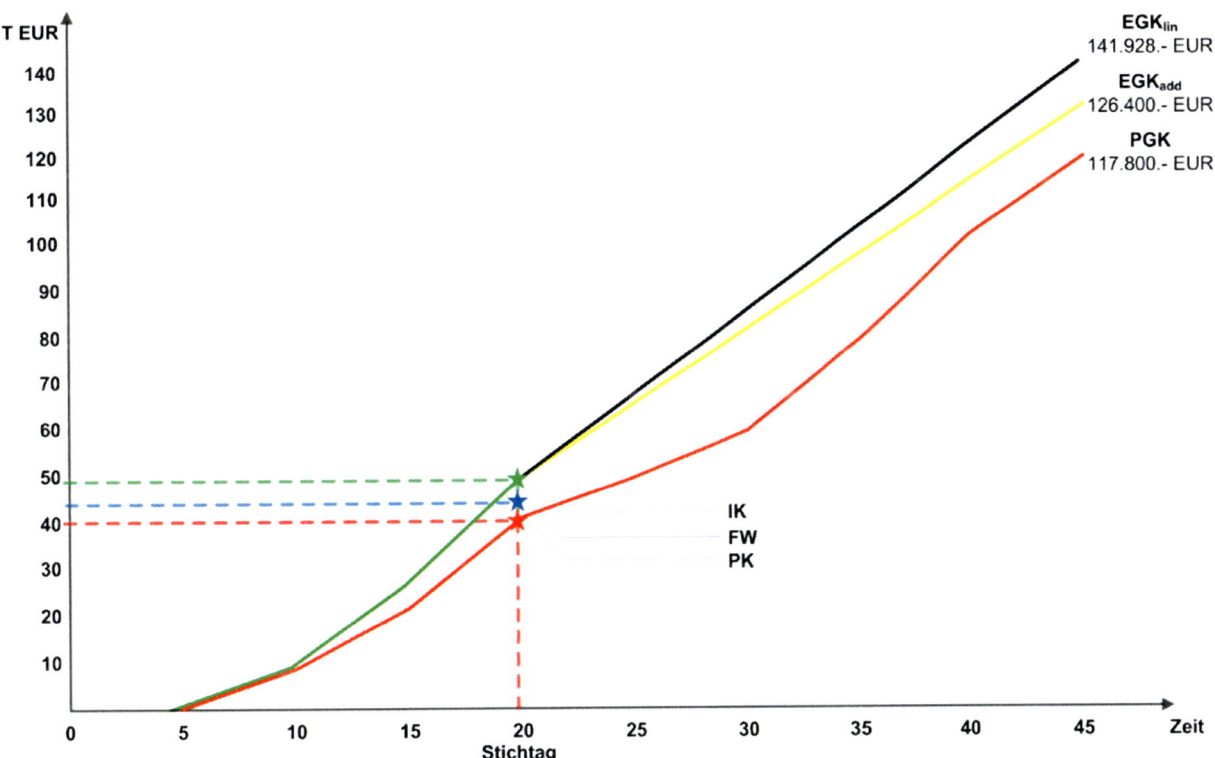

Abbildung 67 - Earned Value Analyse (Beispiel)

5.3.3 Die wichtigsten Abkürzungen und Definitionen

Abk.	Definition	Berechnung	entspricht
PGK	Plangesamtkosten		BAC (Budget at Competion)
IK	Istkosten		AC (Actual Cost)
PK	Plankosten (zum Stichtag)		PV (Planned Value)
FGR	Fertigstellungsgrad – Verhältnis der zum Stichtag erbrachten Leistung zur Gesamtleistung eines Vorgangs oder des Projektes, angegeben in Prozent (%)	FGR = Ist-Leistung / Gesamtleistung	PC (Percent Complete)
FW	Fertigstellungswert („Realisierter Wert") – die dem Fertigstellungsgrad entsprechenden Kosten eines Vorganges oder des Projektes.	FW = FGR x PGK	EV (Earned Value)
EGK	Erwartete Gesamtkosten – voraussichtlich zu erwartende Gesamtkosten. Üblicherweise werden zur Absicherung der Prognose drei Werte gebildet, der pessimistische (linear), der planmäßige (additiv) und der optimistische (Plan-Erfüllung) Wert.	Lineare Prognose $EGK_{lin} = PGK \times (IK / FW)$ Additive Prognose $EGK_{add} = PGK + IK - FW$ Plan-Erfüllung $EGK = PGK$	EAC (Estimate at Completion)

Plananalyse

Abk.	Definition	Berechnung	entspricht
ZK	Zeitplan-Kennzahl – Maßzahl für die zeitliche Abweichung der bisher erbrachten Leistung von der Planung. ZK > 1 bedeutet Zeitvorsprung, ZK < 1 Zeitverzug *(Wie effizient nutzen wir die Zeit?)*	ZK = FW / PK	SPI (Schedule Performance Index)
PA	Planabweichung - Vor oder hinter Plan; PA > 0 dem Plan voraus, PA < 0 dem Plan hinterher *(Sind wir vor dem Zeitplan oder hinterher?)*	PA = FW – PK In %: $PA_\% = PA / PK$	SV (Schedule Variance)

Kostenanalyse

Abk.	Definition	Berechnung	entspricht
EF	Effizienzfaktor – kennzeichnet die Effizienz der Wirtschaftlichkeit der bisherigen Leistungserbringung. Bei EF > 1 sind für die erbrachte Leistung weniger Kosten, bei EF < 1 mehr Kosten angefallen als ursprünglich geplant. *(Wie effizient nutzen wir unsere Ressourcen?)*	EF = FW / IK	CPI (Cost Performance Index)
KA	Kostenabweichung - Über oder unter Budget; KA > 0 unter Budget, KA < 0 über Budget *(Sind wir über oder unter Budget?)*	KA = FW – IK In % $KA_\% = KA / FW$	CV (Cost Variance)

Tabelle 35 - Earned Value: Abkürzungen, Definitionen, Berechnungen

5.3.4 Meilenstein-Trendanalyse (MTA)

Während vernetzte Balkenpläne oder Netzpläne eine statische Momentaufnahme der Projektsituation bieten, können mit Hilfe der MTA Veränderungen eines Plantermins im Zeitverlauf dargestellt werden. Die Meilenstein-Trendanalyse ist somit ein wichtiges Instrument für die Analyse der Meilensteintermine des Projektes bzw. einer Projektphase. Die Basis bildet die regelmäßige, stichtagsbezogene Neuberechnung des Projektplans auf Grundlage des Fortschrittsgrads der Arbeitspakete.[161]

Ziel ist es, Trendaussagen darüber zu treffen, ob die geplanten Meilensteintermine eingehalten werden können, mit Terminverzug zu rechnen ist oder die Meilensteine eventuell vorzeitig erreicht werden. Die Darstellung erfolgt im Meilenstein-Trenddiagramm bei dem auf der waagerechten Achse die Berichtstermine und auf der senkrechten Achse die geplanten Endtermine der Meilensteine abgetragen werden.[162]

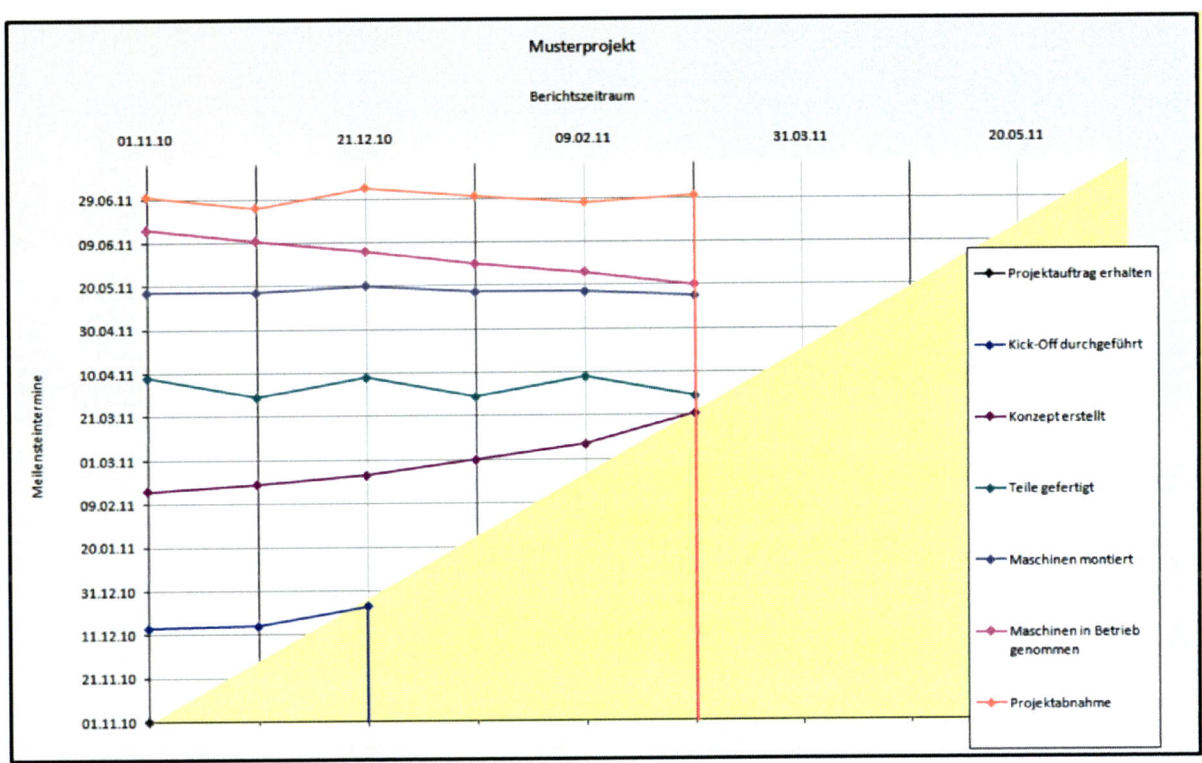

Abbildung 68 - Meilenstein-Trenddiagramm (Beispiel)

Zu den Berichtsterminen werden die Plantermine der einzelnen Meilensteine aktualisiert. Aus den entstehenden Verläufen lassen sich Rückschlüsse auf den möglichen Projektverlauf ziehen

- ➢ waagerechter Verlauf - Einhaltung des Termins
- ➢ ansteigender Verlauf - Indikator für die Überschreitung des Termins
- ➢ fallender Verlauf - Indikator für eine evtl. Unterschreitung des Termins[163]

5.3.5 Kosten-Trendanalyse (KTA)

Die Kosten-Trendanalyse (KTA) ergänzt die Meilenstein-Trendanalyse (MTA) um die Betrachtung der Erwarteten Gesamtkosten (EGK) für das Projekt zu definierten Berichtszeitpunkten. Ziel ist es, Trendaussagen darüber treffen zu können, ob die ursprünglichen geplanten Ge-

---

[161] vgl. Patzak/ Rattay (2009), Seite 426; GPM/ SPM/ Gessler (Hrsg.) (2011), Seite 579
[162] vgl. Motzel (2010), Seite 133
[163] vgl. Bea/ Scheurer/ Hesselmann (2008), Seite 293ff; Patzak/ Rattay (2009), Seite 427

samtkosten (PGK) bei Projektende voraussichtlich eingehalten werden oder ob Kostenüber- bzw. -unterschreitungen zu erwarten sind.[164]

Die Erwarteten Gesamtkosten werden entweder geschätzt oder im Rahmen der Earned-Value-Analyse ermittelt und mit Hilfe des Kosten-Trenddiagramms über die Zeit dargestellt.

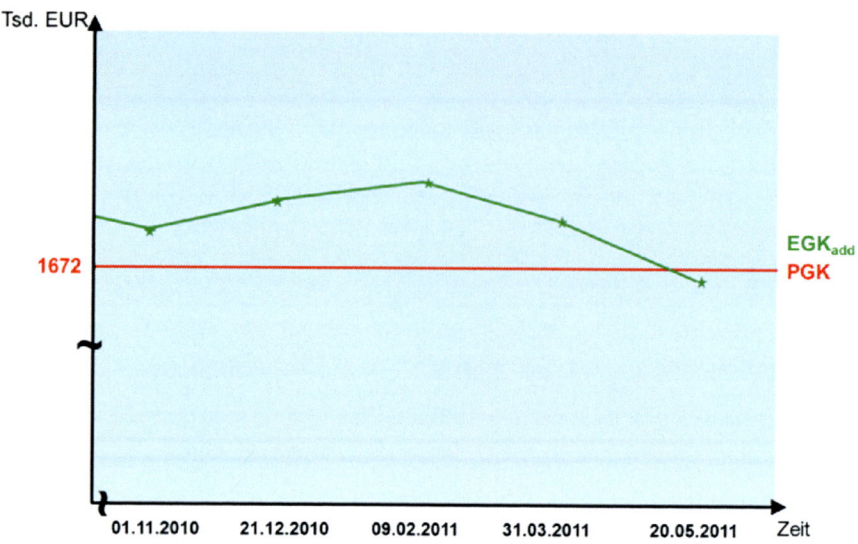

Abbildung 69 - Kosten-Trenddiagramm (Beispiel)

Die Interpretation folgt der bereits bei der Meilenstein-Trendanalyse aufgeführten Systematik

➢ waagerechter Verlauf - Einhaltung der ursprünglich geplanten Kosten
➢ ansteigender Verlauf - Indikator für die Überschreitung der ursprünglich geplanten Kosten
➢ fallender Verlauf - Indikator für die Unterschreitung der ursprünglich geplanten Kosten[165]

5.3.6 Steuerung

Nachdem durch die vorangegangenen Analysen die entsprechenden Trends gedeutet und zukünftige Werte prognostiziert wurden, können jetzt entsprechend der Abweichung Korrekturmaßnahmen geplant, beschlossen und umgesetzt werden. Da Maßnahmen in den meisten Fällen mit Kosten verbunden sind, ist darauf zu achten, dass ihr Erfolg größer ist, als der damit einhergehende Aufwand. Die Kenntnis über mögliche Stellgrößen und ihre Wirkung verhindert in diesem Fall „blinden" Aktionismus.

Die Stellgrößen im Projekt können sein[166]

➢ **Ressourcen** - Erhöhung bzw. Veränderung der Ressourcen in Form zusätzlicher oder besser qualifizierter Mitarbeiter, führt zu Erhöhung der Kosten
➢ **Aufwand** - eigene Aufwendungen durch Weglassen von überflüssigem Aufwand reduzieren, führt zur Verbesserung der Terminsituation und reduziert evtl. die Kosten
➢ **Produktivität** - Maßnahmen wirken zeitverzögert, erfordern Mehraufwand, können parallel zu anderen Maßnahmen ergriffen werden
➢ **Leistungsumfang** - verschieben, neu priorisieren und/ oder streichen geplanter Leistungsinhalte, muss genau geplant und mit dem Auftraggeber abgestimmt werden

---

[164] vgl. GPM/ SPM/ Gessler (Hrsg.) (2011), Seite 581
[165] vgl. Bea/ Scheurer/ Hesselmann (2008), Seite 301f
[166] vgl. GPM/ SPM/ Gessler (Hrsg.) (2011), Seite 614ff

> **Prozessqualität** - „Klimaverbesserung" durch Kommunikation und Projektmarketing zur Verbesserung der Projektumfeldbeziehungen und der Zusammenarbeit unter den Projektbeteiligten.

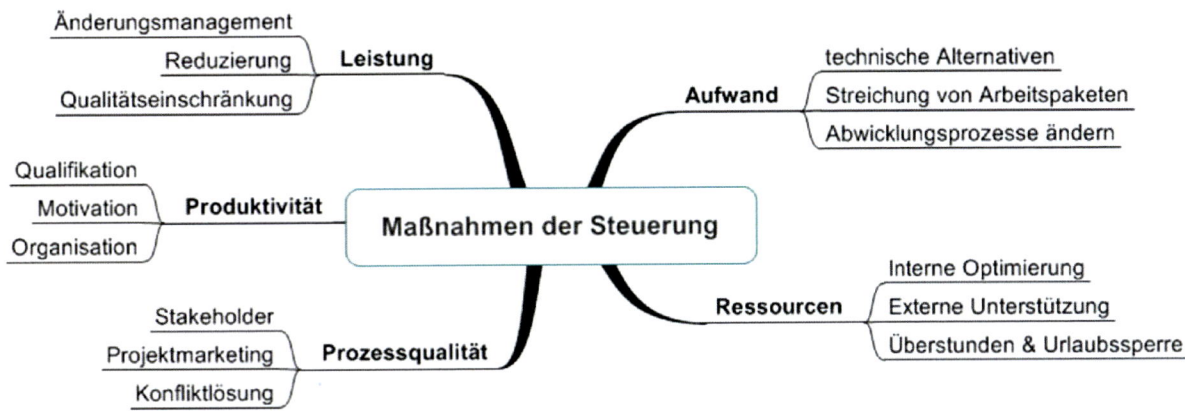

Abbildung 70 - Steuerungsmaßnahmen

5.3.7 Berichterstattung im Projekt - der Statusbericht

Das Berichtswesen im Projekt liefert gem. der NCB „*aktuelle Informationen und die Dokumentation über den Status des Projekts und Prognosen über seine Entwicklung bis zum Ende des Projekts oder Programms.*"[167] Je nachdem wie im Rahmen der Stakeholder-Kommunikation geplant bzw. vom Auftraggeber gefordert, sind im Wochen-, Monats- oder Quartals-Rhythmus seitens des Projekts entsprechende Berichte zu erstellen. Inhalt des Statusberichts sollte sein

> die erbrachte Leistung inkl. erbrachter Ergebnisse
> die Terminsituation (ggfls. auch als Ampel-Darstellung)
> die Aufwands- und Kostensituation (ggfls. auch als Ampel-Darstellung)
> anstehende und notwendige Entscheidungen
> Übersicht zum Status der wichtigsten Projektrisiken
> Übersicht zu den Qualitätszielen
> Stand der durchgeführten Korrekturmaßnahmen
> Abhängigkeiten zu Themen/ Ergebnissen außerhalb des Projektes
> Ausblick auf die folgende Berichtsperiode

Nicht zu vergessen sind die sogenannten Kopfdaten wie Projektname und -nummer, Datum des Berichtes, evtl. Berichtsnummer und Autor. Werden Ampeln zur Darstellung des Status verwendet, so sollte die Bedeutung der Farben allen Beteiligten klar sein.

Termine	**Kosten**

---

[167] GPM Deutsche Gesellschaft für Projektmanagement e.V. (NCB 3.0, 2009), Seite 84

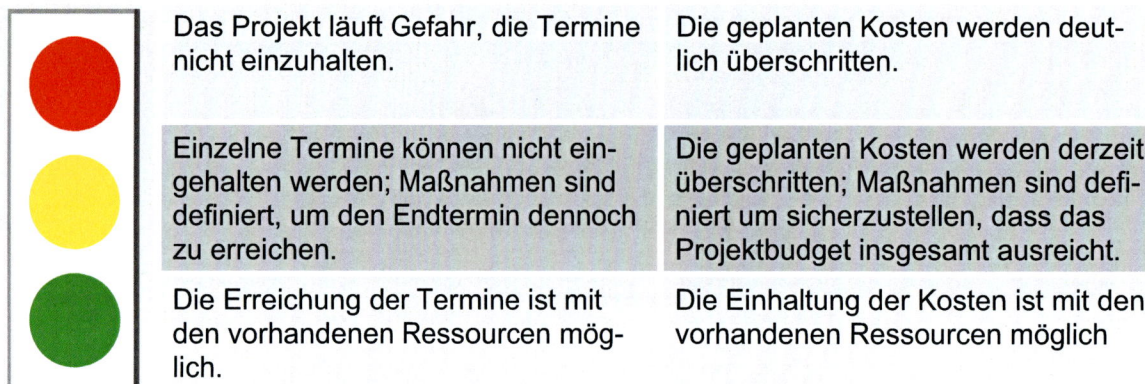

	Das Projekt läuft Gefahr, die Termine nicht einzuhalten.	Die geplanten Kosten werden deutlich überschritten.
	Einzelne Termine können nicht eingehalten werden; Maßnahmen sind definiert, um den Endtermin dennoch zu erreichen.	Die geplanten Kosten werden derzeit überschritten; Maßnahmen sind definiert um sicherzustellen, dass das Projektbudget insgesamt ausreicht.
	Die Erreichung der Termine ist mit den vorhandenen Ressourcen möglich.	Die Einhaltung der Kosten ist mit den vorhandenen Ressourcen möglich

Tabelle 36 - Ampel-Darstellung im Statusbericht für Termine und Kosten (Beispiel)[168]

Für den Status des Gesamtprojekts muss ebenfalls klar definiert sein, welche Ampelfarbe welche Eskalation nach sich zieht.

Gesamtprojekt	
	Projektplan und/oder Projektziele nicht eingehalten, Ergebnisse sind nicht verwendbar, Abweichungen können im Team nicht geregelt werden Eskalation in den Lenkungsausschuss/ Steuerungsausschuss bzw. in die Linie.
	Projektplan und/ oder Projektziele werden nicht eingehalten, Projektergebnisse sind nur eingeschränkt verwendbar; Abweichungen können über zusätzliche Sondermaßnahmen im Team geregelt werden.
	Kein Handlungsbedarf, Projektplan und/ oder Projektziele eingehalten.

Tabelle 37 - Ampel-Darstellung im Statusbericht zum Gesamtprojekt (Beispiel)

Allerdings ersetzen Statusberichte keinesfalls das persönliche Gespräch. Regelmäßige bilaterale Statusbesprechungen mit dem Auftraggeber und mit dem Projektteam sind daher unerlässlich.

5.3.8 Querverweise

Projektmanagementerfolg, Projektanforderungen und Projektziele, Risiken und Chancen, Qualität, Projektstrukturen, Leistungsumfang und Lieferobjekte, Projektphasen, Ablauf und Termine, Kosten und Finanzmittel, Beschaffung und Verträge, Änderungen, Information und Dokumentation, Kommunikation, Führung, Ergebnisorientierung, Effizienz, Verlässlichkeit, Ethik

---

[168] in Anlehnung an Voigt (2016̶1̶), www.projektmanagementhandbuch.de/cms/projektrealisierung/projektcontrolling/, abgerufen am ̶2̶8̶.̶0̶4̶.̶1̶1̶04.05.2016

5.4 Information und Dokumentation

Was ist unter Information und Dokumentation zu verstehen?

Laut dem Brockhaus Lexikon ist eine „**Information** [lat. eigentlich >Gestaltung<, >Bildung<] - "*Auskunft, Nachricht, Mitteilung, Belehrung; die formulierte Unterrichtung.*"

Ein **Dokument** wiederum wird nach DIN EN ISO 9000:2005 als eine „*Information und ihr Trägermedium*" definiert.

Die Summe aller Dokumente sowie das Wissen und die Erkenntnisse, die im Projektverlauf gewonnen werden, stellen somit die **Projektdokumentation** dar.

5.4.1 Wichtige Projektdokumente

Im Laufe eines Projektes wird jede Menge Papier produziert, in elektronischer Form auf Laufwerken gespeichert oder konventionell in Ordner abgelegt. Die wichtigsten Dokumente sind im Folgenden aufgelistet.[169]

---

[169] vgl. GPM/ SPM/ Gessler (Hrsg.) (2011), Seite 631ff

Dokument	Inhalt
Projektsteckbrief	beinhaltet das Ergebnis der Projektdefinition, Details siehe Kapitel 2.3.2 Projektdefinition - der Projektsteckbrief
Projektauftrag	Auftrag zur Durchführung des Projektes
Leistungsbeschreibung/ Pflichtenheft	ist das erarbeitete Realisierungsvorhaben auf Basis des vom Auftraggeber vorgegebenen Lastenheftes
Dokumentation des Projektgegenstandes, inkl. Änderungen	quantitative und qualitative Festlegung des Projektinhaltes und der einzuhaltenden Realisierungsbedingungen
Zielbeschreibung	enthält die nachzuweisenden Ergebnisse, die vollständig, eindeutig, positiv, ergebnisorientiert und lösungsneutral zu formulieren sind (siehe Kapitel 3.4.3 Zielformulierung, Zielverträglichkeit).
Verträge	Dienst-, Werk- und/ oder Kaufverträge als Dokumentation wer an wen was zu welchen Bedingungen zu leisten hat.
Projektorganisation mit den Projektbeteiligten und deren Rollen	beschreibt die Aufbau- und Ablauforganisation zur Abwicklung des Projektes
Projektstrukturplan inkl. Änderungen	ist die vollständige hierarchische Darstellung aller Elemente der Projektstruktur als Diagramm oder Liste
Phasen- und Aktivitäten-Plan	gliedert den zeitlichen Projektverlauf in sachlich abgegrenzte Abschnitte (Phasen) mit den wichtigsten Tätigkeiten (Aktivitäten)
Ablauf- und Terminplan inkl. Änderungen	ist die grafische Darstellung des Projektablaufes in Form eines vernetzten Balken- oder Netzplans
Ressourcenplan	Übersicht über die für das Projekt eingeplanten Ressourcen
Qualitätssicherungsplan	legt fest, welche Verfahren und Instrumente sowie zugehörige Ressourcen wann und durch wen bei diesem Projekt zur Sicherung der Qualität angewendet werden müssen
Risiko-Maßnahmenplan	Aufstellung der korrektiven oder präventiven Gegenmaßnahmen, durch die Risiken vermieden, vermindert oder abgewälzt werden
Statusberichte	zusammenfassender Projektbericht über den aktuellen Stand im Projekt
Protokolle	Dokumentation von Ideen, Erkenntnissen und Entscheidungsprozessen, um die Sinnhaftigkeit und Transparenz einer Vorgehensweise festzuhalten.
Abschlussbericht	zusammenfassende, abschließende Darstellung von Aufgaben und erzielten Ergebnissen von Zeit-, Kosten- und Personalaufwand sowie ggfls. Hinweise für Anschlussprojekte
Präsentationsunterlagen	dienen den Stakeholdern als erste Information über das Projekt

Tabelle 38 - Projektdokumente[170]

Informationen und Dokumente über das Projekt im Allgemeinen und seinen Fortschritt im Speziellen richten sich nach den Anforderungen der verschiedenen Zielgruppen. Die Entscheidung, wem welche Informationen zur Verfügung gestellt werden, muss sorgfältig getroffen werden.

Daher gilt es zunächst, in einer Übersicht die vorhandenen und geplanten Dokumente darzustellen und zu verwalten. Als Hilfsmittel lässt sich die Dokumentenmatrix einsetzen. Mehr Komfort bietet ein Dokumenten-Management-System. Dies ist aber oft nicht vorhanden, so dass die Ablage und Verwaltung (Papier und/ oder elektronisch) manuell erfolgen muss.

---

[170] vgl. DIN Deutsches Institut für Normung e.V. (2009), DIN 69901-5:2009, Seite 150ff; Patzak/ Rattay (2009), Seite 463; Rössler et. al. (2008), Seite 251ff, Motzel (2010), Seiten 13, 235

Dokument	Inhalt	Version	Status	Verantwortlich	Phase	Ablageort
Projektsteckbrief	...	1.00	abgenommen	PL	Vorbereitung	Laufwerk
Risikoplan	...	1.20	fertiggestellt	PMO	Planung	Ordner
QS-Plan	...	0.80	in Bearbeitung	TPL	Planung	...
...	...	...	nicht vorhanden	...	...	...

Tabelle 39 - Dokumentenmatrix (Beispiel)

5.4.2 Informationsmanagement

Die Informationen zum Projekt bzw. die Projektdokumentation sollten den Mitgliedern der Projektorganisation und anderen Stakeholdern in passender Form zur Verfügung stehen, damit diese in die Lage versetzt werden, die von ihnen geforderten Aufgaben zu erfüllen. Das Gestalten, Sammeln, Auswählen, Aufbewahren und Abfragen sowie das verfügbar machen von Projektdaten (in formatierter, unformatierter, graphischer, elektronischer Form oder auf Papier), ist Inhalt des Informationsmanagements.[171]

Informationsmanagement hat die Wahl zwischen zwei grundsätzlichen Typen von Informationskanälen – über Menschen als Träger der Information und mittels verschiedener Medien.

Über Medien können Informationen auditiv, schriftlich oder bildlich (visuell) bereitgestellt werden. Interessierte Stakeholder haben dann die Möglichkeit diese selbstständig abzuholen (Pull-Prinzip) oder automatisiert beispielsweise als elektronischen Newsletter (Push-Prinzip) zu erhalten. Unter der schriftlichen Kommunikation werden Berichte, Artikel, Reports und Dokumente subsumiert. Der Einsatz von Ton und Bild erfolgt häufig gleichzeitig. Reine Tonbotschaften erleben mit den aktuellen Tonträgern (iPod, Handy) eine Art Renaissance. Eine moderne Variante, Informationen auf der „Tonspur" zu übermitteln, sind Podcasts.[172]

5.4.3 Querverweise

Qualität, Leistungsumfang und Lieferobjekte, Änderungen, Überwachung und Steuerung, Berichtswesen, Kommunikation, Projektstart, Projektabschluss, Verlässlichkeit, Ethik, Rechtliche Aspekte

---

[171] vgl. GPM Deutsche Gesellschaft für Projektmanagement e.V., NCB 3.0, (2009), Seite 86
[172] „Podcast" ist ein Kunstwort: Der erste Teil „Pod" erinnert an iPod, den MP3-Player von Apple, und „cast" kommt vom englischen Wort „broadcasting" („Rundfunkübertragung)". (Quelle: www.swr3.de, Januar 2011)

5.5 Konfiguration und Änderungen

Konfigurationsmanagement (KM) und Projektmanagement sind zwei Managementdisziplinen, die erst in den letzten Jahren zusammengewachsen sind. KM wird schnell mit Produkterstellung oder mit IT Dienstleistungen[173] in Zusammenhang gebracht, weniger mit Projektmanagement. Dabei ist Konfigurationsmanagement ein wichtiges Werkzeug des Projektmanagements und stellt mit einem systematischen Prozess sicher, dass bei der fachlich-inhaltlichen Dokumentenerstellung und -genehmigung in der technischen Planung Unvollständigkeiten und Fehler reduziert werden.

Die im Laufe eines Projektes auftretenden Änderungen werden durch das Konfigurationsmanagement einem formalen Genehmigungsprozess unterworfen, der ihre Auswirkungen auf Zeit, Kosten und Leistung transparent macht.[174]

Da ein Projekt aus Prozessen des Projektmanagements und der Produktentstehung besteht, ist auch das KM in diese beiden Kategorien zu differenzieren. Das (Projekt-) Konfigurationsmanagement ist *„die integrative Klammer dieser beiden Elemente für die Belange des Projektes."*[175] Die beiden Prozessgruppen sind bekanntermaßen hoch vernetzt, so werden Änderungen an den Produkteigenschaften Auswirkungen auf die Kosten- und Terminplanung haben und umgekehrt.

KM findet sich auch als Bestandteil verschiedener Reifegradmodelle und Zertifizierungsmaßnahmen, wie z.B.

> ➤ **CMMI** - Das Prozessgebiet des Konfigurationsmanagements unterstützt alle Prozessgebiete, indem es die Integrität der Arbeitsergebnisse mithilfe von Konfigurationsidentifikation, -steuerung, -statusberichterstattung und -audits etabliert und beibehält.

> ➤ **SPICE** –Ziel des Konfigurationsmanagement-Prozesses ist es, die Integrität aller Arbeitserzeugnisse zu planen (Releasemanagement), festzulegen (Änderungsmanagement) und zu erhalten (Versionsmanagement).

Der Prozess wird in seinen einzelnen Schritten im folgenden Kapitel dargestellt.

---

[173] z.B: IT Infrastructure Library (ITIL), Service Transition Process: Service Asset and Configuration Management
[174] vgl. GPM/ SPM/ Gessler (Hrsg.) (2011), Seite 530ff
[175] GPM/ SPM/ Gessler (Hrsg.) (2011), Seite 528

5.5.1 Prozess

Abbildung 71 - Konfigurationsmanagement

KI - Konfigurationsidentifizierung

KI ist die Basis, von der aus die Konfiguration des Produktes definiert und verifiziert wird, Dokumente gekennzeichnet, Änderungen gesteuert sowie der Nachweis, die Buchführung und die Statusberichterstattung durchgeführt werden. Ohne die eindeutige Bestimmung der Konfiguration als Ausgangspunkt (Configuration Baseline) in diesem Prozessschritt, ist ein effektives Änderungsmanagement nicht möglich. Die Festlegung der Bezugskonfiguration erfolgt in zwei Schritten:

- ➢ fachlich-inhaltliche Identifizierung
  - o Bestimmung der Bezugskonfiguration
  - o Festschreibung der Bezugskonfiguration (→ Baseline)
- ➢ formale Identifizierung
  - o Festlegen der Produktgliederung (Produktstruktur)
  - o Aufstellen von Regeln zur Nummerierung und Kennzeichnung

KÜ - Konfigurationsüberwachung

Die Konfigurationsüberwachung wird mittels des Änderungsmanagements durchgesetzt. Es umfasst die Identifikation, Beurteilung, Genehmigung, Dokumentation, Einführung und Kontrolle einer Änderung.[176] Voraussetzung dafür ist die in der Konfigurationsidentifizierung festgelegte Bezugskonfiguration (Configuration Baseline). Ehe eine Änderung genehmigt wird, sollten der Zweck, der Umfang und die Auswirkung der Änderung analysiert werden. Daher ist es zweckmäßig, die Freigabe von Änderungen auf verschiedene hierarchische Ebenen zu verteilen und entsprechende Eskalationskriterien festzulegen.

---

[176] vgl. DIN Deutsches Institut für Normung (2009), ISO 10006, Seite 211

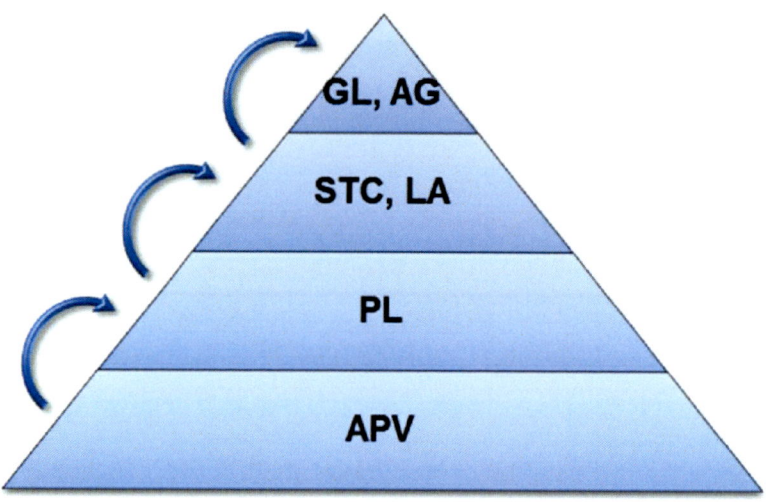

Abbildung 72 - Eskalationsweg für Änderungen

Der Eskalationsweg kann so aussehen, dass Änderungen auf Arbeitspaketebene zwischen dem Arbeitspaketverantwortlichem (APV) und dem Projektleiter (PL) vereinbart werden können. Sollten dabei Auswirkungen auf das Gesamtprojekt entstehen (Terminverschiebung um 4 Wochen, 10% höhere Projektkosten) muss der PL den Lenkungsausschuss (LA oder Steering Committee, STC) informieren und die Freigabe dort einholen. Resultieren aus dem Änderungsantrag Folgen für die vereinbarten Ziele, die Projektorganisation oder entstehen weitreichende Effekte auf den Endtermin (z.B. Verschiebung > 3 Monate) und die geplanten Gesamtkosten (z.B. > 25%) so muss die Genehmigung zwingend von der Geschäftsleitung (GL) oder dem entsprechenden Auftraggeber (AG) erteilt werden.[177]

Da Änderungen, wie im Eskalationsweg beispielhaft angedeutet, negative Einflüsse auf das Projekt haben können, sollten sie so früh wie möglich erkannt werden. Die Prämisse sollte sein, dass nur umgesetzt bzw. geändert wird, was zuvor genehmigt wurde. Ein ausgefüllter und durch Unterschrift freigegebener Änderungsantrag hat sich hier bewährt.[178]

[177] vgl. Bea/ Scheurer/ Hesselmann (2008), Seite 266ff
[178] vgl. Patzak/ Rattay (2009), Seite 399ff

Projekt	Änderungsantrag Nr.
☐ **Produktänderung** ☐ **Prozessänderung**	☐ **Dokumentationsänderung**

*Antragsteller			Datum:

Änderungsbeschreibung (bisheriger Zustand, Änderungsvorschlag, Grund):

Zieltermin:		geschätzte Kosten:	-

Antragsprüfung

Projektleiter:

		Datum/Unterschrift:
Auswirkung auf Produkteigenschaften, Termin, Kosten	ja ☐ nein ☐	
		Datum/Unterschrift:
Information an Kunden erforderlich	ja ☐ nein ☐	
		Datum/Unterschrift:
Stellungnahmen eingefordert		

Änderungsentscheidung

☐   **keine Änderung**

☐   **Änderung durchführen**

Umstellungstermin (Plan):   Datum/Unterschrift:

Änderungskosten (Plan):	Herstellungskosten alt:	neu (Plan):
Umstellungstermin (Plan):		Datum/Unterschrift:

Änderungsdurchführung

	Datum/Unterschrift:
Produktdokumentation überarbeitet	
	Datum/Unterschrift:
Prozessdokumentation überarbeitet	
	Datum/Unterschrift:
Projektdokumentation aktualisiert	
	Datum/Unterschrift:
Kundenfreigabe vorhanden	
	Datum/Unterschrift:
Änderung wirksam ab:	

Bestätigung der Wirksamkeit

	Datum/Unterschrift:
☐ ja, wirksam ☐ nein, Korrekturmaßnahmen erforderlich	

Tabelle 40 - Änderungsantrag (Beispiel)

KB - Konfigurationsbuchführung

Der Prozess der Konfigurationsbuchführung hat die Sicherstellung der Dokumentation und die lückenlose, transparente Rückverfolgung der Konfigurationsänderungen zum Ziel. Die KB steht hier in enger Verbindung mit dem Dokumentenmanagement.[179]

KA - Konfigurationsaudit

Unter einem Konfigurationsaudit wird die formale Überprüfung der Konfiguration hinsichtlich Erfüllung der vertraglich zugesicherten Merkmale sowie der Übereinstimmung von realisiertem Produkt und zugehöriger Konfigurationsdokumentation verstanden. Hierbei werden zwei Arten von Konfigurationsaudits unterschieden:

> funktionsbezogenes Audit
> Formale Prüfung, ob die in den Dokumenten festgelegte Leistung sowie die funktionalen Merkmale erreicht wurden
> physisches Audit
> Formale Prüfung, ob die Ist-Konfiguration der Darstellung in den entsprechenden Konfigurationsdokumenten entspricht

Empfehlenswert ist ein Konfigurationsaudit vor der Festlegung einer neuen Baseline.[180]

KMO - Planung und Organisation des Konfigurationsmanagements

Für die erfolgreiche Durchführung des Konfigurationsmanagements sind entsprechende organisatorische Vorkehrungen zu treffen. I.d.R. erfolgt die Organisation auf Projektebene. Sie umfasst die Festlegung der Eskalationswege, die Aufgaben, Kompetenz und Verantwortung der Rollen im Eskalationsweg sowie die einzusetzenden Methoden und Tools (z.B. Änderungsantrag). Weiterhin werden in der Planung und Organisation alle Festlegungen für die Prozessschritte KI, KÜ, KB und KA getroffen.[181]

5.5.2 Zusammenhang innerhalb des Projektes

Effektives Projektcontrolling ist nur auf Basis eines funktionierenden Konfigurations-, Dokumenten-, Vertrags- und Änderungsmanagements möglich. Erst im Verbund entfalten diese vier Projektmanagement-Elemente ihre volle Wirkung.

---

[179] vgl. Bea/ Scheurer/ Hesselmann (2008), Seite 270
[180] vgl. Schelle/ Ottmann/ Pfeiffer (2005), Seite 235
[181] vgl. Bea/ Scheurer/ Hesselmann (2008), Seite 270

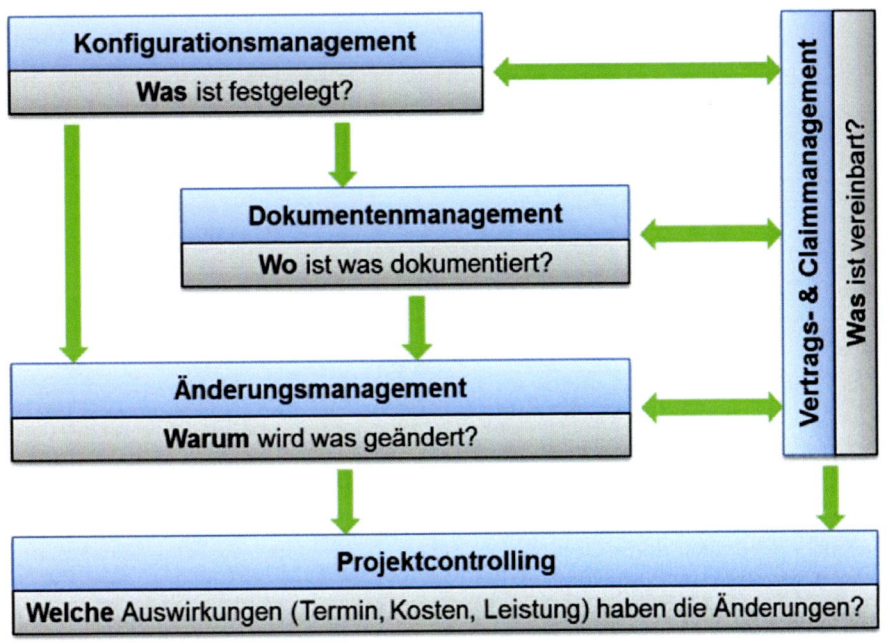

Abbildung 73 - Zusammenhang zw. Konfigurationsmanagement & Projektcontrolling[182]

5.5.3 Querverweise

Projektmanagementerfolg, Interessierte Parteien, Projektanforderungen und Projektziele, Risiken und Chancen, Problemlösung, Projektstrukturen, Leistungsumfang und Lieferobjekte, Projektphasen, Ablauf und Termine, Ressourcen, Kosten und Finanzmittel, Überwachung und Steuerung, Berichtswesen, Information und Dokumentation, Kreativität, Ergebnisorientierung, Effizienz, Verhandlungen

---

[182] in Anlehnung an: Schelle/ Ottmann/ Pfeiffer (2005), Seite 232; GPM/ SPM/ Gessler (Hrsg.) (2011), Seite 543ff

6 Abschluss

6.1 Wesentliche Kapitel der ICB 3.0

Kapitel

1.20	Projektabschluss *(close-out)*

6.2 Lernziele

Sie können nach der Durcharbeitung dieses Kapitels …

- ✓ *darlegen, welche Prozessschritte ein geregelter Projektabschluss enthält*
- ✓ *die Konsequenz der Produktabnahme erkennen*
- ✓ *erkennen, welchen Nutzen die Erfahrungssicherung für zukünftige Projekte hat*

6.3 Projektabschluss

Projekte sind zeitlich begrenzte (siehe → Projektmerkmale: Def. Anfang und Ende) Vorhaben. Daher ist es wichtig, ein Projekt für alle Stakeholder sichtbar zu beenden. Die Abschlussphase sollte bestimmten Formalien folgen und zum Ziel haben

- ➢ das Projekt gemäß den vertraglichen Vereinbarungen zu beenden
- ➢ die Projektleistung zu analysieren (Nachkalkulation, Wirtschaftlichkeitsanalyse)
- ➢ die Erfahrungen während des Projektes zu sammeln und zu analysieren (Lessons Learned)
- ➢ die Ressourcen rückzuführen (Menschen, Maschinen, Material)
- ➢ die Projektorganisation aufzulösen
- ➢ einen Abschlussbericht zu erstellen[183]

Leider zeigt die Erfahrung, dass der Projektabschluss eher stiefmütterlich behandelt wird. Projekte „fransen aus", sie sind für einen Teil der Mitarbeiter beendet, für andere nicht. Kostenstellen werden nicht geschlossen, so dass die Buchung von Stunden und Ausgaben auf das Projekt weiter gehen kann.[184]

Dieses „Verhalten" kann häufig bei erfolglosen Projekten beobachtet werden. Keiner, weder Projektleiter noch Management, möchte in diesem Fall der Wahrheit ins Gesicht sehen, dass das Projekt gescheitert ist. Man lässt es lieber „auslaufen". Das Versäumnis, ein Projekt systematisch abzuschließen, widerfährt aber durchaus auch Projekten, die als erfolgreich bezeichnet werden können. Gründe dafür können sein, das

- ➢ die Projektmitarbeiter mit allerlei zusätzlichen Aufgaben das Projektende hinausschieben, da sie nicht wissen, wie bzw. wo es nach Projektende für sie weiter geht,[185]
- ➢ an einem systematischen Projektabschluss kein Interesse besteht, da der Nutzen nicht gesehen und das Vorgehen nur als reiner Formalismus wahrgenommen wird,
- ➢ zu Beginn des Projektes keine klare Zieldefinition erfolgt ist und somit die Voraussetzungen für den Projektabschluss fehlen,
- ➢ seitens des Managements mit Lieferung des Projektergebnisses das Interesse am Projekt schwindet, es nicht mehr die ursprüngliche Priorität genießt und damit die Ab-

---

[183] vgl. Kerzner (2008), Seite 420f
[184] vgl. Patzak/ Rattay (2009), Seite 483ff
[185] vgl. Litke/ Kunow/ Schulz-Wimmer (2010), Seite 125f

schlusssitzung immer weiter nach hinten geschoben wird, bis sich das Projekt quasi von alleine auflöst, weil alle Mitarbeiter bereits in neuen Projekten beschäftigt sind.[186]

6.4 Prozess

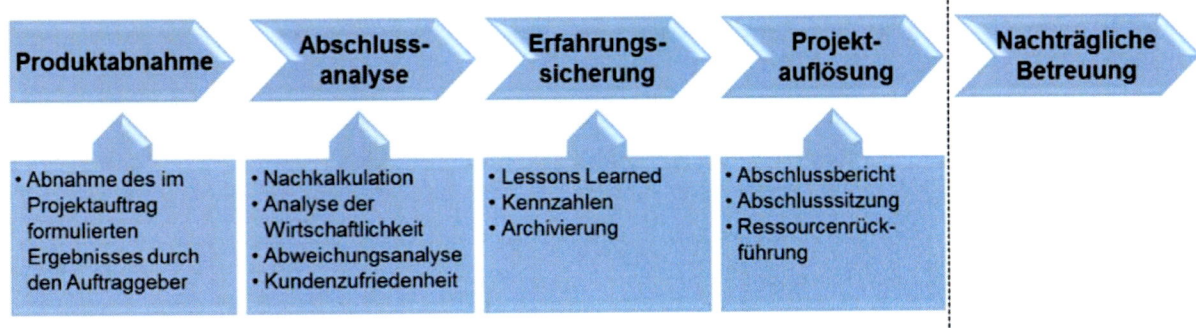

Abbildung 74 - Prozess Projektabschluss

Produktabnahme

Die Phase der Produktabnahme teilt sich in die Tätigkeiten der Produktabnahme, der Abnahmeprüfung, der Klärung der Betreuung nach dem Projektende und der eigentlichen Produktübernahme. Unter Produkt wird in diesem Zusammenhang *„das im Projektauftrag formulierte Projektergebnis"*[187] verstanden. Die Dokumentation erfolgt im **Produktabnahmebericht**. Dieser Bericht stellt das juristische Ende des Projektes dar. Daraus ergeben sich folgende Konsequenzen[188]

- ➤ für den Auftraggeber
    - o Ursprünglicher Erfüllungsanspruch erlischt
    - o Vergütung wird fällig
    - o Beweislast für Mängel geht an den Auftraggeber über
    - o Gefahrenübergang
- ➤ für den Auftragnehmer
    - o Beginn der Mängelhaftungsfrist

Abschlussanalyse

Während der Abschlussanalyse werden eine Nachkalkulation und eine Wirtschaftlichkeitsanalyse durchgeführt. Mittels einer Abweichungsanalyse werden die evtl. festgestellten Abweichungen bzgl. Kosten, Termine, Leistung und Qualität auf ihre Ursachen hin analysiert.

Mit der Nachkalkulation wird der betriebswirtschaftliche Erfolg des Projektes ermittelt, indem alle relevanten kaufmännischen Daten zusammengestellt und mit den Vorgaben aus der Planung abgeglichen werden. Diese Informationen sind zum einen Bestandteil des Projektabschlussberichtes, zum anderen Input für die Phase Erfahrungssicherung.[189]

Die Wirtschaftlichkeitsanalyse in dieser Phase ist ein Soll/ Ist-Vergleich mit der Wirtschaftlichkeitsrechnung zu Beginn des Projektes. Hierbei werden alle Aufwendungen für geplante und ungeplante Leistungen erhoben und die Abweichungen zum ursprünglichen Plan dargestellt. Der Fokus kann auf der Rendite, dem erreichten Rationalisierungseffekt oder der Produktivitätssteigerung liegen. Allerdings gelingt der Vergleich nur, wenn zu Beginn des Projektes die Sollwerte festgelegt und dann die entsprechenden Ist-Daten fortwährend erhoben werden.[190]

[186] vgl. Bea/ Scheuerer/ Hesselmann (2008), Seite 317f
[187] GPM/ SPM/ Gessler (Hrsg.) (2011), Seite 732
[188] Details siehe Kapitel 4.9.3 Leistungsstörungen
[189] vgl. DIN Deutsches Institut für Normung e.V. (2009), DIN 69901-2:2009 Seite 88; Patzak/ Rattay (2009), Seite 491
[190] vgl. GPM/ SPM/ Gessler (Hrsg.) (2011), Seite 740ff

Unterstützung für die Nachkalkulation und Analyse der Wirtschaftlichkeit leisten dabei folgende Fragen[191]

> *Was hat das Projekt tatsächlich gekostet?*
> *Wie viele Mitarbeiter waren tatsächlich beschäftigt?*
> *Wie lange hat es tatsächlich gedauert?*
> *Wann haben die Mitarbeiter tatsächlich angefangen und wann haben sie aufgehört oder das Projekt verlassen?*
> *Wie viel Arbeit hat das Team tatsächlich geleistet?*
> *Welchen Qualitätsgrad hat das Projekt tatsächlich erreicht?*
> *Wie verhalten sich Kosten und Termineinschätzung im Verhältnis zu den tatsächlichen Ergebnissen?*

Alle aufgedeckten Abweichungen werden in der Abweichungsanalyse auf ihre Ursachen untersucht. Bewährt hat sich die Aufteilung der Ursachen in technische, organisatorische und personelle (→ siehe auch **TOP**, Kapitel 7.10.1), sowie in vermeidbare, kaum vermeidbare und unvermeidbare Ursachen.[192]

	Ursachen		
	Technisch	**Organisatorisch**	**Personell**
Vermeidbare Ursachen	Infrastruktur nicht rechtzeitig verfügbar	Kompetenzstreitigkeiten	Mangelnde Qualifikation
Kaum vermeidbare Ursachen	Fehlende Testfälle	Konkurrenz durch andere Projekte	Fluktuation
Unvermeidbare Ursachen	Brand in einem Gebäudeteil	Wechsel in der Firmenleitung	Unfall

Tabelle 41 - Ursachen für Abweichungen (Beispiel)

Alle Ergebnisse werden im **Analysebericht** zusammengefasst.

Erfahrungssicherung

In der Phase Erfahrungssicherung sollten Erfahrungen systematisch gesammelt, dokumentiert, aufbereitet und für kommende Projekte nutzbar gemacht werden. Dazu gehören auch die während der Analyse erhobenen Kennzahlen und die im Laufe des Projektes erstellten Dokumente, die es in geeigneter Form zu archivieren gilt. Diese gesammelten Erfahrungen, auch Lessons Learned, sind die Grundlage für die Vermeidung von Fehlern in zukünftigen Projekten.[193] Die Ergebnisse werden im **Erfahrungsbericht** dargestellt.

Folgende Fragen können für die Erhebung der Projekterfahrungen hilfreich sein

> *Was hat jeder Teilnehmer für sich aus dem Projekt gelernt?*
> *Welche Ergebnisse sind für die Gesamtorganisation wichtig?*
> *Welche positiven Erfahrungen können bei anderen Projekten angewendet werden?*
> *Was soll bei zukünftigen Projekten anders gemacht werden?* [194]

Damit die Erfahrungssicherung erfolgreich und effektiv sein kann, muss eine sichere Basis im Sinne von Vertrauen existieren. Nur in einer solchen Atmosphäre werden die Projektbeteiligten über ihre Arbeit diskutieren können und über möglicherweise bessere Vorgehensweisen diese zu erledigen.[195] Diese Vertrauenskultur sollte der Projektleiter schon während des Projektes schaffen und leben. Voraussetzung dafür wäre eine konstruktive Fehler- und Lernkultur im Un-

---

[191] Kerth (2003), Seite 113
[192] vgl. Bea/ Scheurer/ Hesselmann (2008), Seite 325
[193] vgl. DIN Deutsches Institut für Normung e.V. (2009), DIN 69901-2:2009, Seite 90
[194] Patzak/ Rattay (2009), Seite 499
[195] vgl. Kerth (2003), Seite 40ff

ternehmen bei der Fehler zum Lernen gehören und nicht zum Karriereende bzw. zu Sanktionen führen.

Das Lernen aus der Projekterfahrung kommt, wie bereits erwähnt, ausschließlich zukünftigen Projekten zugute. Es ist daher aus Sicht des Unternehmens eine wichtige Ressource für die Weiterentwicklung des unternehmensweiten Projektmanagements und Input für organisationales Lernen.[196]

Projektauflösung

Letzter Schritt der Abschlussphase und damit im gesamten Projektablauf ist die Projektauflösung. Aktivitäten der Projektauflösung sind[197]

> ➢ Abschlussbericht erstellen und dem Auftraggeber sowie den Mitgliedern der eingerichteten Projektgremien (z.B. Lenkungsausschuss, Fach- und Arbeitskreise) zur Verfügung stellen
> ➢ Abschlusssitzung(en) mit den eingerichteten Projektgremien und Vorstellung der Projektergebnisse inkl. Abschlussanalyse
> ➢ Projektpersonal zu neuen Aufgaben transferieren
> ➢ Projektressourcen auflösen bzw. verwerten
> ➢ ggfls. das Projekt aus dem Projektportfolio herausnehmen lassen

Der **Projektabschlussbericht** integriert den Produktabnahmebericht, den Analysebericht und den Erfahrungsbericht sowie die Ergebnisse der letzten Phase des Projektabschlusses.

Nachträgliche Betreuung

Die Phase „Nachträgliche Betreuung" schließt sich an den Projektabschluss an und beinhaltet Nacharbeiten durch einzelne Mitglieder des Projektteams. Diese Nacharbeiten werden i.d.R. während der Produktabnahme vereinbart und beinhalten häufig die Beseitigung der während der Abnahme festgestellten Mängel, sofern diese auf Grund ihrer Schwere nicht die Abnahme verhindert haben.[198]

6.5 Querverweise

Projektmanagementerfolg, Projektanforderungen und Projektziele, Projektorganisation, Leistungsumfang und Lieferobjekte, Kosten und Finanzmittel, Information und Dokumentation, Engagement und Motivation, Ergebnisorientierung, Rechtliche Aspekte

---

[196] vgl. Bea/ Scheurer/ Hesselman (2008), Seite 666ff
[197] vgl. GPM/ SPM/ Gessler (Hrsg.) (2011), Seite 748ff
[198] vgl. GPM/ SPM/ Gessler (Hrsg.) (2011), Seite 731

7 Phasenübergreifende Kompetenzen

7.1 Wesentliche Kapitel der ICB 3.0

Kapitel

1.07	Teamarbeit *(teamwork)*
1.08	Problemlösung *(problem resolution)*
1.18	Kommunikation *(communication)*
2.01	Führung (leadership)
2.02	Engagement und Motivation *(engagement & motivation)*
2.07	Kreativität *(creativity)*
2.11	Verhandlung *(negotiation)*
2.12	Konflikte und Krisen *(conflict & crisis)*
2.13	Verlässlichkeit *(reliability)*
2.15	Ethik *(ethics)*
3.05	Gesundheit, Sicherheit, Umwelt *(health, security, safety & environment)*

7.2 Lernziele

Sie können nach der Durcharbeitung dieses Kapitels ...

- ✓ *die Charakteristika eines Teams in unterschiedlichen Teamphasen beschreiben*
- ✓ *in einem Team unterschiedliche Rollen identifizieren*
- ✓ *kennen die notwendigen Methoden, um Problemursachen herauszuarbeiten*
- ✓ *in einer Kommunikationssituation Sach- und Beziehungsebene unterscheiden*
- ✓ *einen projektspezifischen Plan zur Kommunikation mit den Stakeholdern aufstellen*

7.3 Teamarbeit

Erfolgreiches Projektmanagement ist nicht nur von der Methodenkenntnis und den Führungsvoraussetzungen des Projektleiters abhängig, sondern in hohem Maße davon, wie die Projektmitarbeiter als Team agieren, wie sie sich als Projektteam verstehen und *„... zur Erreichung des Projektziels Verantwortung für eine oder mehrere Aufgaben übernehmen."*[199]

Ein Projektteam lässt sich charakterisieren als

- ➢ eine bestimmte Anzahl an Personen
- ➢ die als Gruppe
- ➢ über die Projektlaufzeit
- ➢ miteinander die gemeinsamen Projektziele verfolgen
- ➢ miteinander kommunizieren und interagieren
- ➢ gruppenspezifische Rollen, Normen und Werte bilden
- ➢ und darüber ein „Wir-Gefühl" entwickeln

Mit dem „Wir-Gefühl" entwickelt sich ein ausgeprägter Gemeinschaftsgeist und ein starkes Zusammengehörigkeitsgefühl (Gruppenkohäsion).[200]

---

[199] DIN Deutsche Institut für Normung e.V. (2009), DIN 69901-5:2009, Seite 160
[200] vgl. Bergmann/ Garrecht (2008), Seite 14

7.3.1 Die Phasen der Teamentwicklung

Formal wird das Projektteam durch die Benennung der Mitglieder gebildet. Um jedoch die bei jedem vorhandene Leistung freizusetzen, müssen sich die interpersonellen Beziehungen der Teammitglieder entwickeln. Dabei durchlaufen Teams vier typische Entwicklungsphasen bis zur optimalen Zusammenarbeit und somit zur bestmöglichen Leistung - forming, storming, norming, performing. In der fünften Phase - adjourning - findet die Auflösung des Teams statt.[201]

Abbildung 75 - Teamphasen nach Tuckman

---

[201] vgl. Litke (Hrsg.) (2005), Seite 191ff

Phase	Inhaltsebene	Rolle des Projektleiters	Beziehungsebene im Team
Forming	Kennenlernen der Aufgabe und der Teammitglieder	Gastgeber, richtungsweisend, erklärend	*Kontakt* → Suche nach Orientierung; setzen von Grenzen
Storming	Schwierigkeiten mit der Aufgabe. Selbstbehauptung, Finden der eigenen Position im Team.	Katalysator	*Konflikt* → Konflikte und Polarisation, Meinungen werden offen vertreten, Vertrauen baut sich auf, Herausbilden der Führung
Norming	Austausch von Informationen, festlegen von Regeln	Moderator	*Kontrakt* → Entwickeln einer Teamidentität; Verhalten untereinander wird justiert; Vereinbarungen werden getroffen
Performing	Gruppe ist strukturiert und gefestigt; Kooperation	Unterstützer	*Kooperation* → Agieren als Einheit; klares Verständnis was gefordert ist; gegenseitige Unterstützung, Konflikte sind gelöst
Adjourning	Auflösung des Teams	Coach	Gefühl des Verlustes; Ungewissheit über die Zukunft

Tabelle 42 - Teamphasen und Rolle des Projektleiters

Die beschriebenen Findungs- und Klärungsprozesse lassen sich durch gezielte fördernde Maßnahmen beschleunigen, damit ein Team schnell in die produktive Performing-Phase kommt.

In der Praxis sind die Phasen der Teamuhr nicht immer klar voneinander zu trennen. Es werden allerdings alle Phasen von einem Team durchlaufen, sie können sich jedoch überlappen oder von unterschiedlicher Dauer sein. Ein Ausfall einzelner Phasen führt später zu Leistungseinbußen. Der Projektleiter sollte diese Phasen aktiv in seiner Rolle gestalten und die Teamfindung, speziell während der Forming-Phase, nicht dem Zufall überlassen.[202]

7.3.2 Effiziente Teamzusammensetzung

Neben dem zügigen Durchlaufen der Teamphasen ist es für den Projektleiter hilfreich, zu wissen, dass die „richtigen" Mitarbeiter an Bord sind bzw. mit welcher Persönlichkeit sein Team ergänzt werden sollte. Dabei können Persönlichkeitsmodelle und die darauf basierenden Tests und Profile unterstützen. Mit Hilfe dieser Tests lassen sich Persönlichkeitseigenschaften wie

- ➢ Vorlieben
- ➢ Charakter
- ➢ Verhaltensweisen
- ➢ Stärken und Schwächen sowie
- ➢ Einstellungen, Überzeugungen und Wertvorstellungen

messen und so die emotionalen und motivierenden Aspekte des Verhaltens in Alltags- und Arbeitssituationen vorhersagen.[203]

---

[202] vgl. Bergmann/ Garrecht (2008), Seite 15
[203] vgl. Simon (Hrsg.) (2006), Seite 36

Insbesondere bei der Bearbeitung komplexer Aufgabenstellungen ist deren Erfolg von der Effizienz der Teamarbeit abhängig. Nicht das Expertenwissen oder die Fähigkeiten einzelner Mitglieder, sondern eine optimale Nutzung des gesamten Wissens- und Fähigkeiten-Spektrums aller Teammitglieder ist hier entscheidend.

In der Vergangenheit sind dazu viele Modelle entwickelt worden, die entweder den Menschen als Persönlichkeit (psychologische Persönlichkeitsmodelle, z.B. MBTI, HBDI, DISG) oder den Menschen als Rollenträger (arbeitspsychologische Modelle, z.B. Belbin, TMS) ins Zentrum ihrer Fragestellung gerückt haben.

Für eine effektive Teambesetzung („Wer hat welche Rolle im Team, damit wir effektiv unsere Ziele erreichen?"), eignen sich arbeitspsychologische bzw. rollenbasierte Modelle. Diese führen zu einem besseren Verständnis für die unterschiedlichen Rollen in einem Team, für die Zuständigkeiten (inkl. Aufgaben, Rechte und Pflichten) und zur Reduktion von Reibungsverlusten aufgrund von Kooperationsmängeln.[204]

7.3.3 Teamrollen nach Belbin

BELBIN untersuchte bereits in den 1970er Jahren unter Einsatz von Unternehmensplanspielen die Leistung von unterschiedlich zusammengesetzten Teams.[205] Nach Auswertung einer Vielzahl solcher Experimente ergaben sich für BELBIN neun Rollen. Sein Rollenbegriff umfasst die Art des Sozialverhaltens und den Beitrag zur Aufgabenbewältigung, wobei jedes Teammitglied mehrere Rollen wahrnehmen kann. Bei diesen Rollen lassen sich drei Hauptorientierungen unterscheiden

> **3 handlungsorientierte Rollen**:
> Macher (Shaper), Umsetzer (Implementor), Perfektionist (Completer Finisher)
> **3 kommunikationsorientierte Rollen**:
> Integrator (Co-ordinator), Teamarbeiter/Mitspieler (Teamworker), Wegbereiter (Resource Investigator)
> **3 wissensorientierte Rollen**:
> Erfinder (Plant), Beobachter (Monitor Evaluator), Spezialist (Specialist)

Jede Teamrolle beinhaltet positive Eigenschaften und „erlaubte" Schwächen und trägt auf ihre Weise zu einer produktiven Gruppenarbeit bei.[206]

---

[204] vgl. Schiersmann/ Thiel (2009), Seite 240f
[205] vgl. Belbin (2004), Seite 5ff
[206] vgl. Belbin Associates (2007-2009), www.belbin.com, abgerufen am 04.05.2016

Teamrolle	Eigenschaften	Schwächen
Macher (Shaper)	Dynamisch, arbeitet gut unter Druck, hat den Antrieb und Mut, Probleme zu überwinden.	Neigt zu Provokationen, nimmt zu wenig Rücksicht auf die Gefühle anderer.
Umsetzer (Implementer)	Diszipliniert, verlässlich, konservativ, effizient, setzt Ideen in Aktionen um.	Etwas unflexibel, reagiert verzögert auf neue Möglichkeiten.
Perfektionist (Completer Finisher)	Sorgfältig, gewissenhaft, ängstlich, findet Fehler und Versäumnisse, hält Fristen ein.	Neigt zu übertriebener Besorgnis, delegiert nicht gern.
Integrator (Co-ordinator)	Selbstsicher, guter Leiter, stellt Ziele dar, fördert die Entscheidungsfindung, gute Delegationsfähigkeiten.	Kann als manipulierend verstanden werden, Tendenz zur Delegation persönlicher Aufgaben.
Mitspieler (Teamworker)	Kooperativ, sanft, einfühlsam, diplomatisch, hört zu, baut Spannungen ab.	Unentschieden in kritischen Situationen.
Wegbereiter (Resource Investigator)	Extrovertiert, enthusiastisch, kommunikativ, findet neue Optionen, entwickelt Kontakte.	Über-optimistisch, verliert leicht das Interesse nachdem sich der erste Enthusiasmus gelegt hat.
Erfinder (Plant)	Kreativ, phantasievoll, unorthodoxes Denken, gute Problemlösungsfähigkeiten.	Ignoriert Nebensächlichkeiten, tendiert zur Konzentration aufs Persönliche.
Beobachter (Monitor Evaluator)	Nüchtern, strategisch, kritisch, berücksichtigt alle Optionen, gutes Urteilsvermögen.	Geringer Antrieb, mangelnde Fähigkeit zur Inspiration des Teams.
Spezialist (Specialist)	Zielstrebig, engagiert, hat Fähigkeiten und Fertigkeiten die nur selten verfügbar sind.	Leistet seinen Beitrag nur in einem engen Rahmen.

Tabelle 43 - Teamrollen nach Belbin[207]

7.3.4 Team Management System nach Margerison/ McCann

In den 1980er Jahren gingen die beiden Teamerfolgs-Forscher Charles Magerison und Dick McCann der Frage nach „Was macht erfolgreiche Teams erfolgreich?". Sie entwickelten auf der Basis von neun Arbeitsfunktionen, die, ebenfalls empirisch nachgewiesen, einen Beitrag zur effektiven Teamarbeit leisteten, das Team Management System (TMS).

---

[207] Die Übersetzung für die Bezeichnung der Teamrollen wurde von Schiersmann/ Thiel (2009), Seite 255, übernommen

Abbildung 76 - Rad der Arbeitsfunktionen von Margerison-McCann

Auf der Suche nach Kriterien für Arbeitspräferenzen untersuchten sie bei ihrer Arbeit mit Teams in verschiedensten Institutionen und Unternehmen mehrere Modelle, bis sie auf die Arbeiten von C.G. Jung stießen. Seine Arbeit zu "Psychologischen Typen" schien geeignet, die Unterschiede von persönlichen Arbeitsweisen in Arbeitssituationen mit einem handhabbaren Modell zu bestimmen.

Magerison und McCann experimentierten anfangs mit dem Myers-Briggs Typenindikator (MBTI), einem Persönlichkeitsprofil, das ebenfalls auf C.G. Jung zurückgeht. Die Ergebnisse waren allerdings nicht zufriedenstellend, da sich zwischen dem „Rad der Arbeitsfunktionen" und den ermittelten Ergebniszahlen des MBTI-Assessments der einzelnen Teammitglieder keine belastbare Verbindung herstellen ließ.[208]

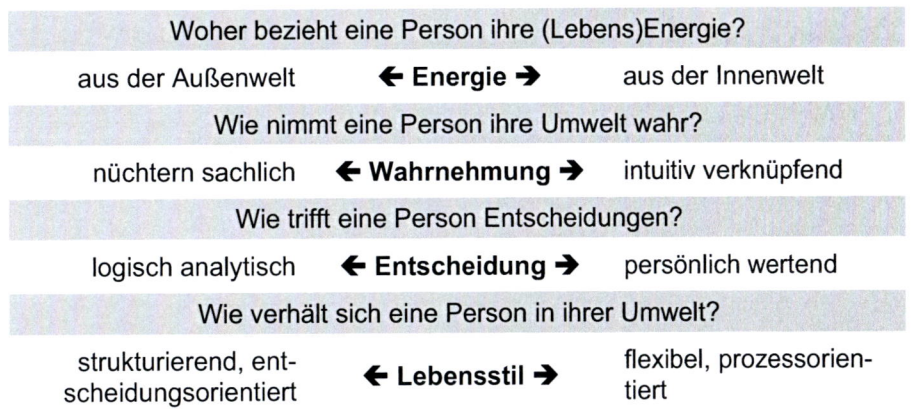

Woher bezieht eine Person ihre (Lebens)Energie?		
aus der Außenwelt	← Energie →	aus der Innenwelt
Wie nimmt eine Person ihre Umwelt wahr?		
nüchtern sachlich	← Wahrnehmung →	intuitiv verknüpfend
Wie trifft eine Person Entscheidungen?		
logisch analytisch	← Entscheidung →	persönlich wertend
Wie verhält sich eine Person in ihrer Umwelt?		
strukturierend, entscheidungsorientiert	← Lebensstil →	flexibel, prozessorientiert

Tabelle 44 - MBTI-Typenindikator auf Basis von Jungs Modell der Psychologischen Typen[209]

In Weiterentwicklung der Skalen von Jung definierten sie vier Schlüsselbereiche, die essentiell für das verschiedenartige Verhalten von Menschen bei der Arbeit sind. Diese vier Arbeitspräferenzen bestimmen wesentlich die Art, wie Menschen bevorzugt ihre Arbeit verrichten. Das Zusammenspiel ist wichtig und kann sehr verschieden sein.

---

[208] vgl. Wagner (2006) in: Simon (Hrsg.) (2006), Seite 355ff
[209] vgl. 180° creation.consulting gmbh (2008), www.180grad.de/t_jung.html, abgerufen am 13.01.2011

Die bevorzugte Art, mit anderen Menschen zu kommunizieren.		
extrovertiert	← **Beziehungen** →	introvertiert
Die bevorzugte Art, Informationen zu sammeln und zu nutzen.		
praktisch	← **Information** →	kreativ
Die bevorzugte Art, Entscheidungen zu treffen.		
analytisch	← **Entscheidung** →	begründet auf Überzeugungen
Die bevorzugte Art, sich selbst und andere zu organisieren.		
strukturiert	← **Organisation** →	flexibel

Tabelle 45 - Arbeitspräferenzskala von Margerison-McCann[210]

Diese wiederum werden mit den neun Schlüsselfaktoren aus dem „Rad der Arbeitsfunktionen" kombiniert. Die Synchronisation (bevorzugte Arbeitspräferenzen im Abgleich mit den bevorzugten Arbeitsfunktionen) erfolgt über das Team Management Rad mit seinen vier Außenfeldern und acht Teamrollen. Das Team Management System verbindet auf diese Weise die beiden zu Anfang dieses Kapitels erwähnten Ansätze (psychologische Persönlichkeitsmodelle und arbeitspsychologische Modelle), indem es die subjektiven Vorlieben für bestimmte Aufgabenbereiche der Arbeit (Arbeitspräferenzen) und die objektiven Erfordernisse der Arbeit, die zu tun ist, (Arbeitsfunktionen) in einer Synthese zusammenbringt.

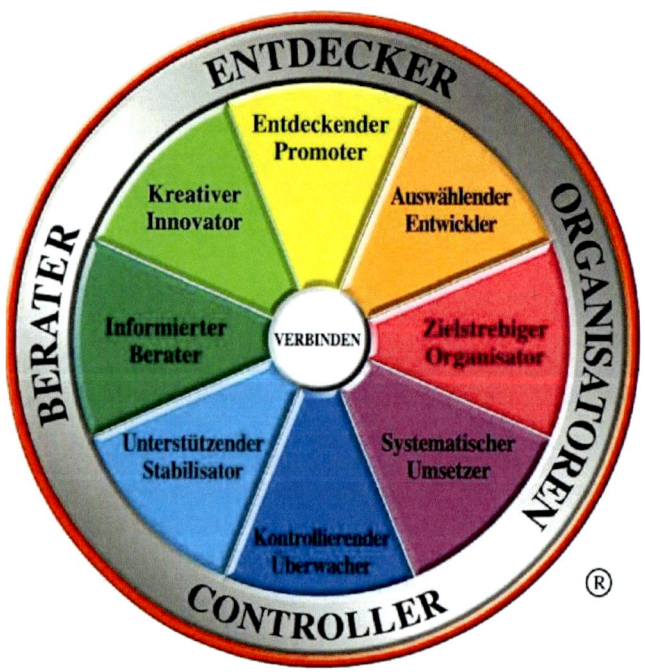

Abbildung 77 - Team Management Rad von Margerison-McCann

Abhängig von den Aufgaben können bei der Teambesetzung bestimmte Funktionen stärker oder schwächer gewichtet werden. Die Funktion „Verbinden" ist die Radnabe, also die Führungszentrale des Teams. Verbinden ist keine Teamrolle, sondern ein Bündel an sozialen, persönlichen und methodischen Fähigkeiten, die das komplexe Gebilde „Team" zusammenhalten. Ist im Team eine der in Abbildung 77 aufgeführten Funktionen schwach oder gar nicht vertreten entsteht nach dem TMS-Prinzip eine Effizienzlücke – das Rad läuft nicht rund.[211]

---

[210] vgl. Tscheuschner/ Wagner (2008), Seite 89
[211] vgl. Tscheuschner/ Wagner (2008), Seite 77ff

Arbeitspsychologische bzw. rollenbasierte Modelle, speziell das TMS Modell, tragen viel zum Verständnis effektiver Teamarbeit bei. Die Erkenntnis über die eigene Teamrolle(n) und die besonderen Fähigkeiten der Kolleginnen und Kollegen ermöglicht es, realistische Erwartungen zu den Beiträgen einzelner Teammitglieder zu entwickeln und diese mit den Bedürfnissen der Teamaufgabe abzugleichen. Ferner können typische Muster im Teamverhalten erkannt und während der Teamentwicklungsphasen gezielt genutzt bzw. beeinflusst werden.

7.3.5 Spezielle Teameffekte

Ein starkes „Wir-Gefühl" hat nicht nur positive Effekte. Problematisch wird es, wenn diese hohe Kohäsion eine Eigendynamik entwickelt. Dabei lassen sich drei Phänomene beobachten - Groupthink, Groupshift bzw. Risk shifting und Social Loafing.[212]

	Voraussetzung	Symptome
Group think	➤ starkes Zusammengehörig-keitsgefühl, ➤ Isolation des Teams durch ein Überlegenheitsgefühl gegenüber Außenstehenden (z.B. gebündeltes Experten-wissen), ➤ Stress und Zeitdruck (z.B. in einer kritischen Situation), ➤ charismatischer, richtungs-weisender Leiter	➤ Stereotypisierung (Schwarz-Weiß-Denken) ➤ Selbstzensur (dem Teamkonsens wird nicht widersprochen) ➤ Filtern von Informationen durch sog. „Meinungs-wächter" im Team ➤ Alternativen werden, speziell wenn sie von außen an das Team herangetragen werden, nicht oder nur oberflächlich geprüft
Groupshift bzw. Risk shifting		➤ Verantwortung wird auf die Teammitglieder verteilt (nicht der, der die Entscheidung trifft ist für die Folgen verantwortlich sondern das Team als Ganzes) ➤ Risiken werden in Kauf genommen und individuel-le Sanktionen bei Fehlentscheidungen nicht be-fürchtet.
Social Loafing	➤ je größer die Gruppe, desto weniger wird die individuelle Leistung wahrgenommen ➤ Aufgabe nicht anspruchsvoll	➤ Annahme, dass die eigene Leistung mehr zum Gruppenoutput beiträgt als die Leistung der ande-ren ➤ sinkende Motivation und damit sinkender persön-licher Einsatz im Team

Tabelle 46 - Teameffekte - Groupthink, Groupshift, Social Loafing

Beispiele bzw. Ergebnisse für diese Phänomene sind

➤ Explosion des Space Shuttles Challenger 1986
→ arbeiten unter Druck, ignorieren wichtiger Informationen und Hinweise (Dichtungsrin-ge an den Feststoffraketen werden bei < 12°C porös, am Starttag zeigte das Thermome-ter 3°C)[213]
➤ Reaktorkatastrophe von Tschernobyl 1986
→ arbeiten unter Druck, hochprofessionelles, offiziell ausgezeichnetes Team, ignorieren von Warnhinweisen und Sicherheitsbestimmungen[214]
➤ Brand der Ölplattform Deepwater Horizon 2010
→ arbeiten unter (Kosten-) Druck, ignorieren geltender Standards, ignorieren von Exper-tenmeinungen außerhalb des Unternehmens[215]

---

[212] vgl. Dörner (2003), Seite 54f; Bergmann/ Garrecht (2008), Seite 16ff; GPM/ SPM/ Gessler (Hrsg.) (2011), Seite 242ff
[213] vgl. Bergmann/ Garrecht (2008), Seite 19
[214] vgl. Dörner (2003), Seite 47ff
[215] vgl. Deepwater Horizon Unfallhergang bei de.wikipedia.org/wiki/Deepwater_Horizon#Unfallhergang, abgerufen am 10.03.2011

7.3.6 Hintergrund

➤ **Raymond Meredith Belbin** (1926)
untersuchte in den 1970er Jahren die Auswirkungen der Teamzusammensetzung aus verschiedenen Persönlichkeitstypen auf die Teamleistung. Ausgehend von der Annahme, dass das Persönlichkeitsprofil eines Menschen auf unterschiedlich stark ausgeprägten Eigenschaften beruht, analysierte Belbin die Ergebnisse von Teams aus Kursteilnehmern am Henley Management College und identifizierte so acht verschiedene Teamrollen, welche sich aus den Verhaltensmustern der Mitglieder ergeben. Diese fasste er 1981 in einem Modell zusammen und ergänzte den Katalog später noch um eine neunte Rolle, die Rolle des Spezialisten.

➤ **Charles Margerison** (1940) und **Dick McCann** (1943)
entwickelten 1985 - 1988 das Team Management System. Margerison war Professor für Management an der University of Queensland (Australien) und an der Cranfield School of Management (England). McCann startete seine Karriere in der Wirtschaft, zuerst bei BP Chemicals in London, danach im Forschungsbereich Alternative Energien an der University of Sidney. Sein wissenschaftlicher Hintergrund sind die Naturwissenschaften sowie das Finanz- und Organisationswesen.

➤ **Carl Gustav Jung** (1875-1961)
Schweizer Arzt, Psychologe und Philosoph, ursprünglich ein Schüler von Sigmund Freud, Begründer der "Analytischen Psychologie", sein Hauptwerk "Psychologische Typen" (1. Auflage: 1921, 17. Auflage 1994) ist das Fundament der MBTI®-Theorie.

➤ **Bruce W. Tuckman** (1944)
Professor für Psychologie. Erstellte 1965 sein Modell der vier Teamphasen, das er 1975 um die fünfte Phase „adjourning" erweiterte.

➤ **Social Loafing**
Soziales Faulenzen auch Ringelmann-Effekt. Dieses Phänomen der absichtsvollen Leistungssenkung oder unbewussten Leistungsminderung bei Teammitgliedern wurde Mitte der 1880er Jahre durch den französische Agraringenieur Max Ringelmann entdeckt als er die Effektivität landwirtschaftlicher Maschinen und Arbeiter testen wollte (Ringelmann-Effekt).[216]

7.3.7 Querverweise

Projektmanagementerfolg, Problemlösung, Ressourcen, Kosten und Finanzmittel, Beschaffung und Verträge, Kommunikation, Führung, Engagement und Motivation, Konflikte und Krisen, Ethik, Personalmanagement

---

[216] vgl. von der Oelsnitz/ Busch (09/2006) in: PERSONALFÜHRUNG , Seite 64ff

7.4 Kommunikation

Kommunikation *"bezeichnet den Austausch von Informationen zwischen zwei oder mehreren Personen. Als elementare Notwendigkeit menschlicher Existenz und wichtigstes soziales Bindemittel kann Kommunikation über Sprache, Mimik, Gestik, durch schriftlichen Austausch, Medien etc. stattfinden. Zu unterscheiden sind*

- a) *interpersonale Kommunikation (unmittelbar und mittelbar zwischen Personen),*
- b) *Massen-Kommunikation (wenige Journalisten bereiten Informationen auf, die von vielen Lesern konsumiert werden) und*
- c) *Gruppen-Kommunikation (innerhalb bestimmter, organisierter sozialer Gruppen, Verbände, Parteien).*"[217]

Kommunikation spielt im Miteinander von Menschen, speziell im Projektmanagement zwischen den Projektbeteiligten, eine zentrale Rolle. In ihr steckt sozusagen der Schlüssel zum Projekterfolg.[218] Angelehnt an die Kommunikationsformel von H. D. Lasswell

> **„Who says what in which channel to whom with what effect? "**
>
> ***Harold Dwight Lasswell (1902–1978), Politikwissenschaftler und Kommunikationstheoretiker***

erleichtert sich der Projektleiter die „Arbeit" wenn er sich für sein Projekt darüber im Klaren ist,

- ➢ wer (die richtigen Personen)
- ➢ mit was (die richtigen Informationen)
- ➢ wann (zum richtigen Zeitpunkt)
- ➢ wie (in der erforderlichen Qualität, des richtigen Umfangs und des geeigneten Mediums)
- ➢ durch wen

informiert wird bzw. informiert werden soll, um den Projekterfolg nachhaltig sicherzustellen.

7.4.1 Organisation der Kommunikation im Projekt

Nimmt man als Ausgangslage die eingangs dieses Kapitels angeführte Definition, so findet die projektbezogene Kommunikation zwischen Personen (z.B. Projektleiter mit den wichtigsten Stakeholdern), als Massenkommunikation (z.B. Newsletter, Infoveranstaltung) und als Gruppenkommunikation innerhalb des Projektteams statt. Eine Regelung wie innerhalb des Teams und mit den Stakeholdern kommuniziert wird, ist in der Planungsphase des Projektes festzulegen. Weiterhin sollte der Eskalationsweg für durch den Projektleiter nicht lösbare Probleme oder schnelle, weitreichende Entscheidungen definiert werden.[219] Der Eskalationsweg kann, mit anderen Auslösern, durchaus dem der Freigabe von Änderungen entsprechen.[220]

Hilfreiche Mittel, die Kommunikation zu organisieren, sind die

- ➢ Stakeholderanalyse, mit den daraus abgeleiteten Kommunikationsstrategien (partizipativ, diskursiv, restriktiv)[221]
- ➢ Dokumentenmatrix[222], als Übersicht der vorhandenen Dokumente

---

[217] Bundeszentrale für politische Bildung (2~~016~~06), www.bpb.de/popup/popup_lemmata.html?guid=Q70R3S, abgerufen am ~~15.02.2011~~04.05.2016
[218] vgl. Kapitel 1.4, Tabelle 1 - Studienergebnisse Projekterfolgsfaktoren
[219] vgl. Bea/ Scheurer/ Hesselmann (2008), Seite 105f
[220] vgl. Kapitel 5.5.1, Abbildung 72 - Eskalationsweg für Änderungen
[221] vgl. Kapitel 3.5.3, Tabelle 10 - Stakeholdertabelle (Beispiel)
[222] vgl. Kapitel 5.4.1, Tabelle 39 - Dokumentenmatrix (Beispiel)

> ➢ Kommunikationsmatrix, mit der festgelegt wird **Wer**, **Wie**, **Was**, **Wann** und durch **Wen** mit Informationen „versorgt" wird.

Die Planung für eine reibungs- und lückenlose Kommunikation zu den Stakeholdern kann zum Beispiel in Form einer Tabelle erfolgen, in der alle wichtigen Informationen zu Art und Weise der Kommunikation eingetragen werden.

Wer	Was	Wann	Wie	durch Wen
Geldgeber	Generelle Informationen über das Projekt in Bezug auf Genehmigungen	Zu allen Genehmigungsphasen	Persönliches Gespräch	Projektleiter und Fachkoordinatoren
Auftraggeber	Quartals-/ Statusbericht	Quartalsweise	Brief- oder Email	Projektkauffrau
Stadt/ Gemeinde	Mitteilung über Baufortschritt mit Fotos. Ggf. Einladung zu Feierlichkeiten.	Zu allen repräsentativen Ereignissen (Grundsteinlegung, Richtfest, Einweihung)	Infobrief	Projektassistenz

Tabelle 47 - Kommunikationsmatrix (Beispiel)

7.4.2 Kommunikationskanäle

Der Projektleiter hat die Wahl zwischen zwei Typen von Kommunikationskanälen bzw. zwei Trägern der Information und Kommunikation – Medien und Menschen.

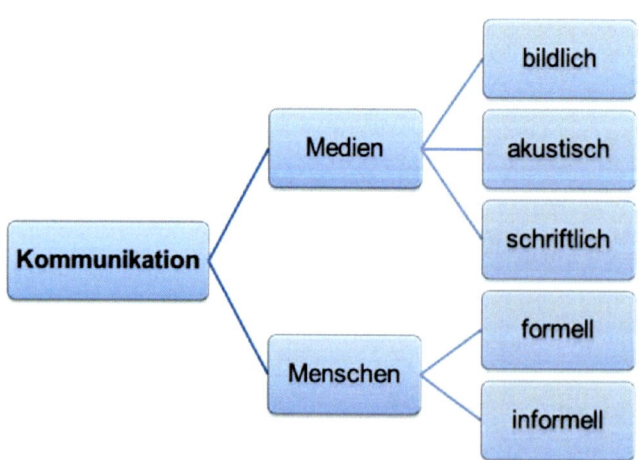

Abbildung 78 - Kommunikationskanäle

Über **Medien** können Informationen akustisch, schriftlich oder bildlich (visuell) bereitgestellt werden. Stakeholder haben dann die Möglichkeit diese selbständig abzuholen (z.B. Intranet, Internet mit Login auf der Firmenwebsite) oder automatisiert zu erhalten (z.B. elektronischer Newsletter). Schriftliche Kommunikation erfolgt beispielsweise über Statusberichte, Artikel (z.B. Firmenzeitung, lokale Presse), Projektflyer und Dokumente. Neue Plattformen wie Facebook (z.B. mit geschlossenen oder geheimen Gruppen) und Twitter (z.B. über protected tweet) lassen interessante Möglichkeiten für die Projektkommunikation entstehen.

Die mündliche Kommunikation also über bzw. mit **Menschen**, unterscheidet man in formelle und informelle Kommunikation. Die wichtigsten **formellen Kommunikationsarten** sind Meetings (z.B. wöchentlicher Jour Fixe) und Workshops (z.B. Projektstart-Workshop). Hilfreich und nützlich sind dabei eine strukturierte Tagesordnung inklusive Zeitplan und die konsequente Nachbereitung in Form von Verlaufs- oder Ergebnisprotokollen.

Informelle Kommunikation findet zwischen Personen in Form von ungeplanten Gesprächen, z.B. in der Kaffee-Ecke, statt. Über sie werden soziale Beziehungen aufgebaut bzw. gepflegt. Doch Vorsicht, informelle Gespräche sind immer wieder der Ausgangspunkt von Gerüchten. Verantwortlich ist dafür der „Stille Post Effekt". Dabei wird jede Nachricht bei der Weitergabe durch die eigene, subjektive Wahrnehmung kontinuierlich verändert. Um dies so weit wie möglich zu unterbinden, ist es wichtig, dass festgelegt wird, wer aus dem Projektteam nach außen kommuniziert und welche Informationen offiziell verteilt werden dürfen. Insiderwissen unautorisiert nach außen zu tragen, gefährdet die Vertrauensbasis innerhalb des Teams, bindet Ressourcen (vornehmlich die des Projektleiters), um die daraus entstandenen Brandherde zu löschen und gefährdet möglicherweise in letzter Konsequenz den Projekterfolg.[223]

Letztendlich ist es unerheblich, abgesehen von den möglicherweise negativen Effekten der informellen Kommunikation, über welchen Kanal kommuniziert wird. Entscheidend sind **Inhalt**, **Struktur** und **Format** oder anders ausgedrückt - was wird wie kurz und knapp aber auch überzeugend und richtig übermittelt, um die Stakeholder **frühzeitig**, **regelmäßig**, **ehrlich** und **proaktiv** über den Fortschritt des Projektes auf dem Laufenden zu halten.

7.4.3 Kommunikationsmodelle

Kommunikation zwischen Menschen ist selten eindeutig. Oft wundern wir uns, dass das, was wir sagen beim Adressaten völlig anders ankommt, als wir es erwartet haben. Oder es wird uns beispielsweise durch Nicken der Eingang der Nachricht bestätigt, wir sehen aber am Verhalten des Gegenübers, dass sie wohl nicht verstanden wurde. Bei diesen „Irrtümern" spielen viele Faktoren eine Rolle – nicht nur was wir sagen, sondern auch wie („Der Ton macht die Musik"). Dazu gehört unsere Körperhaltung, unsere aktuellen Befindlichkeiten und die unseres Gesprächspartners sowie die bei Sender und Empfänger vorhandenen Erfahrungen mit deren Hilfe die Nachricht dekodiert wird.

Ein besseres Verständnis über die Abläufe vermitteln uns verschiedene Kommunikationsmodelle.

7.4.3.1 Die innere Landkarte

Der Begriff „Innere Landkarte" kommt aus der Neurolinguistischen Programmierung (NLP) und ist eine Metapher für die Tatsache, dass jeder Mensch seine Einstellungen, seine Annahmen und Erfahrungen hat und damit Informationen und Situationen aus seinem Blickwinkel bewertet und sein Verhalten danach richtet. Dieses innere „Modell der Welt" stellt aber nur ein individuell reduziertes und teilweise verzerrtes Abbild der Realität dar. Bezogen auf Kommunikation bedeutet das, sie kann nur gelingen, wenn sowohl beim Sender als auch beim Empfänger die innere Landkarte Ähnlichkeiten aufweist oder gar einzelne Übereinstimmungen vorhanden sind.[224]

7.4.3.2 Sach- und Beziehungsebene

Wenn wir mit anderen sprechen und Informationen austauschen, liegt unser Fokus auf dem jeweiligen Inhalt, weniger auf der Art und Weise, wie wir die Mitteilung machen. Hören wir hingegen zu, richten wir unsere Aufmerksamkeit nur teilweise auf den Inhalt, wir bewerten auch, wie die Informationen „rüber kommen". Wir fühlen uns ernstgenommen, beleidigt, verletzt oder

---

[223] vgl. Litke (Hrsg.) (2005), Seite 553f
[224] vgl. Seidl (2010), Seite 24ff; GPM/ SPM/ Gessler (Hrsg.) (2011), Seite 658

ähnliches. Dieser unbewusste Teil der Kommunikation führt, auch wenn wir uns auf der Sachebene verstehen, auf der Beziehungsebene zu Kommunikationsstörungen.[225]

Sigmund Freud erkannte schon früh, dass das, worauf wir in unserem Verhalten in täglichen Situationen bewusst zurückgreifen, gerade mal 10 bis 20% dessen ausmacht, was unser Handeln bestimmt. Diese 10 – 20% liegen, um die Metapher des Eisbergs zu verwenden, "über Wasser", während die restlichen 80 – 90 % unter der Wasseroberfläche verborgen liegen. Was sich aber unter Wasser abspielt, hat einen großen Einfluss auf das, was sich über Wasser ereignet. Diese Erkenntnis wird durch moderne Kommunikationsforscher wie beispielsweise Paul Watzlawick bestätigt - Die bewusste Kommunikation ist nur die Spitze des Eisbergs.[226]

Abbildung 79 - Sach- und Beziehungsebene (Eisberg-Modell)

7.4.3.3 Das Nachrichtenquadrat

Das Nachrichtenquadrat von Friedemann Schulz von Thun (auch Kommunikationsquadrat oder Vier-Ohren-Modell) greift das Kommunikationsmodell von Watzlawick („Eisberg-Modell") auf und erweitert dies auf vier Kommunikationsebenen – Sachebene, Beziehungsebene, Selbstkundgabe und Appellseite.

Dahinter steht die Erkenntnis, dass in jeder Nachricht, die wir von uns geben immer vier Botschaften gleichzeitig gesendet werden.

> ➢ eine Sachinformation (worüber spreche ich)
> ➢ eine Selbstkundgabe (was gebe ich von mir zu erkennen)
> ➢ einen Beziehungshinweis (was halte ich von dir und wie stehe ich zu dir)
> ➢ einen Appell (was möchte ich bei dir erreichen)

Hinzu kommt, dass unser Gegenüber entsprechend auch mit vier Ohren zuhört. Die Qualität der Unterhaltung ist abhängig davon, wie harmonisch die vier Botschaften auf die vier Ohren treffen.[227]

---

[225] vgl. Gresch (o.J.), www.psychoscripte.de/hhh/psycho/kommunikation/eisbergmodell-der-kommunikation.htm, abgerufen am 24.02.2011

[226] vgl. teachSam (20130), www.teachsam.de/psy/psy_pers/psy_pers_freud/psy_pers_freud_5.htm, abgerufen am 024.052.20164

[227] vgl. Schulz von Thun/ Ruppel/ Stratmann (2003), Seite 33

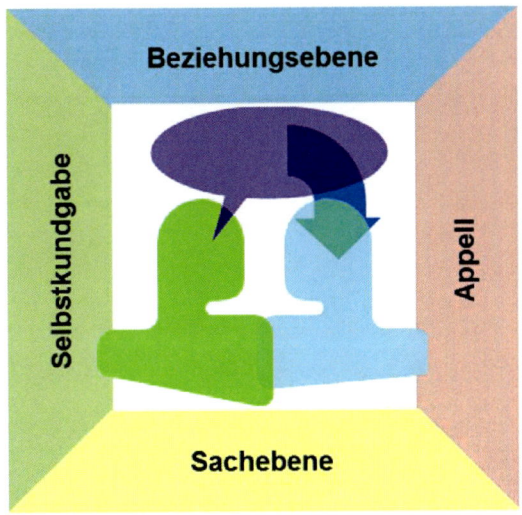

Abbildung 80 - Nachrichtenquadrat

Einen Überblick dieser Wechselbeziehung gibt die folgende Tabelle[228].

	Sender	Empfänger
Sachebene	… vermittelt: den Sachverhalt klar und verständlich.	… hört auf: die Zahlen, Daten und Fakten, hat entsprechend viele Möglichkeiten einzuhaken.
Selbstkundgabe	… offenbart: Was in mir vorgeht, wofür ich stehe, wie ich meine Rolle auffasse.	… nimmt auf: Was sagt mir das über den Anderen? Was ist der für einer? Welche Stimmung hat er?
Beziehungsseite	… gibt zu erkennen: Was halte ich von ihm? Wie stehe ich zum anderen.	… entscheidet: Wie fühle ich mich durch die Art, in der der andere mit mir spricht, behandelt? Was hält der andere von mir und wie steht er zu mir?
Appellseite	… will etwas bewirken, erreichen, den anderen zu etwas bewegen.	… fragt sich: Was soll ich jetzt machen, denken oder fühlen?

Tabelle 48 - Vier Ebenen des Nachrichtenquadrats

Auf welchem Ohr der Empfänger hört, können wir jedoch nicht beeinflussen. Noch weniger seine innere Reaktion darauf. Diese ist von der inneren Landkarte des Empfängers wie auch von der Gesprächssituation und der Umgebung abhängig.[229]

7.4.4 Nonverbale Kommunikation

Nonverbale Kommunikation ist die älteste Form der Verständigung und drückt sich durch Körperkontakt, Gestik, Mimik, Körperhaltung, akustische Signale (z.B. Wortbetonung, Akzent), optische Signale (z.B. Kleidung) und Blickkontakt aus. In der Beziehungsseite des Kommunikationsquadrats verstärken wir unsere Nachricht neben dem Tonfall auch mit den Mitteln der nonverbalen Kommunikation. Und diese Verstärkung ist beachtenswert – lt. einer Studie von Albert Mehrabian in den 70iger Jahren, transportieren wir in einem Gespräch 55% über unsere Körpersprache, 38 % mittels unserer Stimme und nur 7% entfallen auf den eigentlichen Inhalt.[230]

---

[228] vgl. Schulz von Thun/ Ruppel/ Stratmann (2003), Seite 33ff
[229] vgl. Schulz von Thun (2011), Seite 79
[230] vgl. Mehrabian/ Ferris (1967) in: The Journal of Counselling Psychology 31, S. 248-252

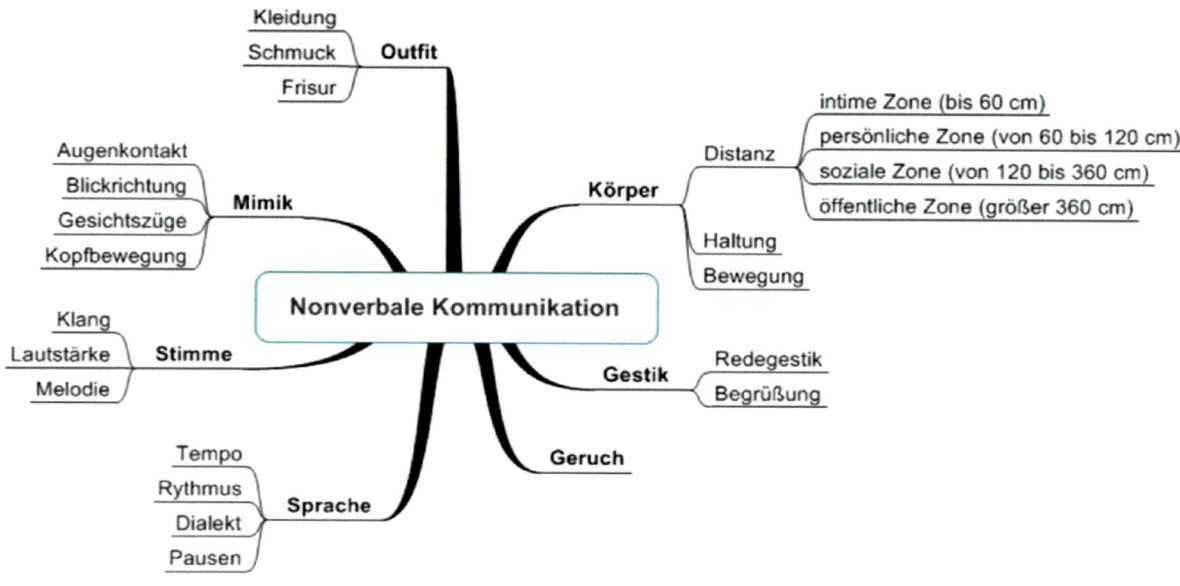

Abbildung 81 - Nonverbale Kommunikation (Beispiele)

Da es schwierig ist, die Körpersprache bewusst zu steuern, kommunizieren wir immer. Paul Watzlawick definierte in der ersten seiner fünf Grundregeln

„Man kann nicht nicht kommunizieren."

Weiter führt er aus *„… jede Kommunikation (nicht nur mit Worten) ist Verhalten und genauso wie man sich nicht nicht verhalten kann, kann man nicht nicht kommunizieren."*[231]

Körpersignale bestätigen oder widerlegen das Gesprochene. Kleinste Veränderungen in der Mimik geben uns Hinweise, wie jemand eine Nachricht aufgenommen hat. Kopf- und Körperhaltung sowie die Gestik unseres Gegenübers teilen uns mit, wie wir das Gesprochene und seine Person deuten können. Allerdings muss dies immer im Kontext der Situation (zeitlich, örtlich) gesehen werden, da sie je nach Region und Kultur unterschiedlich eingesetzt, wahrgenommen und interpretiert werden.[232]

Beispiele dafür sind

> ➢ Körperlicher Abstand – körperliche Nähe wird, anders als in arabischen Ländern und Lateinamerika, in Europa und Nordamerika als aufdringlich empfunden
> ➢ Blickkontakt – in Asien gilt Wegblicken als ein Zeichen des Respekts, in Europa zeugt es von Desinteresse

---

[231] Bender (o.J.), www.paulwatzlawick.de/axiome.html, abgerufen am 24.02.2011
[232] vgl. Kanitz (2010), Seite 55ff

7.4.5 Zuhören und Feedback

Zur gelungenen Kommunikation gehört die Fähigkeit und Bereitschaft des Zuhörens. Zuhören können wir auf verschiedene Arten

aktiv	innere Zusammenhänge der Äußerungen erfassen, keine eigenen Ergänzungen machen, auf den Gesprächspartner eingehen
aufnehmend	Aufmerksamkeit zeigen, kommentierender Blickkontakt, Zuhörfloskeln wie: aha, so, ja, mhm, ...
umschreibend	das Gehörte mit eigenen Worten wiedergeben, Rückmeldung, wie das Gesagte verstanden wurde, das Gehörte darf erläutert und erweitert werden
pseudo	Auftakt zum eigenen Sprechen, Floskeln wie Ja, da haben sie recht, aber ...; Ich verstehe, aber ...

Tabelle 49 - Arten des Zuhörens

Aktiv, aufnehmend und umschreibend finden sich in entsprechender Form im Aktiven Zuhören wieder. Das **Aktive Zuhören** (ursprünglich von ROGERS in der klientenzentrierten Gesprächstherapie entwickelt) ist die anspruchsvollste Form des Zuhörens und stellt eine wichtige Fähigkeit zur Verbesserung der zwischenmenschlichen Kommunikation dar.[233]

Aktives Zuhören heißt, sich in den Gesprächspartner einfühlen, beim Gespräch mitdenken und dem Gesprächspartner Aufmerksamkeit und Interesse entgegenbringen oder anders ausgedrückt *„Zuhören ist eine Tätigkeit, manchmal sogar eine anstrengende Arbeit.“*[234]

„Wirklich zuhören können nur ganz wenige Menschen.“

Michael Ende (1929 - 1995), deutscher Schriftsteller u.a. Momo, Die unendliche Geschichte

---

[233] vgl. Schulz von Thun (2011), Seite 63f; Knill (20160), www.rhetorik.ch/Hoeren/Hoeren.html, abgerufen am 18.07.201104.05.2016
[234] Blickhan (2007), Seite 24

Grundregeln für das Aktive Zuhören sind:

Beziehung	Zuhören und -sehen	Schweigen, Blickkontakt signalisieren, dass der Partner ruhig weiter sprechen soll
	Quittieren	mittels eines Handlungsechos, z.B. aufmunternde Geste, Nicken, „aha", „hmm"
Inhalt	Nachfragen	Interesse bekunden, Verständnisfragen stellen
	Wiederholen	Verbalisieren, das Gehörte in eigene Worte fassen
Gefühle	Ansprechen des Unausgesprochenen	Verbalisieren was „zwischen den Zeilen steht", also Aspekte zur Sprache bringen, die evtl. noch gar nicht ausdrücklich erwähnt wurden bzw. noch nicht deutlich genug erscheinen

Tabelle 50 - Grundregeln Aktives Zuhören[235]

Fähigkeit und Bereitschaft zum Zuhören ist speziell bei **Feedback** auf Seite des Feedback-Nehmers erforderlich. Feedback erhalten ist eine Gelegenheit, sich und sein Verhalten aus der Sicht anderer dargestellt zu bekommen. Es trägt dazu bei, dass wir eine bessere Vorstellung von uns selbst gewinnen können. Das Feedback muss aber dafür geeignet sein. Soll Feedback eine positive, förderliche Wirkung haben, sollte es u.a. folgende Merkmale aufweisen

- ➤ erwünscht sein
- ➤ der Feedback-Geber sollte Ich-Botschaften verwenden
- ➤ ehrlich sein
- ➤ persönlich sein
- ➤ Änderbares thematisieren
- ➤ zeitnah erfolgen

Als „Vorgehensmodell" für strukturiertes Feedback eignet sich das Akronym **W I E V**

- ➤ Meine **W**ahrnehmung
- ➤ Meine **I**nterpretation
- ➤ Welche **E**motion(en) wurden bei mir ausgelöst
- ➤ Mein Wunsch zur **V**erhaltensänderung an Dich

WIEV lässt sich auch mit Hilfe des Nachrichtenquadrats darstellen. Die folgende Tabelle zeigt die Zusammenhänge.[236]

W	Sachinhalt	Welches Bild habe ich von dir? Was habe ich von dir bemerkt? Was ist mir an dir aufgefallen?
I	Beziehung	Was halte ich von dir? Wie stehen wir zueinander? Welche Bedeutung hat das Gesagte für mich?
E	Selbstkundgabe	Wie reagiere ich auf dich? Was löst du, deine Äußerung, dein Verhalten bei mir aus? Was lege ich in deine Äußerungen, dein Verhalten hinein?
V	Appell	Was sollst du beibehalten? Welche Veränderung wünsche ich mir bei dir?

Tabelle 51 - Feedback und das Nachrichtenquadrat

[235] vgl. Schulz von Thun/ Ruppel/ Stratmann (2003), Seite 70ff; Blickhan (2007), Seite 25ff; Kreyenberg (2005), Seite 308ff
[236] vgl. Schulz von Thun (2011), Seite 69ff

7.4.6 Hintergrund

> **Sigmund Freud** (1856 – 1939)
> Psychiater und Begründer der Psychoanalyse. Er stellte zur Erklärung der Zusammenhänge zwischen Bewusstem und Unbewusstem das „Eisbergmodell des Bewusstseins" auf.

> **Paul Watzlawick** (1921 – 2007)
> Psychotherapeut und Kommunikationswissenschaftler. Seine praktische Erfahrung bei der Erforschung der Kommunikation schizophrener Patienten veranlasste ihn zur Formulierung der fünf Grundregeln (Fünf Axiome).

> **Friedemann Schulz von Thun** (1944)
> Psychologe und Kommunikationswissenschaftler. Bis 2009 Professor für den Fachbereich Psychologie an der Universität Hamburg. Als Leiter des Arbeitskreises „Kommunikation und Klärungshilfe im beruflichen Bereich" suchte er die Verbindung von Forschung, Lehre und Praxis. Er entwickelte das Modell „Vier Seiten einer Nachricht.", welches er 1977 unter dem Begriff „Kommunikationsquadrat" erstmals veröffentlichte.

> **Carl Rogers** (1902 - 1987)
> amerikanischer Psychologe und Psychotherapeut, entwickelte die klientenzentrierte Gesprächstherapie (auch personenzentrierte, nichtdirektive, Gesprächstherapie) als eine Therapieform der Humanistischen Psychologie, in der er das Aktive Zuhören als Werkzeug dieser Therapieform beschreibt. Er postuliert dazu drei grundlegende Axiome für die Gesprächsführung
> - Bedingungslose positive Wertschätzung der anderen Person
> - Einfühlsames Verstehen der Probleme und Sichtweise sowie eine offene Grundhaltung (Empathie)
> - Echtheit bzw. Wahrhaftigkeit im eigenen Verhalten (Kongruenz)

7.4.7 Querverweise

Interessierte Parteien, Teamarbeit, Projektstrukturen, Controlling, Information und Dokumentation, Projektstart, Projektabschluss, Engagement und Motivation, Kreativität, Effizienz, Projektorientierung

7.5 Motivation und Engagement

„Das Ziel der „Mitarbeitermotivation" ist einfach formuliert – Die Mitarbeiter sollen an ihrem Arbeitsplatz so glücklich sein, dass sie ihre eigenen Interessen aus den Augen verlieren."[237]

In dieser durchaus provokativen Aussage von Scott Adams werden zwei Begriffe miteinander vermischt – Motivation und Motivierung.

7.5.1 Motivation und Motivierung

Motivation steht für die innere Antriebskraft und Bereitschaft, in einer bestimmten Weise zu handeln. Hier sind keine „Techniken" notwendig, damit der Projektmitarbeiter seine Aufgaben erfolgreich umsetzt. Er bzw. sie ist intrinsisch motiviert, weil die Aufgabe als spannend und anspruchsvoll wahrgenommen wird. Das Bearbeiten der Aufgabe ist für den Mitarbeiter wertvoll und bereichernd.

Anders sieht es bei **Motivierung** aus. Motivierung steht für die Fragen „Wie bringe ich meine Mitarbeiter dazu, das zu tun, was sie nicht möchten?" und „Wie bringe ich meine Mitarbeiter dazu, das zu wollen, was ich will?" Motivierung manipuliert. SPRENGER hat dazu die 5 B der Motivierungstechniken zusammengestellt.[238]

Motivierungstechnik	
Bedrohen	„Du machst das jetzt, sonst …"
Bestrafen	„… sonst schadest du dir nur selbst."
Bestechen	„Eine Bonus wäre möglich, wenn …"
Belohnen	„Du bist einer von uns, wenn …"
Belobigen	„Du bist die Stütze des Projektes."

Tabelle 52 - Motivierungstechniken

Motivierung ist extrinsische Motivation, d.h. der Mitarbeiter handelt nur um negative Folgen (bedrohen, bestrafen) zu vermeiden oder positive Folgen zu erzielen (bestechen, belohnen, belobigen). Das Umsetzen der Aufgabe wird damit Mittel zum Zweck.

> **„Jede äußere Motivierung zerstört die innere Motivation."**
>
> *Reinhard Sprenger (geb. 1953), Autor und Managementtrainer*

7.5.2 Bedürfnisse der Projektmitarbeiter

Um die Motivation seiner Projektmitarbeiter zu verstehen, ist es wichtig, die Bedürfnisse der Mitarbeiter zu kennen. Mit den Motiven von Menschen haben sich in den1950er und 1960er Jahren zwei amerikanische Psychologen – Abraham Maslow und Frederick Herzberg - beschäftigt. Maslow entwickelte die Bedürfnispyramide, die für die Vielfalt möglicher Bedürfnisse sensibilisiert.

---

[237] Adams (2011), Seite 73
[238] vgl. Sprenger (2010), Seite 54ff

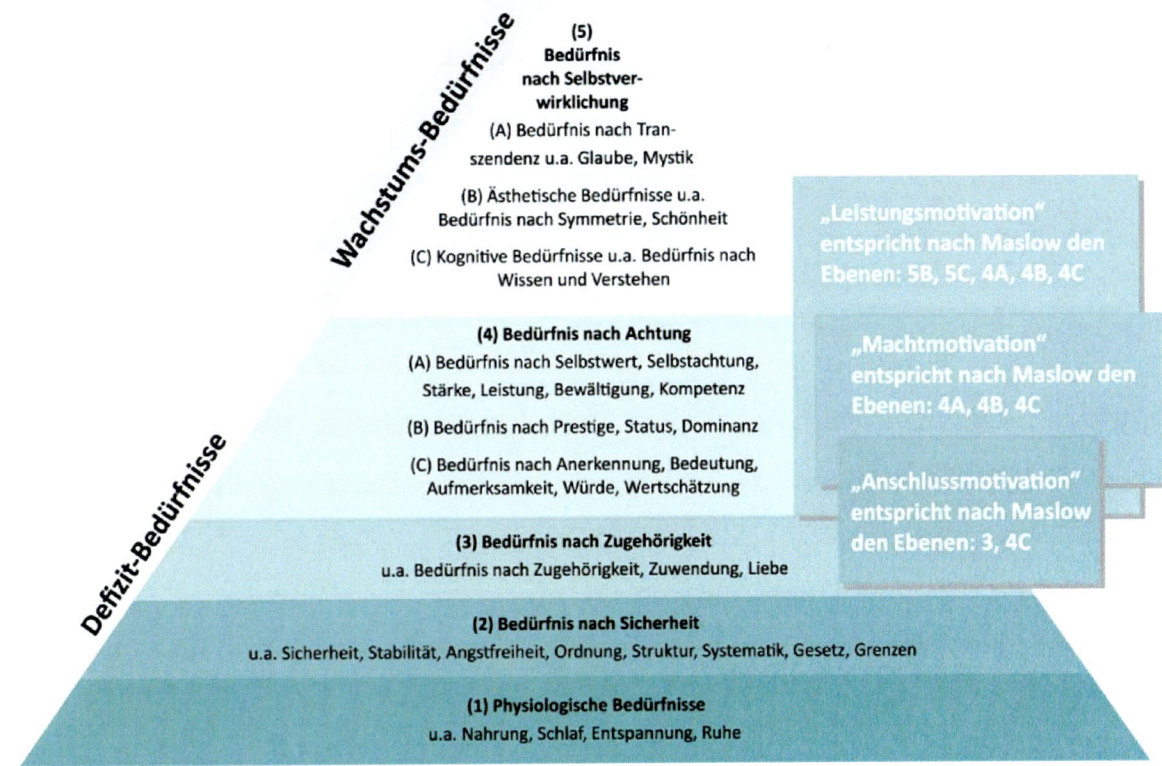

Abbildung 82 - Bedürfnispyramide

Das Modell verdeutlicht, dass Menschen unterschiedliche Bedürfnisse haben und daher auch unterschiedliche Interessen verfolgen. Die Motivklassen (Leistungs-, Macht- und Anschlussmotivation) lassen sich nur teilweise eindeutig zuordnen. Weiterhin lassen sich Defizit- und Wachstumsbedürfnisse unterscheiden. Allerdings gibt es in der Abfolge der fünf Stufen keine Linearität, d.h. es müssen nicht erst die Grundbedürfnisse abgedeckt werden um ein Bedürfnis nach Sicherheit zu entwickeln.

Ein ähnliches Interesse verfolgte Herzberg mit seiner Zwei-Faktoren-Theorie. Er stellte aber im Gegensatz zu Maslow nicht die Grundbedürfnisse des Menschen in den Vordergrund, sondern die Zufriedenheit bzw. Unzufriedenheit am Arbeitsplatz. Hierbei unterscheidet er Motivatoren und Hygienefaktoren.

Motivatoren stehen hier für Auslöser von Zufriedenheit, Hygienefaktoren für die Verhinderung von Unzufriedenheit. Jedoch ist fehlende Unzufriedenheit nicht automatisch gleichzusetzen mit Zufriedenheit und umgekehrt. Generell sind Erfolgserlebnisse, Anerkennung, interessante Aufgaben, Übernahme von Verantwortung und Karrierechancen bzw. Entwicklungsmöglichkeiten eher Motivatoren (beziehen sich auf den Arbeitsinhalt). Gute Arbeitsbedingungen, kollegiales Verhältnis, faire Vorgesetzte, funktionierende Organisation und als fair empfundene Bezahlung verhindern eher Unzufriedenheit, sind also Hygienefaktoren (beziehen sich auf die Arbeitsumgebung).

Betrachtet man die oben angeführte Beschreibung für intrinsische und extrinsische Motivation, so lassen sich Hygienefaktoren der extrinsischen und Motivatoren der intrinsischen Motivation zuordnen.

7.5.3 Menschenbilder

Häufig steckt hinter der Interaktion Führungskraft – Mitarbeiter ein bestimmtes Menschenbild. Menschenbilder stellen Annahmen darüber dar, was das Wesen eines Individuums ausmacht.

Sie sind von Kulturkreis zu Kulturkreis unterschiedlich und können sich im Laufe der Zeit verändern. Ergänzt durch Annahmen und Theorien über die Mitarbeiter, Kollegen, Freunde in ihrer jeweiligen Umgebung, entstehen die Vorurteile, auf deren Basis Menschen handeln. Ein Menschenbild, das sich auch heute noch finden lässt, ist das der Theorie X und Theorie Y von McGregor. Hierbei steht X für die negative Einstellung (der Mitarbeiter ist unwillig) der Führungskräfte zu ihren Mitarbeitern und Y für eine eher positive (der Mitarbeiter ist engagiert).

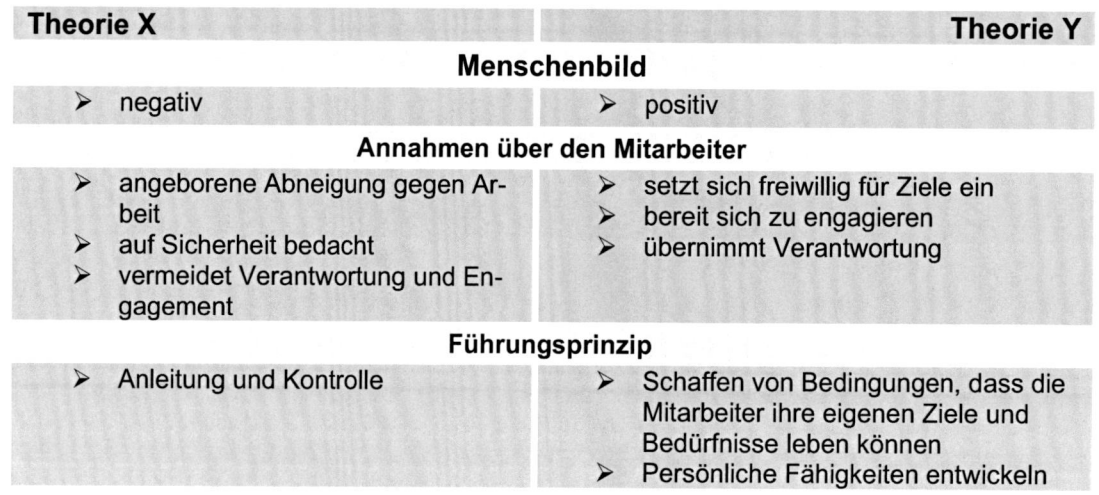

Theorie X	Theorie Y
Menschenbild	
➤ negativ	➤ positiv
Annahmen über den Mitarbeiter	
➤ angeborene Abneigung gegen Arbeit ➤ auf Sicherheit bedacht ➤ vermeidet Verantwortung und Engagement	➤ setzt sich freiwillig für Ziele ein ➤ bereit sich zu engagieren ➤ übernimmt Verantwortung
Führungsprinzip	
➤ Anleitung und Kontrolle	➤ Schaffen von Bedingungen, dass die Mitarbeiter ihre eigenen Ziele und Bedürfnisse leben können ➤ Persönliche Fähigkeiten entwickeln

Tabelle 53 - Theorie X & Y (McGregor)

Problematisch ist, dass Vorurteile die Tendenz haben, entsprechend bestätigt zu werden (selffulfilling prophecy). Einen Mitarbeiter, dem der Projektleiter nichts zutraut, wird er auch nur mit wenig anspruchsvollen Aufgaben betrauen und den Arbeitsfortschritt auch noch dauernd kontrollieren. Entwickelt der Mitarbeiter daraufhin Ausweichmechanismen, wird sich der Projektleiter in seinem Vorurteil „angeborene Abneigung gegen Arbeit" bestätigt fühlen. Er wird auch mit einem entsprechend autoritären Führungsstil gegenüber dem Mitarbeiter auftreten.

7.5.4 Hintergrund

➤ **Douglas McGregor** (1906 – 1964)
Hatte eine Professur für Management am Massachusetts Institute of Technology (MIT). Er gilt als einer der Gründerväter des zeitgenössischen Managementgedankens. McGregor entwickelte 1960 die Theorien Theorie X (der Mensch ist unwillig) und Theorie Y (der Mensch ist engagiert), die das natürliche Verhältnis von Menschen zu ihrer Arbeit darstellen sollen. Kurz vor seinem Tod begegnete er seinen Kritikern mit der Synthese von X und Y zur Theorie Z. Die Annahmen der Theorie Z gehen im Wesentlichen davon aus, dass eine starke Mitarbeiterbeteiligung zu höherer Produktivität führt.

➤ **Frederick Herzberg** (1923 – 2000)
US-amerikanischer Psychologe und Arbeitswissenschaftler. Begründer der Zwei-Faktoren-Theorie der menschlichen Bedürfnisse, in der er einen Zusammenhang zwischen Bedürfnisbefriedigung am Arbeitsplatz und der individuellen Arbeitszufriedenheit herstellt.

➤ **Abraham Maslow** (1908 – 1970)
US-amerikanischer Psychologe. Seine Entdeckung der Hierarche der Bedürfnisse führte ihn seit den 1950er Jahren in eine neue Forschungs- und Denkrichtung: die Humanistische Psychologie. Seine 1954 veröffentlichte Bedürfnispyramide verdeutlicht die hervorgehobene Stellung und Bedeutung der Selbstverwirklichung für die Entwicklung des Individuums.

➢ **Reinhard Sprenger** (1953)
Ehem. Leiter der Personalentwicklung von 3M in Deutschland. Seit 1990 selbständiger Unternehmensberater und Referent für Personalentwicklung und Managementtraining und Bestsellerautor.

7.5.5 Querverweise

Interessierte Parteien, Projektanforderungen und Projektziele, Projektorganisation, Teamarbeit, Leistungsumfang und Lieferobjekte, Projektphasen, Ablauf und Termine, Kosten und Finanzmittel, Kommunikation, Projektstart, Projektabschluss, Ergebnisorientierung, Verlässlichkeit, Ethik, Projektorientierung, Personalmanagement

7.6 Führung

7.6.1 Entwicklung

Die erste Begründung für Menschenführung stammt aus der patriarchalischen Sichtweise zu Beginn des letzten Jahrhunderts – Führung ist notwendig, weil Menschen geführt werden wollen. In den späten 1920er Jahren wurde Führung eher auf ideologische Überzeugung begründet – Menschen müssen geführt werden, da sonst eine chaotische Selbstbestimmung um sich greift. Neuere Führungsbegründungen betonen ein notwendiges Miteinander von Menschen. Führung legitimiert sich hier kaum noch durch Macht, sondern durch die Fähigkeit, andere zu motivieren. Mittlerweile werden Führungsbegründungen zunehmend sachlich und unternehmensbezogen entwickelt. Es gilt, Unternehmen und Mitarbeiter zielorientiert zu gestalten bzw. zu beeinflussen.[239]

> **„Management bedeutet die Dinge richtig zu tun. Führung bedeutet die richtigen Dinge tun."**
>
> *Peter Drucker (1909 – 2005), Pionier der modernen Managementlehre*

7.6.2 Führungsstile

Der Inhalt eines Führungsmodells wird grundsätzlich vom Verhalten des Projektleiters bestimmt. Diese Verhaltensmuster werden als Führungsstile bezeichnet. Diese wiederum bewegen sich auf einer Bandbreite von autoritär bis demokratisch, wobei der Entscheidungsspielraum der Mitarbeiter in Richtung demokratisch stetig steigt.

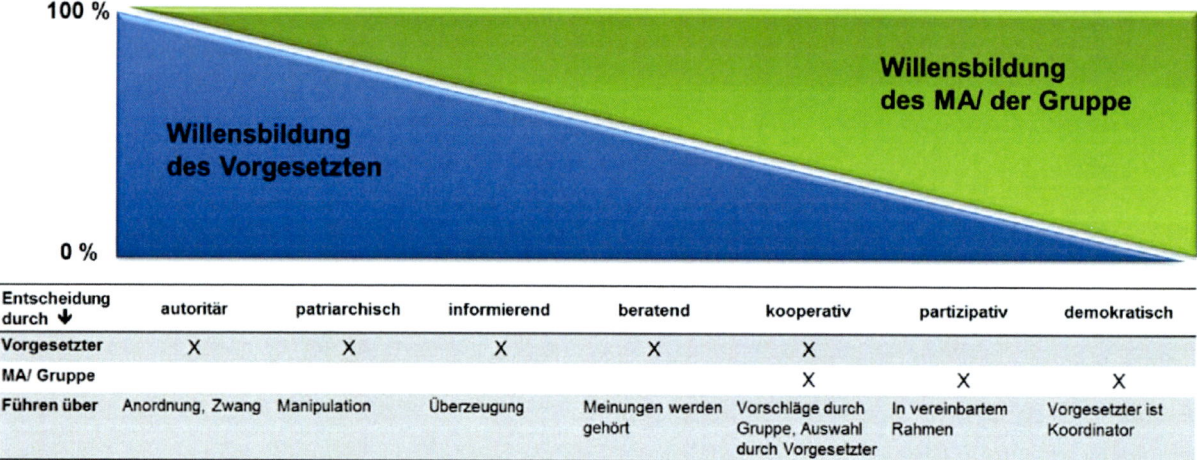

Entscheidung durch ↓	autoritär	patriarchisch	informierend	beratend	kooperativ	partizipativ	demokratisch
Vorgesetzter	X	X	X	X	X		
MA/ Gruppe					X	X	X
Führen über	Anordnung, Zwang	Manipulation	Überzeugung	Meinungen werden gehört	Vorschläge durch Gruppe, Auswahl durch Vorgesetzter	In vereinbartem Rahmen	Vorgesetzter ist Koordinator

Abbildung 83 - Führungsstile und Führungsverhalten

7.6.3 Führungstechniken

Führungstechniken sind Managementprinzipien, die vorwiegend aus dem amerikanischen Management stammen. Diese Prinzipien sollen dem Projektleiter effiziente Verhaltensweisen und Richtlinien vermitteln. Noch bis vor einigen Jahren hat man nur etwa vier oder fünf dieser Führungstechniken unterschieden. Inzwischen werden im modernen Management bis zu 30 Management-by-… Techniken verwendet. Sie alle beruhen jedoch auf den drei wesentlichen Kern-Techniken:[240]

Management by Objectives (MbO) – Führen durch kooperative Zielfindung

---

[239] vgl. Bea/ Friedl/ Schweitzer (2005), Seite 4ff
[240] vgl. Nagel (1995), Seite 287ff

Hier werden die Ziele zwischen Projektleiter und Projektmitarbeitern gemeinsam identifiziert und festgelegt, wer für welche Ziele die Verantwortung übernimmt. Der Projektleiter beschränkt sich weitgehend auf Zielvorgaben und deren Überprüfung. Nicht der Weg, sondern das Erreichen der Ziele wird kontrolliert.

- **Ziel:** Die optimale Durchführung der übertragenen Aufgaben.

- **Voraussetzung:** Die Zielvorgaben müssen klar und realistisch formuliert werden, damit der Erfolg garantiert ist (→ SMART). Entsprechender Handlungsspielraum für die Projektmitarbeiter.

Management by Delegation (MbD) – Führen durch klare Kompetenzverteilung

MbD bezeichnet die Übertragung von Aufgabenverantwortung an die Projektmitglieder. Innerhalb definierter Grenzen wird die Erledigung einer Aufgabe an die Projektmitglieder übertragen. Die Umsetzung obliegt dem Projektmitarbeiter.

- **Ziel:** Initiative- und Mitverantwortungsförderung, Aufgabenorientierung.

- **Voraussetzung:** Delegation der AKVs (Aufgaben, Kompetenzen, Verantwortung).

Management by Exception (MbE) – Führen nur in Ausnahmesituationen

Bei diesem Prinzip der Führung nach dem Ausnahmeprinzip liegen Routineentscheidungen generell in den Händen der Projektmitarbeiter. Der Projektleiter greift nur bei außerordentlichen Entscheidungen oder bei Abweichungen vom Projektplan ein.

- **Ziel:** Dieses Modell strebt die vollständige Abgabe von Verantwortung an die Projektmitarbeiter an. Dies führt zur Entlastung des Projektleiters und Stärkung des Verantwortungsbewusstseins der Projektmitarbeiter.

- **Voraussetzung:** Es ist klar festzulegen, wer welche Kompetenzen und welche Verantwortung trägt. Außerdem muss genau definiert werden, was mit "außergewöhnlicher Abweichung" gemeint ist. Ein häufiges Problem bei dieser Managementtechnik ist die Fixierung auf negative Abweichungen vom Projektplan.

7.6.4 Führungsaktivitäten

Mit zunehmender Bedeutung von kooperativen Führungsstilen werden vermehrt Führungsaufgaben beschrieben, die darauf ausgerichtet sind, die Projektmitglieder bei ihrer Aufgabenbewältigung zu unterstützen (mitarbeiterbezogene Führung). Mittel der mitarbeiterbezogenen Führung sind:

- *Empowerment - Bevollmächtigung;* vom Projektleiter initiierte Maßnahmen, die die Autonomie und Mitbestimmungsmöglichkeiten der Projektmitarbeiter rund um ihren Arbeitsplatz erweitern. Empowerment konkretisiert sich u.a. in einer (weitgehend) selbstbestimmten Gestaltung des Arbeitsablaufs, dem Zugang zu gewünschten Informationen und intensivierter (aufgabenbezogener) Kommunikation mit Kollegen und Vorgesetzten.

- *Coaching* – bezeichnet die direkte Interaktion mit den Projektmitarbeitern, die darauf ausgerichtet ist, den Teammitgliedern zu helfen, koordiniert und entsprechend der Aufgaben ihre Ressourcen zu nutzen, um die Projektaufgabe zu lösen.

- *Zielvereinbarungen* – bestimmen erwünschte, spezifische, messbare und realistische Endergebnisse. Sie haben vier verhaltenssteuernde Funktionen – kognitive, motivierende, koordinierende und konfliktregulierende Funktion.

- *Feedback* – ermöglicht den Projektmitarbeitern einen Einblick in ihre Wahrnehmung durch andere zu erlangen. Die konsequente Nutzung gibt dem Feedback-Nehmer die Möglichkeit, den im JoHari-Fenster dargestellten „Blinden Fleck" zu reduzieren.

> *Unterstützung* – konzentriert sich auf den Aufbau und das Erhalten einer engen Beziehung zwischen Projektleitung und Projektmitarbeitern. Mittel dazu sind offene Kommunikation, gegenseitiger Respekt, Vertrauen, Interesse an den einzelnen Persönlichkeiten der Projektmitarbeiter.

Konzentriert sich der Projektleiter allein auf die Bewältigung der Projektaufgabe (z.B. Planung, Organisation, Kommunikation, Projektcontrolling) spricht man von aufgabenbezogener Führung.

Wie so oft macht es die Mischung aus. Dies kommt auch im Managerial Grid Modell von Blake und Mouton zum Ausdruck. Hier werden die beiden beschriebenen Dimensionen „Aufgabenorientierte Führung" und „Mitarbeiterbezogene Führung" in einem Koordinatensystem in Bezug zueinander gebracht. Die beiden Achsen werden in jeweils neun Stufen unterteilt. Dadurch entstehen 81 theoretisch mögliche Kombinationen. Blake und Mouton haben die fünf wesentlichen Kombinationen beschrieben, die es Projektleitern ermöglichen, ihr Führungsverhalten zu erkennen.[241]

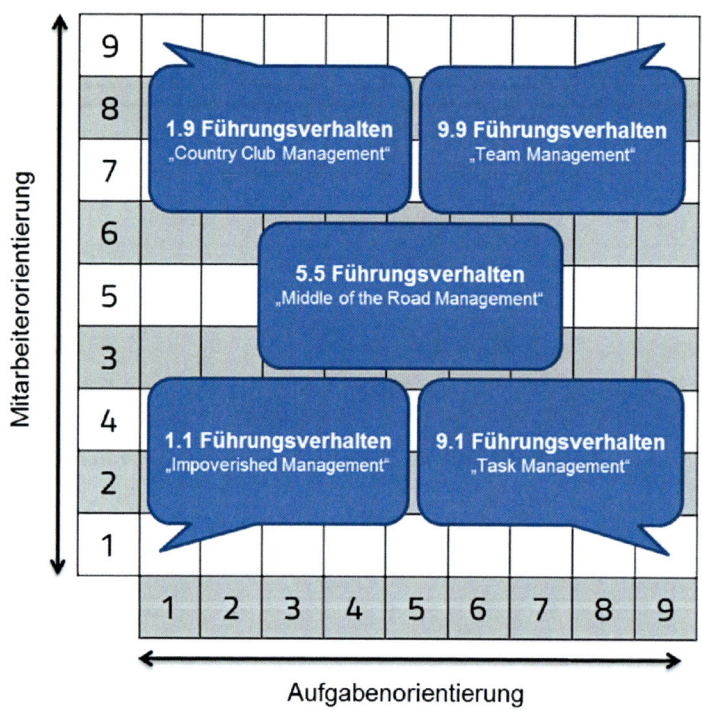

Abbildung 84 - Führungsgitter nach Blake & Mouton

- (1.1) Der Projektleiter kümmert sich weder um die Arbeitsleistung der Mitarbeiter, noch um die Zufriedenheit der Mitarbeiter, was zu minimaler Anstrengung bezüglich der zu erledigenden Aufgaben führt.
- (1.9) Der fehlende Leistungsdruck und die Betonung der Mitarbeiterinteressen führen zu einem gemächlichen Arbeitstempo und angenehmen Betriebsklima. Die Produktivität wird allerdings vernachlässigt.
- (5.5) Kompromissorientiertes Führungsverhalten des Projektleiters, das für ein Gleichgewicht zwischen der Notwendigkeit die Arbeit zu tun und einer angenehmen Arbeitsatmosphäre sorgt.

---

[241] vgl. Patzak/ Rattay (2009) Seite 380ff

- (9.1) Bei diesem Verhalten werden die Belange der Mitarbeiter übergangen. Das Ergebnis wird in den Vordergrund gestellt. Einfluss persönlicher Faktoren wird auf ein Minimum beschränkt (autoritärer Führungsstil, entspricht eher Theorie X)
- (9.9) Bestmögliche Kombination, bei der höchste Arbeitsleistung im Sinne des Projektzieles von engagierten Mitarbeitern erbracht wird (entspricht eher Theorie Y).

Die Einordnung des eigenen Führungsverhaltens in das Verhaltensgitter kann jedoch nur ein Anhaltspunkt sein, wo evtl. eine Änderung im persönlichen Führungsverhalten stattfinden sollte.

7.6.5 Situative Führung

Hersey und Blanchard charakterisieren den Führungsstil nach Art und Umfang der Unterstützung, die ein Projektleiter seinen Mitarbeitern gibt. Sie unterscheiden, ähnlich wie Blake und Mouton in ihrem Verhaltensgitter, in aufgabenorientiertes und beziehungsorientiertes Führungsverhalten. Basis des Führungsverhaltens ist der individuelle Reifegrad des Mitarbeiters (1 - 4).

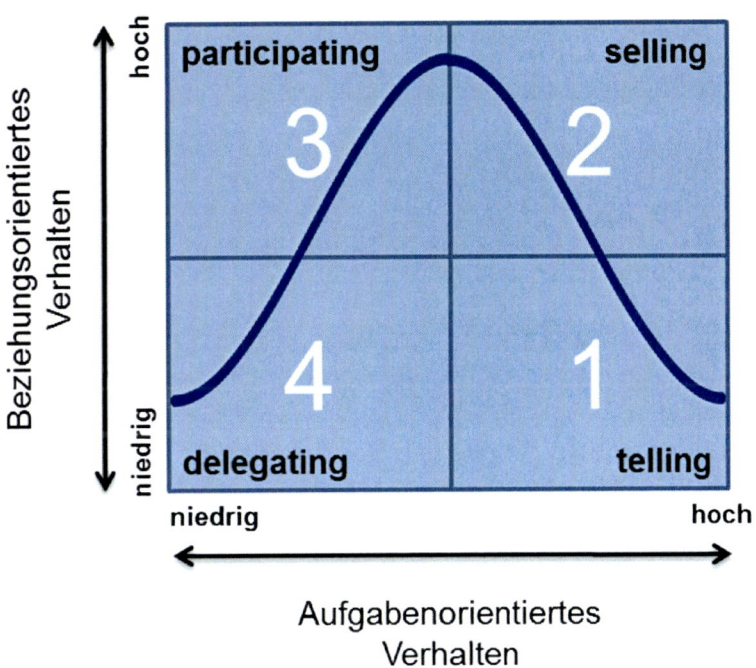

Abbildung 85 - Situative Führung (Hersey & Blanchard)

- (1) **telling** (erklären) – hoher Aufgabenfokus, niedriger Beziehungsfokus. Der Projektleiter definiert die Rollen und Aufgaben und überwacht seine Mitarbeiter. Entscheidungen werden vom PL getroffen, Kommunikation ist eher einseitig.
- (2) **selling** (verkaufen) – hoher Aufgabenfokus, hoher Beziehungsfokus. Der Projektleiter definiert nach wie vor die Rollen und Aufgaben, hört sich aber Ideen und Vorschläge an. Entscheidungen verbleiben beim PL, Kommunikation ist wechselseitig.
- (3) **participating** (teilnehmen) – niedriger Aufgabenfokus, hoher Beziehungsfokus. Der Projektleiter leitet täglich Aufgaben an seine Mitarbeiter weiter. Er nimmt am Entscheidungsprozess teil, die Kontrolle und Steuerung der Aufgaben liegt aber bei den Teammitgliedern.
- (4) **delegating** (delegieren) – niedriger Aufgabenfokus, niedriger Beziehungsfokus. Der Projektleiter wird nur noch in Entscheidungsfindung und Problemlösung einbezogen, die

Kontrolle und Steuerung der Aufgaben sowie die Entscheidung wann und zu welchem Thema der PL einbezogen wird, liegt bei den Teammitgliedern.

Der Führungsstil des Projektleiters passt sich situativ dem Mitarbeiter an, je nachdem auf welchem Entwicklungslevel sich der Mitarbeiter, bezogen auf die o.a. Matrix, befindet. Es gibt also keinen Führungsstil, der immer passend wäre.[242]

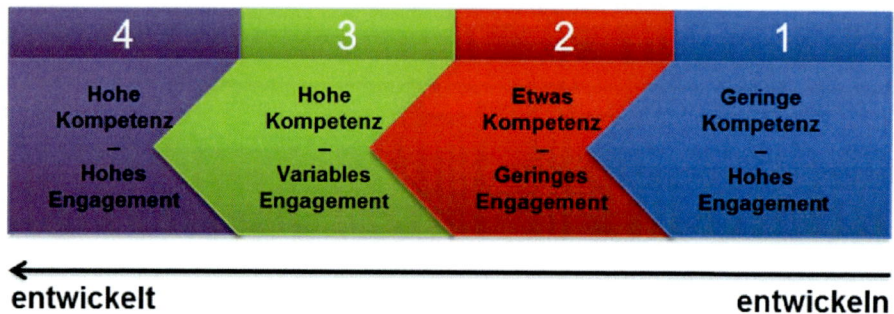

Abbildung 86 - Reifegrad der Mitarbeiter

Wie die Führungsstile sind auch die Entwicklungslevel der Mitarbeiter situationsbezogen.

(1) **Enthusiastic Beginner**
Geringe Kompetenz – Hohes Engagement: es mangelt an ausreichenden Fähigkeiten, die für die Aufgabe erforderlich sind, hat aber die Motivation die Aufgabe trotzdem anzupacken.

(2) **Disillousioned Learner**
Etwas Kompetenz – Geringes Engagement: hat relevante Fähigkeiten für die Aufgabe, kann die Aufgabe aber nicht ohne Hilfe erledigen.

(3) **Capable but cautious Contributor**
Hohe Kompetenz – Variables Engagement: erfahren und fähig, möglicherweise fehlt das Vertrauen, Arbeiten selbstständig zu übernehmen oder fehlende Motivation, Aufgaben gründlich zu erledigen.

(4) **Self-reliant Achiever**
Hohe Kompetenz – Hohes Engagement: erfahrener Experte und überzeugt „einen guten Job" zu machen. Höhere Fachexpertise als der Projektleiter.

Durch die Anpassung des Führungsstils an den Reifegrad des Mitarbeiters sorgt der Projektleiter dafür, dass zum einen die Aufgaben erledigt werden und zum anderen, sich der Mitarbeiter weiterentwickeln kann.[243]

7.6.6 Führungsvoraussetzungen

Einem Projektleiter wird viel abverlangt. Er soll in hohem Maß aufgaben- und mitarbeiterbezogen sein, möglichst die Palette der Führungsstile beherrschen und situativ führen, Organisationstalent haben, emotional stabil sein, stresstolerant, verantwortungsbewusst sowie ethisch, ehrlich und vertrauensvoll handeln. Diese Führungsvoraussetzungen sind zugleich die Erfolgskriterien des Projektleiters. [244]

---

[242] vgl. Kerzner (2008), Seite 218f; GPM/ SPM/ Gessler (Hrsg.) (2011), Seite 795ff
[243] vgl. 12manage B.V. (20146), www.12manage.com/methods_blanchard_situational_leadership_de.html, abgerufen am 0421.051.20161; Blanchard (2010), Seite 78ff
[244] vgl. Kerzner (2008), Seite 152ff; Patzak/ Rattay (2009), Seite 34f; Diekow/ Schröder (2006), Seite 34f

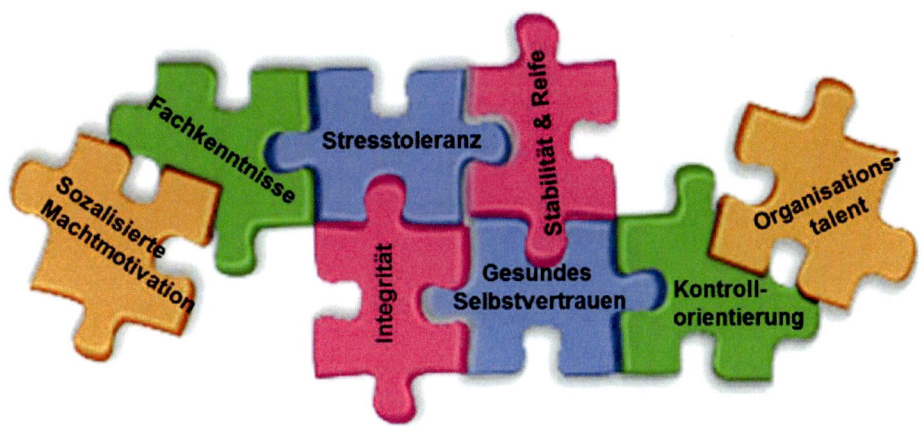

Abbildung 87 - Führungseigenschaften

Die Erfahrung zeigt, dass es wesentlich leichter ist, fachliche Experten für ein Projekt zu engagieren, als alle o.g. Eigenschaften vereint in der Person des Projektleiters zu finden. Daher empfiehlt sich im Einzelfall eine Teilung der Führungsaufgaben innerhalb des Projektteams.

Hinzu kommen noch unterschiedliche Führungsrollen, die der Projektleiter einnehmen soll, um je nach Situation und beteiligten Personen die höchste Effektivität bei der Aufgabenbewältigung zu erreichen. Jede Führungsrolle besteht aus drei Elementen

> ➤ der Rollenerwartung (das tatsächlich erwartete Verhalten)
> ➤ der Rollenwahrnehmung (die Wahrnehmung der Rolle durch den Rollenträger)
> ➤ die gesendete Rolle (die reale Durchführung der Rolle)

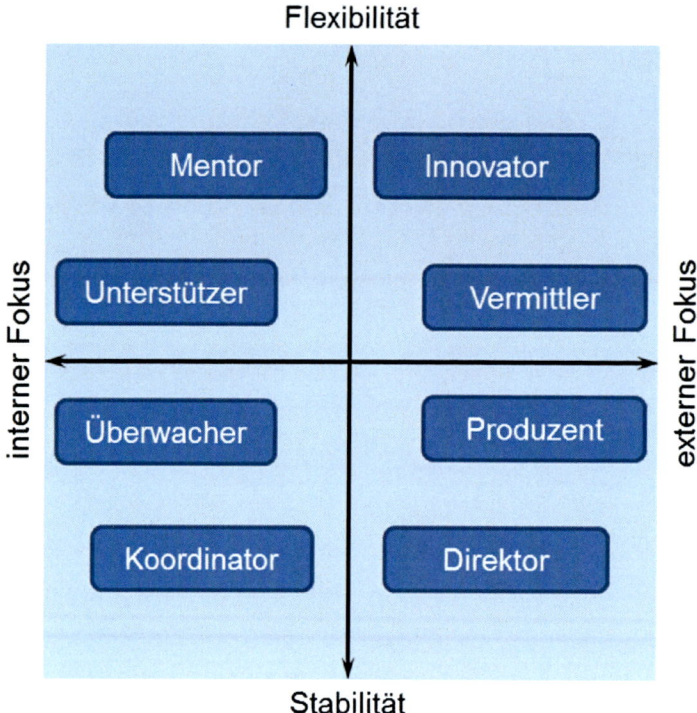

Abbildung 88 - Führungsrollen (Rollenmodell nach Quinn)

R. Quinn hat in seinem Modell acht Führungsrollen integriert, die in zwei Dimensionen - Flexibilität/ Stabilität und externer/ interner Fokus - angeordnet sind. Er argumentiert, dass wirkungsvolle Projektmanager die Fähigkeit haben, verschiedene Führungsrollen einzunehmen. Die acht Führungsrollen schließen sich nicht aus, treten aber in Konkurrenz zueinander. Wichtig für den Projektleiter ist hierbei die Erkenntnis, dass all diese Rollen gefordert sind, aber nicht zwangsweise alle auf den Projektleiter entfallen, sondern durchaus im Team verteilt werden können.[245]

Von Vorteil für den Projektleiter wäre es, wenn er um die Arbeitspräferenzen seiner Teammitglieder wüsste (siehe Kapitel 7.3.4 Team Management System nach Margerison/ McCann). Damit hätte er auch ohne lange gemeinsame Arbeitserfahrung einen Hinweis, wie und in welcher Rolle die Mitarbeiter gezielt geführt werden könnten.

7.6.7 Hintergrund

> **Robert Blake** (1918 – 2004) und **Jane Mouton** (1930 – 1978)
> US-amerikanische Psychologen. Stellten 1964 ihr Modell „Managerial Grid" vor. Die beiden Achsen des Modells repräsentieren die Orientierung der Führungskraft an der Aufgabe und/oder an den Mitarbeitern. Eine Herleitung des Führungsstils ergibt sich aus der Kombination der beiden Dimensionen.
> **Paul Hersey** (1926) und **Kenneth Blanchard** (1939)
> Entwickelten in den siebziger Jahren ihr Modell des „Situational Leadership". Dieses Reifegradmodell repräsentiert den situativen Ansatz in der Führungsforschung. Das Grundprinzip dieses Führungsstiles beruht auf der Annahme, dass jeder Mitarbeiter nach seinem Reifegrad geführt werden muss, um seine Potenziale für das Unternehmen freizusetzen. Die Führungskraft passt ihren Führungsstil im Idealfall innerhalb ihrer Grenzen und ihrer eigenen Persönlichkeit weitgehend an den Bedarf des Mitarbeiters an.

---

[245] vgl. 12manage B.V. (201~~6~~64), www.12manage.com/methods_quinn_competing_values_framework_de.html, abgerufen am ~~05.01.2011~~04.05.2016

➢ **Joseph Luft** und **Harry Ingham** (Geburtsdaten unbekannt)
Amerikanische Sozialpsychologen entwickelten 1955 ein grafisches Modell das Selbst- und Fremdwahrnehmung abbildet und zeigt, dass es Bereiche des Verhaltens gibt, in denen anderen unbeabsichtigt Mitteilungen über die eigene Person gemacht werden, während große Bereiche der eigenen Wahrnehmung verborgen bleiben. Das aus ihren Vornamen zusammengesetzte JoHari -Fenster besteht aus vier Quadranten –

  o Öffentlich - Verhaltensanteile eines Menschen, die ihm bewusst sind (z.B. Einstellungen, Meinungen, Gefühle, Motivationen, Tatsachen) und die auch für die anderen wahrnehmbar sind.

  o Geheim - Teile des bewussten Selbst, die vor anderen verborgen werden sollen (z.B. Meinungen, Einstellungen oder Gefühle).

  o Blinder Fleck -Teile einer Person (Vorurteile, Führungsstil etc.), die ihr selbst nicht bewusst sind, aber für andere sichtbar sind (z.B. über Kleidung, Stimme, Auftreten).

  o Unbekannt - Teile einer Person, die weder ihr noch anderen bekannt oder bewusst sind (z.B. Bedürfnisse, Begabungen, Verdrängtes, Vergessenes, Eigenheiten). Dennoch scheint es (möglicherweise) zu existieren.

7.6.8 Querverweise

Projektmanagementerfolg, Interessierte Parteien, Risiken und Chancen, Projektorganisation, Teamarbeit, Projektstrukturen, Überwachung und Steuerung, Berichtswesen, Engagement und Motivation, Ergebnisorientierung, Verhandlungen, Konflikte und Krisen, Ethik

7.7 Konflikte und Verhandlung

7.7.1 Konflikte

Konflikte in Projekten sind „gelebter Alltag", sie sind Teil menschlicher Zusammenarbeit. Meist entstehen sie dadurch, dass unterschiedliche Erwartungen aufeinander treffen. In den meisten Fällen befürchten die am Konflikt Beteiligten, Nachteile in Kauf nehmen zu müssen. Diese befürchteten Nachteile können in verschiedenen Bereichen ursächlich für Konflikte sein. In der folgenden Abbildung sind die möglichen Ursachen und ihre Wechselwirkungen aufgezeigt.[246]

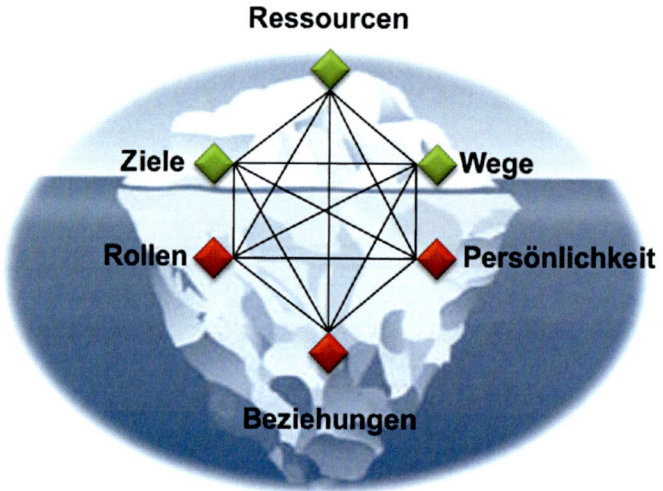

Abbildung 89 - Konfliktursachen

Als Projektleiter ist es nicht einfach, Konflikte zu erkennen, da sie meist nicht offen ausgetragen werden. Mit einer Ausnahme - wir sind ein Teil des Konfliktes. Wir stellen üblicherweise die Auswirkungen (sinkende Arbeitsleistung, Informationen werden nicht weitergegeben) bzw. die Symptome (Rückzug auf formale Kommunikation, Überziehen von Pausenzeiten) fest. Wenn die emotionale Ebene (Beziehungsebene) stimmt, lassen sich die meisten Konflikte auf der Sachebene (Ziele, Wege, Ressourcen) lösen. Schwierig wird es, wenn persönliche Rollen- oder Beziehungskonflikte die anderen Konfliktursachen überdecken bzw. negativ beeinflussen und dadurch möglicherweise zu einer Gefahr für den Projekterfolg werden.[247]

> **„Dass man mit der Umwelt und besonders seinen Mitmenschen im Konflikt leben kann, dürfte wohl niemand bezweifeln."**
> *Paul Watzlawick (1921 - 2007), u.a. Kommunikationswissenschaftler, Psychotherapeut und Autor*

Konflikte müssen nicht zwingend einen destruktiven Charakter haben, sie können auch durchaus positiv wirken. Sie sind dann Indikator für notwendige Veränderungen, können Chancen aufdecken, bereinigen unangenehme Situationen und ermöglichen gemeinsame Lösungen.[248]

Erfolgt bei destruktiven Konflikten keine Lösung, verursachen sie sinkende Produktivität, hohe Kosten und möglicherweise krankheitsbedingte Ausfälle von Mitarbeitern. Konflikte durchlaufen eine Art Evolution. Je weiter diese fortschreitet, desto unmöglicher wird ihre Lösung. In Anleh-

---

[246] vgl. Gugel (2010), Seite 34
[247] vgl. GPM/ SPM/ Gessler (Hrsg.) (2011), Seite 1004ff
[248] vgl. Diekow/ Schröder (2008), Seite 205ff

nung an das 9-Stufen-Modell von Glasl, lässt sich diese Konflikteskalation anschaulich beschreiben[249].

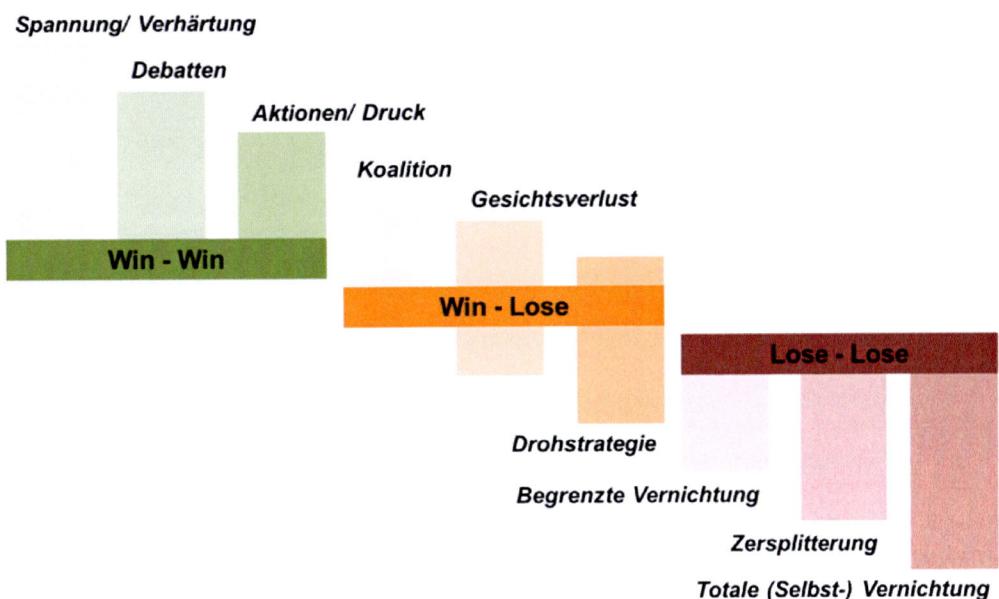

Abbildung 90 - Eskalationsstufen (F. Glasl)

Wie der Abbildung zu entnehmen ist, lässt sich das Modell in drei Ebenen gliedern. In der ersten Ebene können beide Konfliktparteien noch gewinnen (Win-Win-Situation), in der zweiten gewinnt nur noch eine Partei (Win-Lose-Situation) und in der dritten verlieren letztendlich beide (Lose-Lose-Situation). Die einzelnen Stufen stellen sich folgendermaßen dar:[250]

Win-Win

1. Spannung/ Verhärtung

   Konflikte beginnen mit Meinungsverschiedenheiten und sich verhärtenden Standpunkten. Bei beiden Parteien besteht die Auffassung, dass die Situation durch Gespräche entspannt werden kann.

2. Debatten

   Beide Parteien überlegen sich Strategien, um den jeweils anderen mit Argumenten zu überzeugen. Es findet allerdings eine Polarisation auf der emotionalen Ebene statt. Streit ist möglich. Dennoch besteht bei beiden Parteien die Auffassung, das Problem mittels Kommunikation lösen zu können.

3. Aktionen

   Die Konfliktparteien erhöhen den Druck aufeinander, um ihre Meinung, ihre Anforderung durchzusetzen. Gespräche werden abgebrochen, die Überzeugung, dass Reden nicht mehr ausreicht, gewinnt allmählich die Oberhand. Die bis zu diesem Zeitpunkt eventuell noch vorhandene Empathie mit der Gegenseite löst sich auf. Die Gefahr von Fehlinterpretationen wächst. Der Konflikt verschärft sich, eine dritte, neutrale Person zur Konfliktlösung kann hier bereits sinnvoll sein.

Win-Lose

4. Koalition

---

[249] vgl. Glasl (1990) in: Kreyenberg (2005), Seite 88ff
[250] vgl. Kreyenberg (2005), Seite 90ff

Aufbau von Feindbildern, die im Wesentlichen aus Klischees bestehen. Es werden Sympathisanten gesucht und als mögliche Koalitionspartner hofiert. Die Sachebene wird aus den Augen verloren, Ziel ist es jetzt, den Konflikt zu gewinnen.

5. Gesichtsverlust

Auf dieser Stufe kommt es zu direkten und in den meisten Fällen öffentlich ausgeführten Angriffen auf die andere Konfliktpartei. Der Vertrauensverlust auf beiden Seiten ist vollständig. Es kommt zum Gesichtsverlust im Sinne des Verlustes der moralischen Glaubwürdigkeit.

6. Drohstrategie

Die Eskalation wird durch beiderseitige Drohungen und das Setzen von Ultimaten weiter beschleunigt. Die Macht der Beteiligten manifestiert sich in der Höhe der angedrohten Sanktionen und dem darin enthaltenen Schädigungspotenzial für den jeweiligen Gegner. Die Mittel (Drohung und Ultimatum) stellen den Versuch dar, die Eskalation zu kontrollieren.

Lose-Lose

7. Begrenzte Vernichtung

Der Gegner wird nicht mehr als Mensch wahrgenommen. So lange der Gegner getroffen wird, werden bei begrenzten Vernichtungsschlägen auch eigene Verluste als Gewinn angesehen.

8. Zersplitterung

Jedes Mittel, das zur Zerstörung und Auflösung des Gegners dient, erscheint den Konfliktparteien als legitim.

9. Totale (Selbst-)Vernichtung

Die Chance eines „Last Exit" wurde vertan, es gibt keinen Weg zurück. Es geht nur noch darum, bei der Vernichtung des Gegners den eigenen Schaden so gering wie möglich zu halten.

Bei einem eskalierten Konflikt haben die Konfliktparteien keinerlei Möglichkeit mehr, die negativen Vorzeichen ihrer Werturteile und Emotionen zu kontrollieren und zu beeinflussen. Daraus folgt, dass zur Prävention von Konflikten und bei der Deeskalation von Konflikten die Beziehungsebene positiv zu gestalten ist. Insbesondere durch kooperatives Verhalten, werden wechselseitig positive Werturteile und Emotionen gefördert.

7.7.2 Handlungsstrategien im Konfliktfall

In Konfliktsituationen können fünf grundlegende Konfliktstile, die im Konfliktfall als Handlungsstrategien wirken, festgestellt werden[251]:

1) **Vermeiden bzw. verdrängen** einer Auseinandersetzung,
2) **Nachgeben** gegenüber dem Gegner,
3) **Durchsetzen** der eigenen Ziele,
4) Erarbeiten einer **gemeinsamen Lösung (win-win)**,
5) Entwickeln eines **Kompromisses**.

---

[251] vgl. GPM/ SPM/ Gessler (Hrsg.) (2011), Seite 1014ff

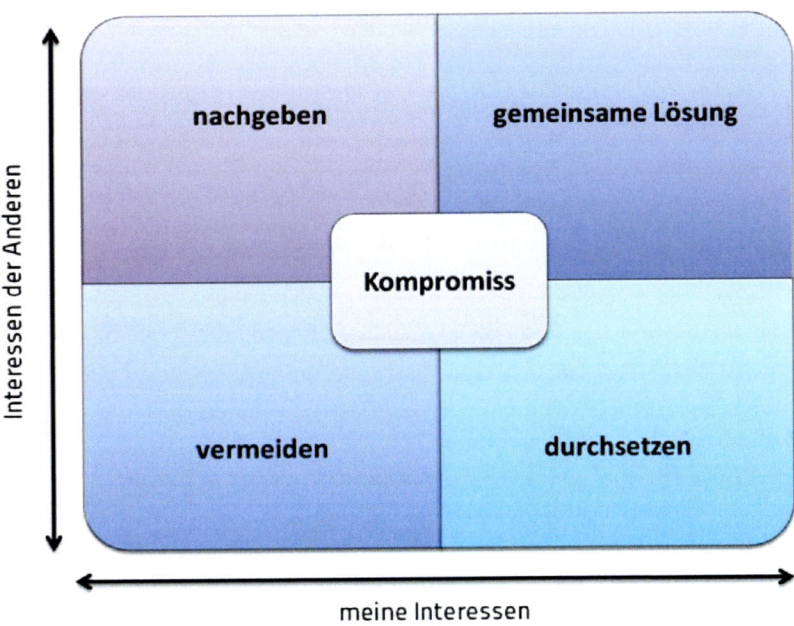

Abbildung 91 - Übersicht Konfliktstile

Die folgende Tabelle zeigt eine Übersicht der Konfliktstile, der dahinterstehenden persönlichen Haltung und einiger Vor- bzw. Nachteile.

Konfliktstil	Haltung	Vor- bzw. Nachteil
vermeiden/ fliehen	„Nichts wie weg"	☒ verschärfter Folgekonflikt
nachgeben/ unterwerfen	Aufgabe der eigenen Bedürfnisse	☑ unbedeutender Konfliktgegenstand ☑ zur Schadensbegrenzung ☒ führt zu Folgekonflikten
durchsetzen/ konkurrieren	„Sieg oder Niederlage"	☑ zum Durchbrechen von Stillstand ☑ für schnelle Entscheidungen ☒ Eskalationsgefahr
Kompromiss/ feilschen	„Jedem begegnete man zweimal"	☑ vorläufige Lösung für Nachverhandlung ☑ gut für Zwischenlösungen unter Zeitdruck ☒ „Faule" Kompromisse ☒ Kein positiver Start für langfristig tragfähige Beziehungen
gemeinsame Lösung/ integrieren	„Sich auseinander setzen, um sich zusammenzusetzen"	☑ Engagement und Mitverantwortung bei den Beteiligten ☑ langfristige nachhaltige Lösung ☒ Lösungsfindung dauert lange

Tabelle 54 - Konfliktverhaltensweisen[252]

Die Wahl des Konfliktstiles ist auch davon abhängig, mit wem der Konflikt besteht - mit dem Vorgesetzten, mit unterstellten Mitarbeitern oder mit hierarchisch gleichgestellten Kollegen.

Als Beispiel für die Handlungsstrategie „Erarbeiten einer gemeinsamen Lösung" werden im Folgenden der Prozess zur kooperativen Konfliktlösung und das Harvard-Konzept beschrieben.

---

[252] vgl. Kreyenberg (2005), Seite 125ff

7.7.3 Kooperative Konfliktlösung als Handlungsstrategie

Abbildung 92 - Phasen kooperativer Konfliktlösung

> **Eröffnung**
>
> Information über Konflikt, Motivation der Beteiligten zu einer Lösung, Erläuterung der Vorgehensweise und Regeln der Moderation

> **Positionen darstellen**
>
> unterschiedliche Sichtweisen werden gesammelt, Positionen werden dargestellt

> **Hintergründe klären**
>
> Befürchtungen werden geäußert, Bedürfnisse aufgedeckt, der Konflikt wird in sachliche und soziale Komponenten zerlegt, eine gemeinsame Beschreibung des Ist-Zustands wird von den Beteiligten erarbeitet

> **Kreative Lösungen entwickeln**
>
> alternative Zielzustände werden erarbeitet, Handlungsspielräume dargestellt, ein für alle akzeptabler Zielzustand (Soll-Zustand) wird beschrieben

> **Ergebnis sichern**
>
> Konsequenzen für die Beteiligten werden aufgezeigt, verbindliche Verhaltensregeln werden aufgestellt, wer macht was bis wann wird festgelegt, Ergebnis wird rechtssicher formuliert (vollständig, verständlich, zielgerichtet)[253]

7.7.4 Das Harvard-Konzept

Das **Harvard-Konzept** ist ein wichtiger Baustein bei lösungsorientierten Verhandlungen. Es erlaubt auch bei schwierigen Verhandlungen noch ein positives Verhandlungsergebnis zu erzielen. Ziel des Harvard-Prinzips ist es, Sach- und Beziehungsebene zu trennen, Interessen zu erkennen und auszugleichen und Entscheidungsalternativen unter Verwendung neutraler Beurteilungskriterien zu suchen, um so einen Gewinn für alle Beteiligten zu schaffen.

Bei Verhandlungen im Alltag streben wir in möglichst kurzer Zeit tragfähige Lösungen an. Bereits Kinder verhandeln und möchten ihr persönliches Ziel rasch verwirklichen. Die Tochter wünscht z.B. mehr Taschengeld, Ehepaare verhandeln, wenn unterschiedliche Vorstellungen über den Ferienort bestehen. Dabei fällt es in der Praxis oft schwer, die persönliche Ebene von der Sachebene zu trennen.

Um eine Win-Win-Situation zu erreichen bzw. eine Lösung anzustreben, bei der beide Seiten das Gesicht wahren können, bietet sich das sachbezogene Verhandeln an. Ein herausragendes

---

[253] vgl. GPM/ SPM/ Gessler (Hrsg.) (2011), Seite 1021

und ergebnisorientiertes Modell ist das bereits eingangs erwähnte Harvard-Konzept. Dieses Konzept unterscheidet bewusst zwischen zwei Kommunikations-Ebenen, nämlich der des Sachinhaltes (also der zu verhandelnden Übereinkunft an sich) und jener der Verhandlungsführung (der Meta-Ebene) und stellt so das zu erzielende Ergebnis (Sachinhalt) über die persönlichen Befindlichkeiten, behält aber den größtmöglichen beiderseitigen Nutzen im Vordergrund.[254]

Die vier wesentlichen Verhandlungskriterien für eine Übereinkunft im Win-Win-Kontext sind dabei

> ➢ die rationale und emotionale Ebene getrennt behandeln
> ➢ sich auf Interessen und nicht auf Positionen konzentrieren
> ➢ auf objektive Beurteilungskriterien bestehen
> ➢ Entscheidungsoptionen entwickeln

Das fünfte Kriterium - Fairness im Umgang miteinander und im Ergebnis der Einigung - wird in den meisten Fällen implizit beachtet. Die Verhandlungsparteien sind mit dem Ergebnis zufrieden (Win-Win) bzw. die Lösung leuchtet beiden Seiten sofort ein.[255]

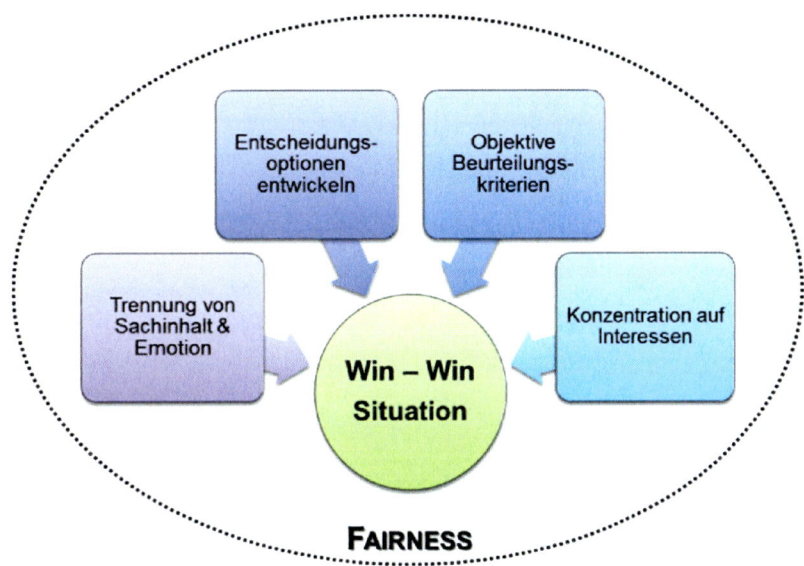

Abbildung 93 - Die fünf Verhandlungskriterien des Harvard-Konzeptes

Trennung von Sachinhalt und Emotion

Menschen und deren Interessen werden getrennt vom Sachproblem. Ein Partner wird also zunächst respektiert und nicht aufgrund seiner Haltung oder Forderung kritisiert. Da die Beziehungsebene die Sachebene tragen muss, sollten Verhandlungspartner die auf der Beziehungsebene ausgesendeten Signale wahrnehmen und darauf reagieren (siehe auch Kapitel 7.4.3 Kommunikationsmodelle). Wichtig für die Beziehungsebene ist es, das Selbstkonzept des anderen zu respektieren, man könnte auch sagen sein Konstrukt der Realität. Dieser Respekt dem Verhandlungspartner gegenüber bedeutet nicht, in der Sache nachzugeben – eine Empfehlung lautet: *„Seien Sie hart in der Sache, aber sanft zu den beteiligten Menschen."*[256]

Sich auf Interessen und nicht auf Positionen konzentrieren

---

[254] vgl. Fisher/ Ury/ Patton (2006), Seite 25ff
[255] vgl. GPM/ SPM/ Gessler (Hrsg.) (2011), Seite 977
[256] Fisher/ Ury/ Patton (2006), Seite 88

Häufig liegen hinter unvereinbaren Positionen persönliche Interessen und Bedürfnisse, die eine Lösung zum Vorteil beider Verhandlungspartner ermöglichen. Das Interesse und die Bedürfnisse beziehen sich auf den Nutzen, den die Verhandlungspartner aus dem Ergebnis der Verhandlung ziehen. Die Position hingegen ist die Aussage, wie der jeweilige Verhandlungspartner unter bestimmten Bedingungen handeln wird. Sie drückt eine bereits getroffene Entscheidung aus. Interessen und Bedürfnisse sind die Beweggründe hinter der Position. Es ist das, was sich eine Partei wünscht oder was sie unbedingt vermeiden will. Werden die Bedürfnisse dargestellt bzw. lassen sich diese herausfinden, so sind gegebenenfalls Lösungen möglich, die über einen einfachen Kompromiss hinausgehen. Hilfreich bei der Ermittlung von Interessen und den dahinterliegenden Bedürfnissen ist aktives Zuhören und, wo möglich, das Sammeln von Informationen im Vorfeld der Verhandlung.[257]

Auf objektive Beurteilungskriterien bestehen

Verhandlungspartner sollten zunächst – statt um Positionen zu ringen – darüber verhandeln, welche Kriterien für den Verhandlungsprozess und die Verhandlungsergebnisse als fair zu bezeichnen wären. Faire und objektive Kriterien, wie allgemeingültige Normen, Werte oder Gesetze sind eine solide Entscheidungsgrundlage, da sie unabhängig von den subjektiven Interessen der Konfliktparteien sind und den Weg für die Lösung anbahnen. Ein objektives Bewertungskriterium kann beispielsweise der Marktwert sein oder die entstehenden Kosten. Hilfreich sind die Kriterien, die von beiden Seiten als fair empfunden werden. Bei einer Einigung würden die Verhandlungspartner sich nicht dem anderen, sondern den vereinbarten Kriterien beugen.

Entscheidungsoptionen entwickeln

Gemäß diesem Prinzip fokussieren die Verhandlungspartner nicht darauf, einen gegebenen Kuchen aufzuteilen. Stattdessen entwickeln sie gemeinsam möglichst viele Ideen, wie der Kuchen vergrößert werden kann. Erst damit entstehen neue Dimensionen bei Entscheidungsoptionen bzw. Auswahlmöglichkeiten. In vielen Fällen lassen sich Lösungen finden, die für beide Partner vorteilhafter sind als ein Kompromiss. Beim Suchen von Optionen, die im Idealfall beiden Seiten den größtmöglichen Nutzen bringen, ist Kreativität gefragt.[258]

Ziel ist eine Übereinkunft, die folgenden Anforderungen genügt:

> ➢ die guten Beziehungen der Parteien bleiben erhalten
> ➢ beide Seiten nehmen mit was sie brauchen - oder, wenn beide das gleiche brauchen, fair teilen (bspw. nach dem „Einer-teilt-einer-wählt"-Prinzip)
> ➢ es wird zeiteffizient verhandelt (da nicht an Positionen festgehalten wird)

---

[257] vgl. GPM/ SPM/ Gessler (Hrsg.) (2011), Seite 970ff
[258] vgl. GPM/ SPM/ Gessler (Hrsg.) (2011), Seite 973ff

Abbildung 94 - Entscheidungsoptionen entwickeln

Ein weiteres Element des Konzeptes rät von schlechten Übereinkünften ab und empfiehlt bereits in Vorbereitung der Verhandlung, einen Vergleich der „besten Alternative" außerhalb einer Einigung mit einer „schlechten Übereinkunft" zu ziehen und so dem Zwang zu entgehen, in jedem Fall eine Einigung erzielen zu müssen (**BATNA** - best alternative to a negotiated agreement).[259]

> Nicht-Verhandeln als attraktivere Alternative zum Verhandeln: Einschätzen der Erfolgswahrscheinlichkeit des Verhandelns
> Einschätzen, ob der Verhandlungspartner alternative Positionen einnehmen/ alternative Handlungen ausführen darf und will

7.7.5 Krisen

Eine Krise im klassischen Sinn *„bezeichnet eine über einen gewissen (längeren) Zeitraum anhaltende massive Störung des gesellschaftlichen, politischen oder wirtschaftlichen Systems."*[260]

Bezogen auf ein Projekt stellen Krisen eine besondere Form des Konflikts dar und sind nichts anderes als extreme Projektsituationen, bei denen sich Beteiligte und/ oder Betroffene in einem Gefühl der Ausweglosigkeit befinden, weil Krisen

> eine gravierende Abweichung vom Plan bewirken und
> als existenzbedrohend für das Projekt sowie die Projektorganisation angesehen werden.

Krisen haben immer zwei Aspekte:

> einen **sachlichen Aspekt** (der Projekterfolg ist objektiv gefährdet oder bereits realistisch nicht mehr zu erreichen) und
> einen **menschlich-persönlichen Aspekt** (Druck, Stress, Angst, Unsicherheit, empfundene Ausweglosigkeit bei den handelnden Personen)[261]

Allerdings stecken in Krisen auch Chancen auf Verbesserungen.

---

[259] vgl. Fisher/ Ury (2003), Seite 101ff
[260] bpb: Bundeszentrale für politische Bildung (2006), www.bpb.de/popup/popup_lemmata.html?guid=X0KGFG, abgerufen am 04.05.2016
[261] vgl. Motzel (2010), Seite 121

> „Krise ist ein produktiver Zustand. Man muss ihm nur den Beigeschmack der Katastrophe nehmen."
>
> *Max Frisch (1911 - 1991), Schweizer Schriftsteller und Architekt*

7.7.6 Hintergrund

➤ **Friedrich Glasl** (1941)
Politik- und Organisationswissenschaftler, Promotion zur internationalen Konfliktverhütung. Glasl ist Mitbegründer der Trigon-Entwicklungsberatung und lehrt Organisationsentwicklung an der Universität Salzburg. Anhand seines Modells der Konflikteskalation lassen sich Konflikte besser analysieren und entsprechende Reaktionen bzw. Lösungsmöglichkeiten entwickeln.

➤ **Harvard Negotiation Project**
Das HNP ist ein interdisziplinäres Forschungsprojekt, das darauf ausgelegt ist, verbesserte Methoden des Verhandelns und Vermittelns zu entwickeln. Die weltweit bekannteste Veröffentlichung ist das Harvard-Konzept.

7.7.7 Querverweise

Interessierte Parteien, Risiken und Chancen, Qualität, Ressourcen, Beschaffung und Verträge, Änderungen, Führung, Effizienz, Rechtliche Aspekte, Teamarbeit, Problemlösung, Kosten und Finanzmittel, Ethik

7.8 Ethik

Unter **Ethik** (griech. ethos = Sitte, Gewohnheit, Brauch) wird die Lehre vom richtigen Denken und Handeln des Menschen, sowie tatsächlich gültige Normen und Werte (= Moral) einer Gesellschaft und der individuellen Lebensführung verstanden. Ethik beschäftigt sich mit der Klärung der Fragen, was gutes oder böses Handeln ausmacht bzw. wie der Mensch handeln soll und wie nicht. Ethisches Verhalten ist damit die Grundlage aller gesellschaftlichen Systeme.[262]

Moral beschreibt, was Menschen gemäß dem gesellschaftlichen Konsens für richtig halten oder was sie, gemäß ihren sittlichen Grundsätzen vom richtigen Verhalten bzw. Handeln, tun. Sie ist kultur- und gesellschaftsabhängig und kann keinen Anspruch auf Allgemeingültigkeit erheben. Allerdings würde es ohne Moral keine Ethik geben, sie wäre dann ohne praktische Bedeutung.

Ergänzend steht die **Gesinnung** als sittliche Grundhaltung des Individuums. Sie gibt dem Handeln und Denken Richtung und Ziel und kann im Gegensatz zur Moral nicht kulturell vererbt werden. Gesinnung entwickelt sich in der Kindheit. Ebenfalls in diesem Lebensabschnitt bildet sich das Gewissen aus anerzogenen und selbstgewählten Kriterien, sowie aus gesammeltem Wissen. Bevor der Mensch nun eine Entscheidung trifft - wobei der Anlass dazu eine Empfindung von außen ist - wird durch die Gesinnung eine Vorauswahl an möglichen Optionen getroffen. Die Gesinnung eines Menschen ist also anhand seines Sprechens, seiner Gestik und seines Handelns erkennbar. Die Funktion der Gesinnung lässt sich gut in einem Diagramm veranschaulichen. Gesinnung verleiht der Handlung eines Menschen einen Sinn, unabhängig vom Erfolg der Handlung.[263]

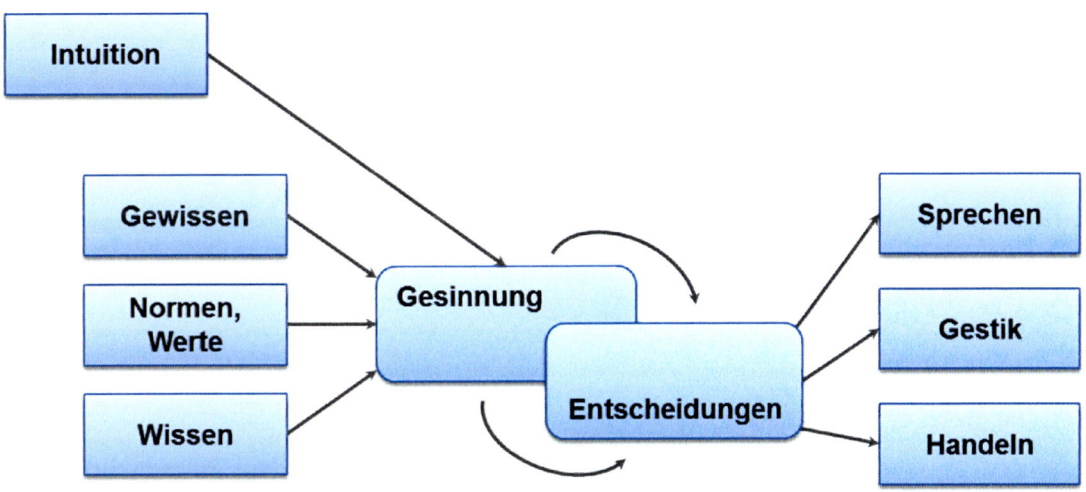

Abbildung 95 - Diagramm der Gesinnung[264]

Das Grundprinzip der Ethik lässt sich auf einen Satz, die sogenannte Goldene Regel, zurückführen.

> **„Was Du nicht willst, das man Dir tu', das füg auch keinem anderen zu.“**
> *sog. Goldene Regel, zurückzuführen u.a. auf Lukas 6, 31 und Matthäus 7, 12*

---

[262] vgl. Stiftung Weltethos (2009), www.global-ethic-now.de/index.php, abgerufen am 04.05.2016
[263] vgl. GPM/ SPM/ Gessler (Hrsg.) (2011), Seite 1098
[264] in Anlehnung an: Jähne (2001), klaus.jaehne.de/papers/verantwortungsethik/, abgerufen am 12.02.2011

Diese Regel findet sich in ähnlicher Form in nahezu jeder Weltreligion[265] wieder und ist ein Hinweis darauf, dass Ethik allgemeine, also kulturübergreifende, Maßstäbe setzt. Die erste Sammlung ethischer Grundregeln, die seit dem Mittelalter in der (abendländischen) Gesellschaft die vorherrschende Moralvorstellung prägte, waren die 10 Gebote.

7.8.1 Deskriptive und normative Ethik

Ethik lässt sich in zwei Unterdisziplinen einteilen: die deskriptive und die normative Ethik.

Die **deskriptive Ethik**, auch Moralwissenschaft, ist jener Zweig der Ethik, der die psychologischen, biologischen, sozialen und historischen Grundlagen moralischer Phänomene untersucht. Sie beschreibt die vorgefundenen Antworten und begründet Verhalten, Sitten und Werte von Kulturen und Gruppen.

Die **normative Ethik** hingegen ist zukunftsgewandt. Sie vergleicht den Ist-Zustand mit dem anzustrebenden zukünftigen Zustand. Normative Ethik reagiert auf ein tatsächliches oder vermutetes Defizit und versucht es zu beseitigen. Sie prüft und bewertet die geltende Sitte und Moral und gibt Handlungsanweisungen (→ Handlungsethik). Ein Ansatz der normativen Ethik ist auf den deutschen Philosophen Immanuel Kant zurückzuführen. Er prägte den Begriff des kategorischen Imperativs.[266]

> **„Handle nur nach derjenigen Maxime, durch die du zugleich wollen kannst, dass sie ein allgemeines Gesetz werde."**
>
> *Immanuel Kant (1724-1804), deutscher Philosoph*

Seine Annahme bestand darin, dass allein die hinter der Handlung stehenden Gedanken nur moralisch „gut" sein müssen, um die Grundlage für gutes Handeln zu sein. Dieser Hintergedanke im moralischen Zusammenhang entspricht der oben erläuterten Gesinnung (→ Gesinnungsethik).

Hans Jonas formte mit dem ökologischen Imperativ den jüngeren Ansatz der normativen Ethik.

> **„Handle so, dass die Wirkungen deiner Handlungen verträglich sind mit der Permanenz echten menschlichen Lebens auf Erden."**
>
> *Hans Jonas (1903 - 1993), deutsch-amerikanischer Philosoph*

Hier steht die Verantwortung für das Handeln hinsichtlich der Folgen im Vordergrund. Hans Jonas beschäftigte sich dabei speziell mit Themen, die langfristige und nicht ohne weiteres vorhersehbare Auswirkungen für Mensch, Gesellschaft und Natur haben (→ Folgenethik).

Zeitlich zwischen diesen beiden Ansätzen stellte der deutsche Soziologe Maximilian Weber 1919 während eines Vortrages an der Münchner Universität folgende drei Leitlinien[267] für den idealen Politiker auf

1. **Leidenschaft** im Sinne der Sache.
2. **Verantwortlichkeit** unter Beachtung des Sachanliegens.
3. **Augenmaß** als erforderliche persönliche Distanz zu Menschen und Dingen.

Maximilian Weber vertrat die Auffassung, dass eine Handlungsmotivation als verantwortlich zu charakterisieren ist, wenn in die Legitimation der Handlung, neben der Überzeugung von der

---

[265] eine Übersicht findet sich bei Wikipedia, de.wikipedia.org/wiki/Goldene_Regel und Forum Geistige Nahrung, www.geistigenahrung.org/ftopic85.html, beide abgerufen am 04.05.2016
[266] vgl. Stiftung Weltethos (2009), www.global-ethic-now.de/index.php, abgerufen am 04.05.2016
[267] vgl. Frankfurter Allgemeine Sonntagszeitung (Nr. 45), Seite 47

moralischen Korrektheit des angestrebten Ziels auch die Kalkulation und ethische Bewertung der Folgen des Handelns mit eingeht (→ Verantwortungsethik).[268]

Die drei o.a. Leitgedanken für Politiker lassen sich auch für das Handeln eines Projektmanagers zugrunde legen.

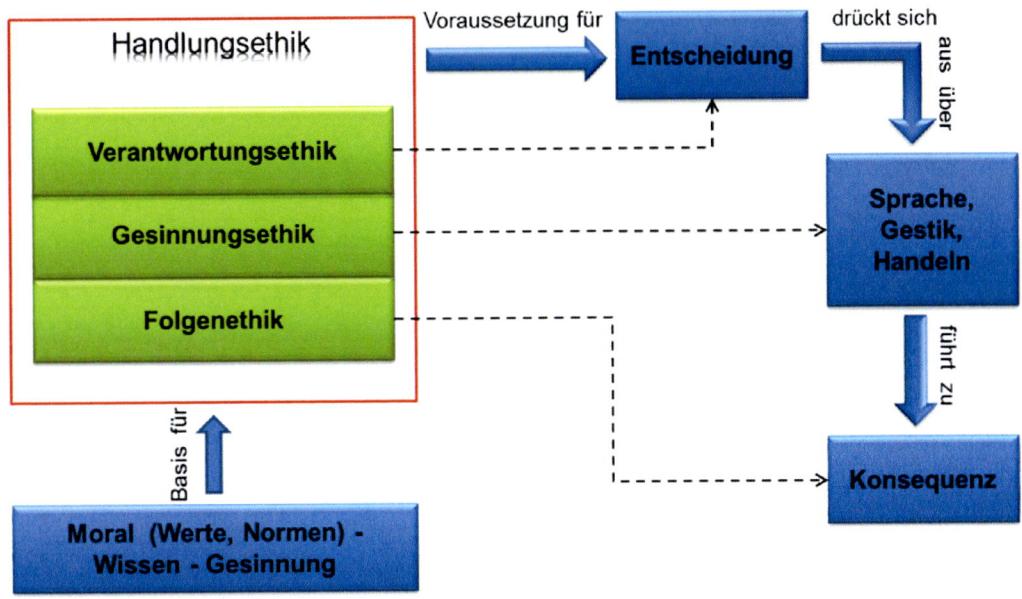

Abbildung 96 - Zusammenfassung Handlungsethik

7.8.2 Ethik und Projektmanagement

Wie im vorangegangenen Kapitel dargestellt, versucht Ethik dem Menschen Regeln als Hilfsmittel bei Entscheidungen an die Hand zu geben. Dies betrifft zunächst den Einzelnen und seine persönlichen ethischen Maßstäbe, ist aber auch Gradmesser für Berufsstände, Wirtschaftsverbände und Unternehmen.

Professionelle Verantwortung bei Projektleitern hat in den letzten Jahren immer mehr an Bedeutung gewonnen. Die IPMA trägt dieser Bedeutung in der ICB 3.0 mit der Definition von 15 PM-Verhaltenskompetenzen Rechnung. Diese Kompetenzen stellen die Anforderungen an das Verhalten eines Projektleiters dar. Eine dieser Kompetenzen ist Ethik bzw. ethisches Verhalten. Die ICB versteht darunter *„das moralisch akzeptierte Verhalten oder Benehmen von Individuen.*"[269] Grundlegende Werte wie Integrität, Loyalität und Solidarität, ein standesbezogener „Code of Ethics" oder auch ein unternehmensinterner Verhaltenskodex (Code of Conduct) bzw. Gesetze (z.B. Vorteilsnahme, Bestechlichkeit, Bestechung - §§298ff BGB und §§331ff BGB) und Normen (z.B. ISO 26000: - Leitfaden zur gesellschaftlichen Verantwortung, SA8000 - Standard für sozial verantwortliche Unternehmensführung) können dabei Basis für ethisches Verhalten sein.[270]

---

[268] vgl. Gransow (2001), www.thomasgransow.de/Grundbegriffe/Gesinnung_und_Verantwortung.htm, abgerufen am 04.05.2016
[269] GPM Deutsche Gesellschaft für Projektmanagement e.V., (NCB 3.0, 2009), Seite 132
[270] vgl. Patzak/ Rattay (2009), Seite 165f

Abbildung 97 - Ethische Leitplanken für Projektleiter

Unternehmensinterne Verhaltenskodizes sind in der Wirtschaft mittlerweile zu einem Standard erhoben worden. Global agierende Unternehmen können kaum darauf verzichten. Einige Beispiele aus verschiedenen Branchen seien hier aufgeführt

- Deutsche Telekom AG „Unseren Code of Conduct täglich umzusetzen - das ist unser Anspruch und unsere Verpflichtung zugleich!"[271]
- RWE AG „RWE Verhaltenskodex"[272]
- BASF SE „Verhaltenskodex - Compliance Programm der BASF Gruppe"[273]
- BMW AG „Verhaltenskodex - COMPLIANCE. DRIVING THE RIGHT WAY."[274]

Für den Berufsstand des Projektmanagers hat die GPM einen Ethik-Kodex entwickelt, der von Projektmanagern, und im erweiterten Sinn von allen im Projektmanagement tätigen Personen fordert, ihre Handlungen und Entscheidungen an den Grundwerten Verantwortung, Kompetenz und Integrität auszurichten.[275]

Einen solchen Berufskodex findet man auch beim Project Management Institute. PMI hat für alle, die in einem Projekt arbeiten, Ethikrichtlinien und Maßstäbe für professionelles Verhalten (PMI`s Code of Ethics and Professional Conduct) aufgestellt und als verbindlich erklärt. Dieser Kodex enthält lt. PMI die „vier wichtigsten Wertvorstellungen des Projektmanagements" - Verantwortlichkeit, Respekt, Fairness und Ehrlichkeit.[276]

GPM	(Auszug)	PMI	(Auszug)

---

[271] Deutsche Telekom AG, www.telekom.com/code-of-conduct, abgerufen am 04.05.2016
[272] RWE AG, http://www.rwe.com/web/cms/de/109932/rwe/investor-relations/governance/rwe-verhaltenskodex/, abgerufen am 04.05.2016
[273] BASF SE, www.basf.com/de/company/about-us/management/code-of-conduct.html, abgerufen am 04.05.2016
[274] BMW AG, www.bmwgroup.com/content/dam/bmw-group-websites/bmwgroup_com/company/downloads/de/2015/BMW_Group_LCC_DE.pdf, abgerufen am 04.05.2016
[275] vgl. GPM Deutsche Gesellschaft für Projektmanagement e.V., www.gpm-ipma.de/fileadmin/user_upload/ueber-uns/Ethik-Kodex_der_GPM_deu.pdf, abgerufen am 04.05.2016
[276] vgl. Kerzner (2008), Seite 324ff; vgl. Project Management Institute, Inc. (2016), www.pmi.org/en/About-Us/Ethics/Code-of-Ethics.aspx, abgerufen am 04.05.2016

Verantwortung	Jeder Projektmanager räumt dem Gemeinwohl, sowie der Gesundheit und Sicherheit jedes einzelnen Menschen hohe Priorität ein.	**Verantwortlichkeit**	Bei von uns zu treffenden Entscheidungen und unseren Handlungen haben wir das Beste für die Gesellschaft, die öffentliche Sicherheit und die Umwelt im Sinn. Wir akzeptieren nur Aufgaben, für die wir qualifiziert und entsprechend unserer Herkunft, Erfahrung und Fertigkeiten geeignet sind. Wir schützen urheberrechtlich geschützte oder vertrauliche Informationen, die uns anvertraut worden sind.
Kompetenz	Der Projektmanager betreibt nur Projekte, deren Komplexität und Folgen er im Wesentlichen überschaut. Um seine eigenen Fähigkeiten zu verbessern und um auf dem neuesten Wissensstand zu bleiben, bildet sich der Projektmanager ständig weiter.		
Integrität	Der Projektmanager beachtet die Gesetze und die allgemein anerkannten gesellschaftlichen Werte, wo immer er auf der Welt tätig wird. Er hält die Vertraulichkeit von Informationen ein und schützt die Urheberrechte.	**Respekt**	Wir informieren uns über die Normen und Gebräuche anderer und vermeiden es, uns an Verhaltensweisen zu beteiligen, die andere als respektlos betrachten könnten.
		Fairness	Fairness ist unsere Pflicht, bei Entscheidungsfindungen und Handlungen unvoreingenommen und objektiv vorzugehen. Unser Verhalten darf nicht von Eigennutz, Vorurteilen oder Bevorzugungen beeinflusst sein.
		Ehrlichkeit	Ehrlichkeit ist unsere Pflicht, die Wahrheit zu verstehen und wahrheitsgetreu im Rahmen unserer Kommunikation und Verhaltensweisen zu handeln.

Tabelle 55 - Vergleich Ethik-Kodex der GPM und des PMI

Die Berücksichtigung ethisch moralischer Grundsätze in der Projektführung macht diese nicht leichter, sondern komplexer und damit schwieriger. Als Projektmanager hat man nicht nur für die messbaren Projektergebnisse gerade zu stehen, sondern muss sich auch für mögliche Folgen seines Handelns rechtfertigen bzw. diese verantworten. Albert Schweitzer bringt es auf den Punkt.

> „Ethik ist eine bis ins Unendliche erweiterte Verantwortung."
> *Albert Schweitzer (1875-1965), Arzt und Philosoph*

7.8.3 Hintergrund

> **UN Global Compact**
> Der Global Compact, ist das im Jahre 2000 initiierte Corporate Social Responsibility - Netzwerk der United Nations (UN). Unter dem Dach des Global Compact sind weltweit

rund 5000 Unternehmen versammelt. Sie verpflichten sich, zehn Prinzipien aus den Bereichen Menschenrechte, Arbeitsnormen, Umweltschutz und Korruptionsbekämpfung einzuhalten und in die Unternehmensprozesse zu integrieren. Über den Fortschritt der Implementierung der zehn Prinzipien müssen die Unternehmen regelmäßig einen Bericht veröffentlichen. Der Global Compact ist darüber hinaus auch eine Informations- und Austauschplattform für die Mitglieder.[277]

> ### DIN ISO 26000:2011-01 - Leitfaden zur gesellschaftlichen Verantwortung
> Die am 1. November 2010 veröffentlichte ISO 26000 ist ein Leitfaden für gesellschaftliche Verantwortung und Nachhaltigkeit von Organisationen. Sie versucht, eine weltweit einheitliche Linie zu den verschiedenen Interpretationen von Nachhaltigkeit und gesellschaftlicher Verantwortung, (engl. „Social Responsibility") zu schaffen. An der Ausarbeitung waren 450 Experten aus etwa 100 Ländern beteiligt. Dazu gehörten Industrievertreter, Arbeitnehmer, Konsumenten, Regierungsbeauftragte und Nichtregierungsorganisationen. Das internationale Verständnis und die thematisch bewusst breit angelegte Darstellung macht die ISO 26000 einzigartig. Ob sich gesellschaftliche Verantwortung oder gar Moral mit einem Standard überhaupt definieren lassen, wird derzeit heftig diskutiert und verschafft der ISO 26000 weitere Aufmerksamkeit.[278]

> ### SA8000 - Standard für sozial verantwortliche Unternehmensführung
> SA8000 ist der erste weltweit zertifizierbare Standard für die sozial verantwortliche Unternehmensführung. Er basiert auf der internationalen Menschenrechtskonvention und ausgesuchten Artikeln der Internationalen Arbeitsorganisation IAO.[279]

> ### Wirtschaftsethik
> Für das in der Wirtschaft wirksame und gewünschte Berufsethos und die persönliche Moralität der Wirtschaftsakteure, auch wenn Wirtschaft und Ethik meist eher als Gegensätze denn als Ergänzung gesehen werden, gehören ethische Überlegungen seit jeher zu den Grundlagen der Wirtschaftstheorie. Wirtschaften ist richtiges oder falsches Handeln. Richtig wirtschaften heißt ökonomisch effizient und moralisch rechtfertigbar handeln. Die Problemfelder der Wirtschaftsethik erstrecken sich vom moralischen Handeln des Einzelnen bis hin zu grundsätzlichen gesellschaftlichen Wert- und Zielvorstellungen. Aufgabe der Wirtschaftsethik ist auch die Kritik und Fortentwicklung von Institutionen, Regelungen und Praktiken in der Wirtschaft. Mit der Globalisierung der Wirtschaft kommt es zu einem Bedeutungsgewinn der informellen und ethischen Regeln in der Weltwirtschaft. International gültige Selbstverpflichtungen von Großunternehmen treten verstärkt an die Stelle des nationalen Rechts. Wirtschaftsethik gewinnt als Ersatz für staatliches Recht im internationalen Austausch immer mehr an Bedeutung.[280]

7.8.4 Querverweise

Projektanforderungen und Projektziele, Qualität, Teamarbeit, Kosten und Finanzmittel, Beschaffung und Verträge, Überwachung und Steuerung, Berichtswesen, Information und Dokumentation, Führung, Konflikte und Krisen, Projektorientierung,, Gesundheit, Sicherheit und Umweltschutz, Rechtliche Aspekte

---

[277] vgl. Deutsches Global Contact Netzwerk (2011), www.globalcompact.de/index.php?id=10, abgerufen am 04.05.2016
[278] Bundesministerium für Arbeit und Soziales, http://www.bmas.de/SharedDocs/Downloads/DE/PDF-Publikationen/a395-csr-din-26000.pdf?__blob=publicationFile&v=2, abgerufen am 04.05.2016
[279] Switzerland Global Enterpreise, http://www.s-ge.com/global/%C3%BCber/de/content/standard-fuer-sozial-verantwortliche-unternehmensfuehrung-%E2%80%93-sa8000, abgerufen am 04.05.2016
[280] vgl. Stiftung Weltethos (2009), www.global-ethic-now.de/index.php, abgerufen am 04.05.2016

7.9 Kreativität und Problemlösung

7.9.1 Kreativität, Kreativitätstechniken

Kreativität ist die Fähigkeit, produktiv zu denken und aus mehr oder weniger bekannten Informationen neue Kombinationen zu bilden. Für den Projekterfolg gilt es als Projektmanager sowohl die individuelle Kreativität als auch die kollektive Kreativität des Projektteams zu nutzen.

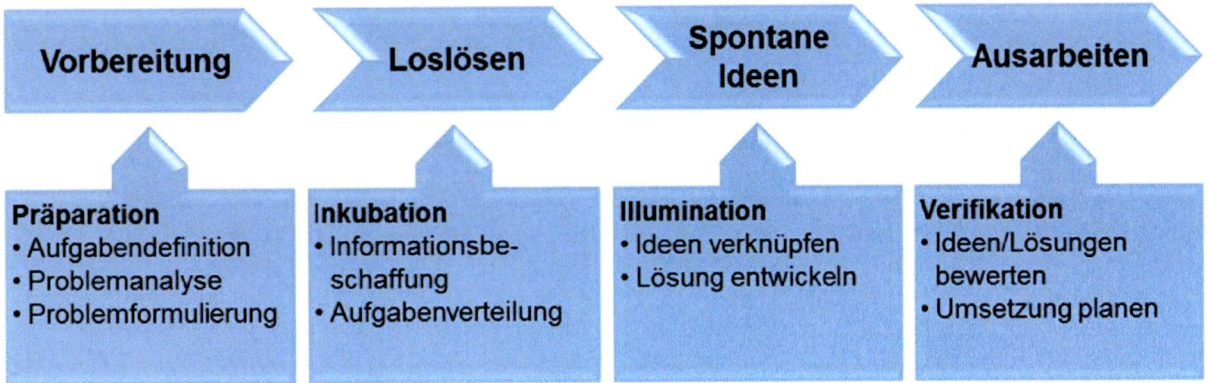

Abbildung 98 - Phasen des kreativen Prozesses

Zum Finden neuer Ideen und innovativer Lösungsansätze, stehen verschiedene Kreativitätstechniken zur Unterstützung eines entsprechenden Lösungsansatzes zur Auswahl.

Kreativitätstechniken			
Intuitive Techniken	Assoziationstechniken	➢ Brainstorming ➢ Destruktives-konstruktives Brainstorming ➢ Brainwriting ➢ Kollektives Notizbuch	
	Analogietechniken	➢ Klassische Synektik ➢ Visuelle Synektik ➢ Bionik	
	Konfrontationstechniken	➢ Reizwortanalyse ➢ Bildkarteien	
Analytische (diskursive) Techniken	Analytische Techniken	➢ Osborn-Checkliste ➢ Morphologische Matrix	
	Mapping Techniken	➢ Mind-Mapping ➢ Brainstoming-Mapping ➢ Moderations-Methode ➢ Galerie-Methode	

Tabelle 56 - Einteilung der Kreativitätstechniken

7.9.2 Probleme, Problemlösungsprozess

Probleme entstehen aus der Abweichung zwischen IST und SOLL. In komplexen Projektumgebungen sind die Wege zu einer Lösung eher unbekannt, so dass hier zur Problemlösung die o.a. Kreativitätstechniken zum Einsatz kommen. Probleme können in verschiedene Arten (z.B. Zielprobleme, Erkenntnisprobleme, Sachprobleme, Ressourcenprobleme, Personalprobleme,

Teamprobleme) unterteilt werden. Die Lösung eines Problems ist aber nur das Eine. Vielmehr muss die Ursache ergründet werden, um die Auswirkung des Problems zu minimieren.

Abbildung 99 - Zusammenhang von Ursache, Problem und Wirkung

Die erste Betrachtung bei Auftritt eines Problems gilt der Wirkung. Je grösser die Wirkung (i.S.v. Stärke, Art und Reichweite) desto intensiver haben wir uns als Projektmanager um die Lösung des Problems und der Behebung der Ursache zu kümmern.

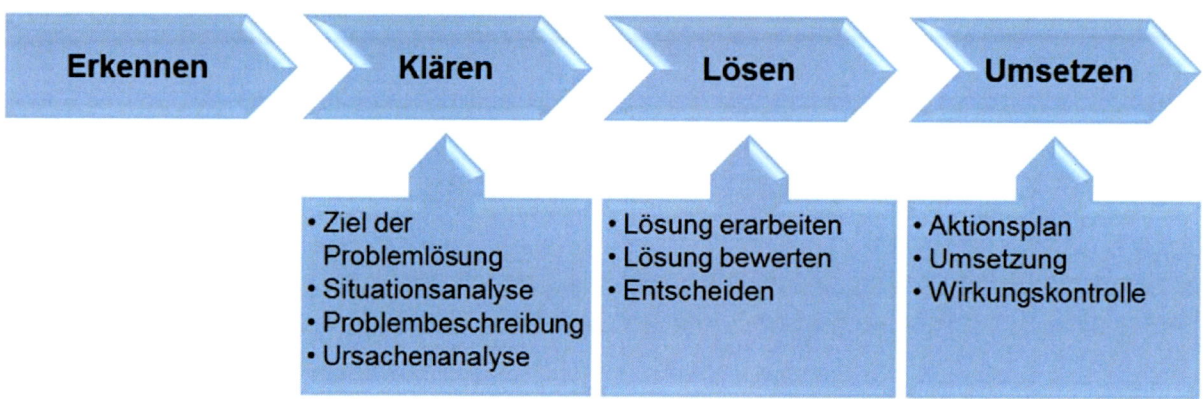

Abbildung 100 - Problemlösungsprozess

Die auszufüllenden Rollen im Problemlösungsprozess sind neben dem Probleminhaber der Moderator und die Problemlösungsgruppe.

7.9.3 Problemlösungstechniken

In den Phasen des Problemlösungsprozesses kommen unterschiedliche Problemlösungstechniken zur Anwendung.

Problemlösungstechniken		
Erkennen	➢ Risikomanagement ➢ Qualitätsmanagement ➢ Stakeholderanalyse ➢ Testmanagement ➢ SWOT-Analyse	
Klären	➢ Pareto ➢ ABC-Analyse ➢ Problemnetz ➢ Ursache-Wirkungs-Diagramm[281]	
Lösen	➢ Brainstorming ➢ Brainwriting ➢ Mind-Mapping ➢ Morphologische Matrix ➢ 6 Hüte Methode ➢ Synektik ➢ Paarweiser Vergleich ➢ Nutzwertanalyse	
Umsetzen	➢ Risikomanagement ➢ Projektmanagement	

Tabelle 57 - Problemlösungstechniken

Innerhalb der Prozessphasen Klären und Lösen kann mit Hilfe des Deming-Cycle (siehe auch Kapitel 4.8.2), einem iterativen, vierphasigen Lösungsprozess, das Problem immer weiter eingegrenzt werden. Mit jedem Durchgang rückt die Problemlösungsgruppe auf Basis des bereits erarbeiteten Ergebnisses näher an das Problem heran.

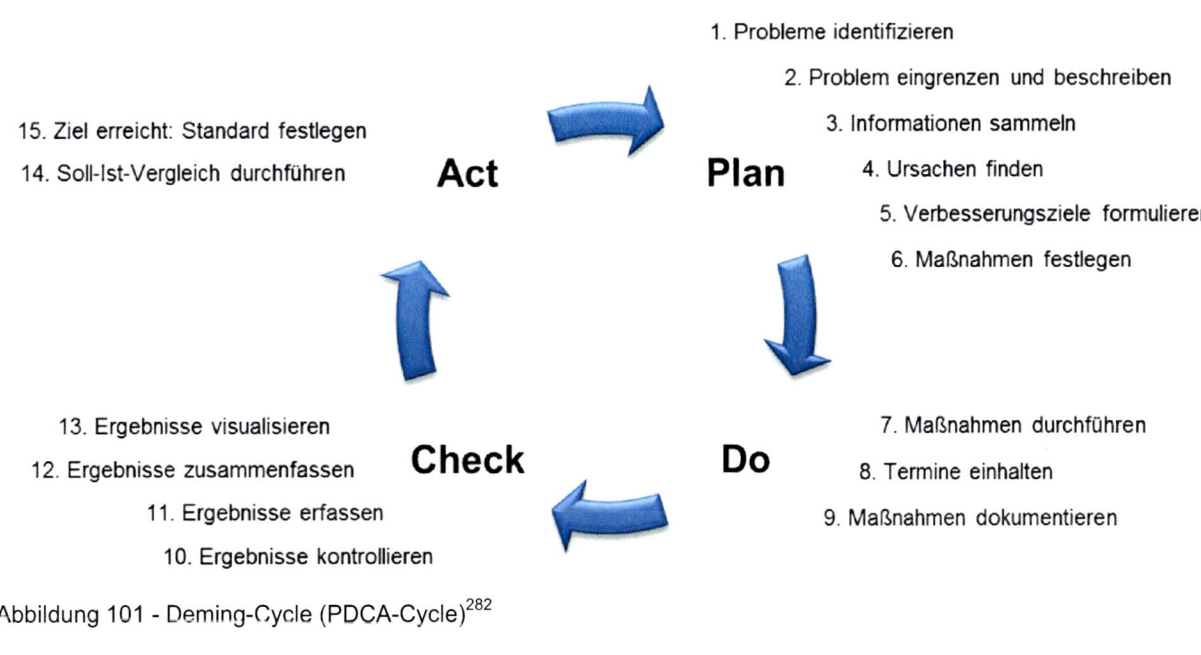

Abbildung 101 - Deming-Cycle (PDCA-Cycle)[282]

---

[281] Beschreibung der Methode siehe Kapitel 4.8.2
[282] in Anlehnung an GPM/ SPM/ Gessler (Hrsg.) (2011), Seite 160

7.9.4 Beispieldiagramme zur Problemklärung

Ursache-Wirkungs-Diagramm (Ishikawa-Diagramm)

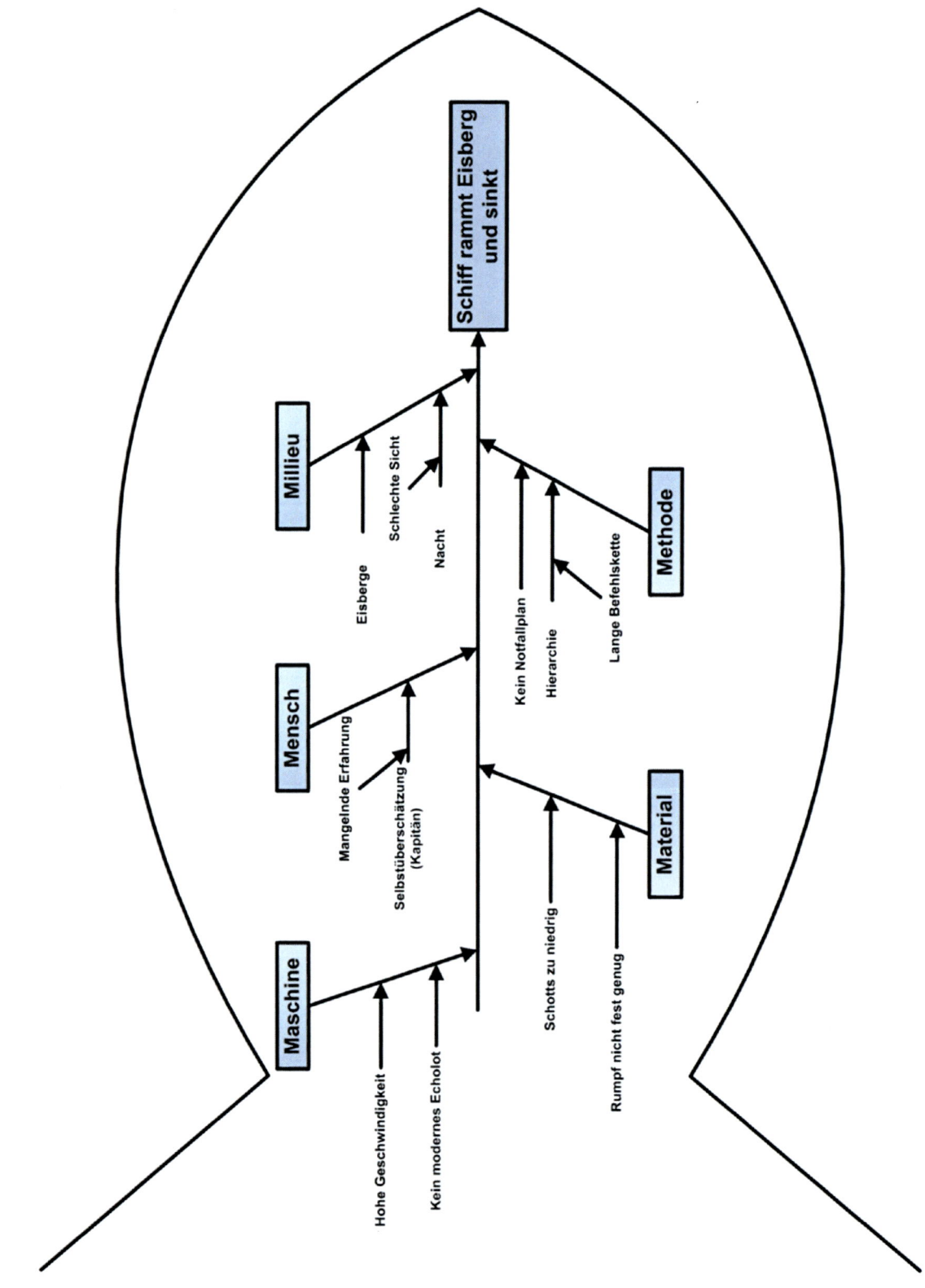

Abbildung 102 - Ishikawa-Diagramm

Problemnetz

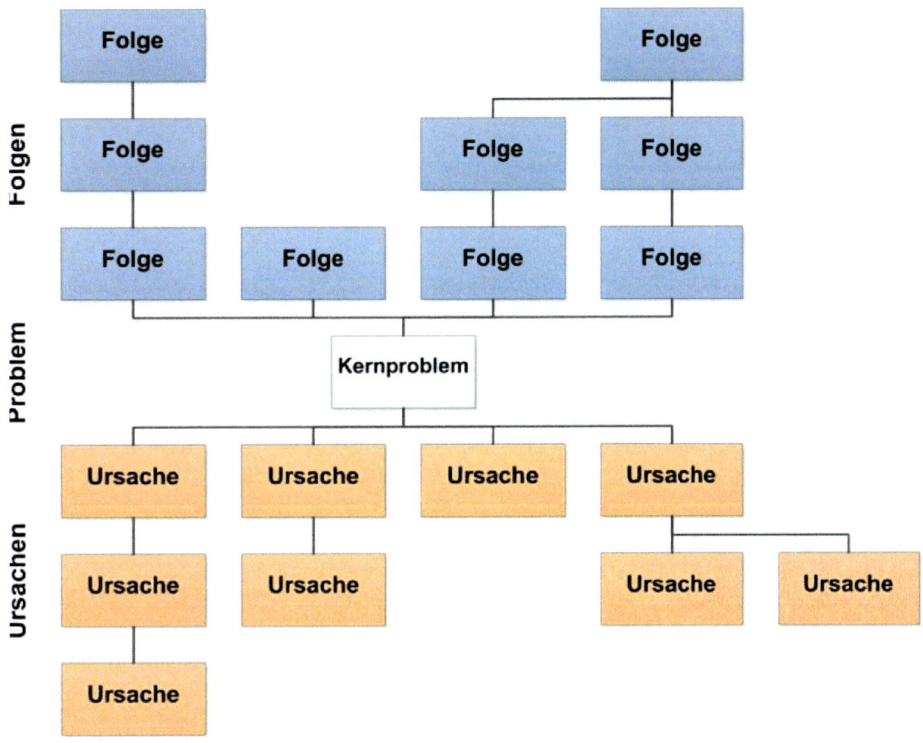

Abbildung 103 - Problemnetz

Das Problemnetz ist eine grafische Methode zur Analyse von Problemen mit dem Ziel, Ursachen und die entsprechenden Folgen zu identifizieren und daraus die Lösung(en) abzuleiten.

Vorgehensweise:

1. Kernproblem definieren und abgrenzen
2. Ermitteln der Ursachen
3. Ermitteln der Folgen
4. Analyse des Netzes
5. Lösungen erarbeiten.

7.9.5 Hintergrund

➢ **Tony Buzan** (1942)
Britischer Mentaltrainer, Berater und Autor populärwissenschaftlicher Bücher zu den Themen Kreativität, Mnemotechnik, Schnelllesen und Lernen. Er studierte Psychologie, Anglistik, Mathematik sowie allgemeine Naturwissenschaften. Buzan ist Erfinder der Mind-Map-Methode und maßgeblich an der Entwicklung des Speed Reading beteiligt.

➢ **Edward de Bono** (1933)
Britischer Mediziner und Schriftsteller, gilt als einer der führenden Lehrer für kreatives Denken. Er entwickelt eine Vielzahl von Methoden und Techniken zur Entwicklung neuer Ideen und zur Lösung aus eingefahrenen Denkmustern wie z.B. die Six Thinking Hats (6 Denkhüte) und Laterales Denken (Denken außerhalb der üblichen Muster und Bahnen).

- ➤ **Alex Faickney Osborn** (1888 - 1966)
  War US-amerikanischer Autor und Gründer der Creative Education Foundation. Er entwickelte in den 30er Jahren das „Brainstorming" mit den vier Grundregeln *„Je mehr Ideen desto besser"*, *„Ergänze und verbessere vorhandene Ideen"*, *„Je ungewöhnlicher die Idee, desto besser (Thinking out of the box)"*, *„Übe keine Kritik"* - als Stimulation kreativen Denkens. Später kam u.a. die Osborn-Checkliste, die als Anleitung zum angewandten Einfallsreichtum zu verstehen ist, hinzu.

- ➤ **Ishikawa Kaoru** (1915–1989)
  War ein japanischer Chemiker, Entwickler des Ishikawa-Diagramms (Ursache-Wirkungsdiagramm). Diese Technik wurde ursprünglich im Rahmen des Qualitätsmanagements zur Analyse von Qualitätsproblemen und deren Ursachen angewendet. Die möglichen und bekannten Ursachen (Einflüsse), die zu einer bestimmten Wirkung (Problem) führen, werden in Haupt- und Nebenursachen zerlegt und in einer übersichtlichen Gesamtbetrachtung graphisch strukturiert.

- ➤ **William Edwards Deming** (1900 – 1993)
  War ein US-amerikanischer Physiker, Statistiker sowie Pionier im Bereich des Qualitätsmanagements. Er entwickelte den „Demingkreis" oder auch, entsprechend seiner vier Schritte, PDCA-Zyklus genannt, als Systematik zur kontinuierlichen Verbesserung.

7.9.6 Querverweise

Interessierte Parteien, Projektanforderungen und Projektziele, Risiken und Chancen, Qualität, Teamarbeit, Projektstrukturen, Beschaffung und Verträge, Änderungen, Kreativität, Ergebnisorientierung, Effizienz, Konflikte und Krisen, Projektorientierung, Projektorganisation, Projektstart, Kommunikation

7.10 Gesundheit, Umwelt, Sicherheit

7.10.1 Schutzmaßnahmen

Die Arbeit soll von den Verantwortlichen so gestaltet werden, dass eine Gefährdung für Leben und Gesundheit der Beschäftigten vermieden wird und das verbleibende Risiko so gering wie möglich ist. Technische und organisatorische Schutzmaßnahmen (z.B. Absaugvorrichtung in einer Lackiererei) haben immer Vorrang vor individuellen Maßnahmen (z.B. persönliche Schutzausrüstung). Dies spiegelt sich im Leitgedanken "**TOP**" (**T** = Technik, **O** = Organisation, **P** = Personal) wider. Wobei Maßnahmen im Bereich T (z.B. Arbeitsplatz) und O (z.B. Arbeitsabläufe) für *Verhältnis*prävention und im Umfeld P (z.B. Vorsorgeuntersuchung) für *Verhaltens*prävention stehen.

Beispiel

Große Hitze im Sommer

	Maßnahmen
TECHNIK	➤ Fest installierte Klimaanlage ➤ Mobile Klimaanlage ➤ Tischventilator ➤ Außenliegende Jalousien, Markisen, Wärmeschutzgläser
ORGANISATION	➤ Zusätzliche Wärmequellen durch nicht benötigte elektrische Geräte reduzieren ➤ Lüftung ➤ Arbeitszeiten entsprechend der hohen Temperatur anpassen ➤ Früher mit der Arbeit beginnen ➤ Gleitzeitregelungen ➤ Längere Pausen ermöglichen ➤ Häufiger Pausen machen lassen
PERSONAL	➤ Ausreichend Flüssigkeit trinken (Wasser oder ungesüßte Tees, bis zu 2,5 Liter pro Tag) ➤ Bekleidung anpassen, ggf. Krawattenzwang lockern, leichtes Schuhwerk

Tabelle 58 - TOP Maßnahmen

7.10.2 Wichtige Gesetze und Verordnungen

Für Gesundheitsschutz, Arbeitssicherheit und Umweltschutz ist zunächst die Rechtssetzung der Europäischen Gemeinschaft (EU) relevant.

➤ **EU-Richtlinie 89/391/EWG** - über die Durchführung von Maßnahmen zur Verbesserung der Sicherheit und des Gesundheitsschutzes der Arbeitnehmer bei der Arbeit

Vorgaben der EU werden auf nationales Recht herunter gebrochen, wobei bei manchen bereits bestehenden nationalen Regelungen eine europaweite Harmonisierung noch aussteht.[283]

---

[283] vgl. GPM/ SPM/ Gessler (Hrsg.) (2011), Seite 1300

7.10.2.1 Gesundheit

➤ **Arbeitsstättenverordnung (ArbStättV)** - legt fest, was der Arbeitgeber beim Einrichten und Betreiben von Arbeitsstätten in Bezug auf die Sicherheit und den Gesundheitsschutz der Beschäftigten zu beachten hat.

➤ **Arbeitszeitgesetz (ArbZG)** - legt die Grundnormen dafür fest, wann und wie lange Arbeitnehmerinnen und Arbeitnehmer in Deutschland höchstens arbeiten dürfen. Damit stellt das Gesetz den Gesundheitsschutz der Beschäftigten sicher.

➤ **Mutterschutzgesetz (MuSchG)** - schützt die schwangere Frau und die Mutter grundsätzlich vor Kündigung und in den meisten Fällen auch vor vorübergehender Minderung des Einkommens. Es schützt darüber hinaus die Gesundheit der (werdenden) Mutter und des Kindes vor Gefahren am Arbeitsplatz.

➤ **Jugendarbeitsschutzgesetz (JArbSchG)** - ist ein Gesetz zum Schutz von Kindern und Jugendlichen in der Arbeitswelt. Es zählt zu den Gesetzen des sozialen Arbeitsschutzes.

7.10.2.2 Umwelt

➤ **Umwelthaftungsgesetz (UmweltHG)** - ist ein Mittel der Umweltvorsorge. Es regelt die Haftung bei Schäden, die durch eine Umwelteinwirkung - z.B. durch Stoffe, Gase, Dämpfe usw., die sich in Boden, Luft, Wasser oder anderen Trägern ausgebreitet haben - hervorgerufen wurden.

➤ **Bundes-Immissionsschutzgesetz (BImSchG)** – schützt Menschen, Tiere und Pflanzen, den Boden, das Wasser, die Atmosphäre sowie Kultur- und sonstige Sachgüter vor schädlichen Umwelteinwirkungen durch Luftverunreinigungen, Geräusche, Erschütterungen und ähnliche Vorgänge.

7.10.2.3 Sicherheit

➤ **Arbeitsschutzgesetz (ArbSchG)** - regelt für alle Tätigkeitsbereiche die grundlegenden Arbeitsschutzpflichten des Arbeitgebers, die Pflichten und die Rechte der Beschäftigten sowie die Überwachung des Arbeitsschutzes nach diesem Gesetz.

➤ **Arbeitssicherheitsgesetz (ASiG)** - Nach diesem hat der Arbeitgeber Betriebsärzte und Fachkräfte für Arbeitssicherheit zu bestellen. Diese sollen ihn beim Arbeitsschutz und bei der Unfallverhütung unterstützen.

➤ **Berufsgenossenschaftliche Vorschrift (BGV) Unfallverhütungsvorschrift A5 (Erste Hilfe)** – Die berufsgenossenschaftliche UVV beschreibt die Durchführung der betrieblichen Erste Hilfe und das Verhalten bei Unfällen, sowie die daraus resultierenden Pflichten für Unternehmer und Versicherte.

7.10.3 Querverweise

Projektanforderungen und Projektziele, Risiken und Chancen, Qualität, Leistungsumfang und Ergebnisse, Beschaffung und Verträge, Ethik, Rechtliche Aspekte

8 Literatur

8.1 Projektmanagement

Bea, F. X., Scheurer, S., & Hesselmann, S. (2008). *Projektmanagement: Grundwissen der Ökonomik* . Stuttgart: Lucius & Lucius.

Burghardt, M. (8., überarbeitete und erweiterte Auflage 2008). *Projektmanagement: Leitfaden für die Planung, Überwachung und Steuerung von Projekten* . Erlangen: Publicis Publishing.

Cronenbroeck, W. (2004). *Handbücher Unternehmenspraxis: Internationales Projektmanagement: Grundlagen, Organisation, Projektstandards. Interkulturelle Aspekte. Angepasste Kommunikationsformen.* Berlin: Cornelsen Verlag.

Diekow, S., & Schröder, J.-P. (2006). *Handbücher Unternehmenspraxis: Wie Sie Projekte zum Erfolg führen: Planung, Führung und Teamarbeit in die richtige Balance bringen.* Berlin: Cornelsen Verlag.

GPM Deutsche Gesellschaft für Projektmanagement e.V. (NCB 3.0, September 2009). *ICB - IPMA Competence Baseline - in der Fassung als Deutsche NCB – National Competence Baseline Version 3.0.* Nürnberg: GPM Deutsche Gesellschaft für Projektmanagement e.V.

GPM, SPM, & Gessler, M. (Hrsg.). (4. Auflage 2011). *Kompetenzbasiertes Projektmanagement (PM3): Handbuch für die Projektarbeit, Qualifizierung und Zertifizierung auf Basis der IPMA Competence Baseline Version 3.0.* Nürnberg: GPM Deutsche Gesellschaft für Projektmanagement e.V.

Hillebrand, N. (2008). Checkliste zur Auswahl/ Bestimmung der relevanten Umfeldelemente im Projekt. (GPM, Hrsg.) *project Management aktuell* (5/2008), S. C1-C2.

Hruschka, P., Rupp, C., & Starke, G. (2. Auflage 2009). *Agility kompakt.* Heidelberg: Spektrum Akademischer Verlag.

Informatikstrategieorgan Bund ISB. (3. Auflage 2009). *HERMES Manager Pocket Guide.* Bern: BBL, Verkauf Bundespublikationen

Jenny, B. (2., durchgesehene und aktualisierte Auflage2009). *Projektmanagement: Das Wissen für den Profi* . Zürich: Vdf Hochschulverlag.

Kerth, N. L. (1. Auflage 2003). *Post Mortem. Projekte erfolgreich auswerten.* Bonn: mitp-Verlag.

Kerzner, H. (2., überarbeitete deutsche Auflage 2008). *Projektmanagement: Ein systemorientierter Ansatz zur Planung und Steuerung.* Heidelberg: mitp-Verlag.

Körner, M. (2008). *Geschäftsprojekte zum Erfolg führen. Das neue Projektmanagement für Innovation und Veränderung im Unternehmen.* Heidelberg: Springer Medien Verlag.

Litke, H.-D. (Hrsg.). (2005). *Projektmanagement - Handbuch für die Praxis. Konzepte - Instrumente - Umsetzung.* München: Hanser Fachbuchverlag.

Litke, H.-D., Kunkow, I., & Schulz-Wimmer, H. (2010). *Projektmanagement.* Freiburg: Haufe-Lexware GmbH & Co. KG.

Motzel, E. (2. überarbeitete Auflage 2010). *Projektmanagement Lexikon: Referenzwerk zu den aktuellen nationalen und internationalen PM-Standards.* Weinheim: WILEY-VCH Verlag.

Patzak, G., & Rattay, G. (5. Aufl. 2009). *Projektmanagement: Leitfaden zum Management von Projekten, Projektportfolios und projektorientierten Unternehmen.* Linde Verlags GmbH.

Project Management Institute Inc. (2005). *Practice Standard for Earned Value Management.* Pennsylvania: PMI Inc.

Project Management Institute Inc. (2008). *A guide to the Project Management Body of Knowledge - Fourth Edition.* Pennsylvania: PMI Inc

Rößler, S., Mählisch, B., Voigtmann, L., Friedrich, S., & Steiner, B. (2. Auflage 2008). *projektmanagement für newcomer.* Dresden: RKW Sachsen GmbH.

Schelle, H. (6. überarbeitete Auflage 2010). *Projekte zum Erfolg führen. Projektmanagement systematisch und kompakt.* München: Deutscher Taschenbuch Verlag.

Schelle, H., Ottmann, R., & Pfeiffer, A. (2. Auflage 2005). *Projektmanager.* Nürnberg: GPM Deutsche Gesellschaft für Projektmanagement e.V.

Scheuring, H. (4.korrigierte Auflage 2008). *Der www-Schlüssel zum Projektmanagement: Eine kompakte Einführung in alle Aspekte des Projektmanagments und des Projektportfolio-Managements.* Zürich: Orell Füssli.

Straub, W., Forchhammer, L., & Brachinger-Franke, L. (1. Auflage 2001). *Bereit zur Veränderung - UnWege der Projektarbeit.* Hamburg: Windmühle GmbH.

Zarndt, C. (2008). *IT-Projektverträge: Rechtliche Grundlagen.* Heidelberg: Dpunkt Verlag.

8.2 Normen

DIN 69900 - Netzplan / DIN 69901 1 bis 5 - Projektmanagement / ISO 10007 - Konfigurationsmanagement / ISO 10006 - QM in Projekten

DIN Deutsches Institut für Normung e.V. (1. Auflage 2009). *DIN-Normen im Projektmanagement. Sonderdruck des DIN-Taschenbuches 472.* Berlin: Beuth Verlag GmbH.

ISO 31000 - Risikomanagement

DIN Deutsches Institut für Normung e.V. (2009). *Risikomanagement - Grundsätze und Leitlinien (ISO 31000:2009).* Berlin: Beuth Verlag GmbH.

DIN Deutsches Institut für Normung e.V. (2010). *Risikomanagement - Verfahren zur Risikobeurteilung (DIN EN 31010:2010).* Berlin: Beuth Verlag GmbH.

DIN IEC 62198 - Risikomanagement für Projekte

DIN Deutsches Institut für Normung e.V. (2002). *Risikomanagement für Projekte - Anwendungsleitfaden (DIN IEC 62198:2002).* Berlin: Beuth Verlag GmbH.

8.3 Führung, Management, Organisation

Bea, F. X., Friedl, B., & Schweitzer, M. (9. neubearb. u. erw. Aufl. 2005). *Allgemeine Betriebswirtschaftslehre. Band 2 Führung.* Stuttgart: UTB / Lucius & Lucius.

Bergmann, R., & Garrecht, M. (2008). *Organisation und Projektmanagement.* Heidelberg: Physica-Verlag.

Blanchard, K. (2. überarbeitete und erweiterte Auflage 2010). *Leading at a Higher Level: Blanchard on Leadership and Creating High Performing Organizations.* New Jersey: Financial Times Press.

Malik, F. (1. Auflage 2006). *Führen, Leisten, Leben: Wirksames Management für eine neue Zeit.* Frankfurt/M.: Campus Verlag.

Nagel, K. (6. Auflage1995). *200 Strategien, Prinzipien und Systeme für den persönlichen und unternehmerischen Erfolg.* Landsberg/Lech: Verlag Moderne Industrie.

REFA Verband für Arbeitsstudien und Betriebsorganisation. (1991). *REFA. Aufbauorganisation.* Leipzig: Fachbuchverlag

Schiersmann, C., & Thiel, H.-U. (2009). *Organisationsentwicklung. Prinzipien und Strategien von Veränderungsprozessen.* Wiesbaden: VS Verlag für Sozialwissenschaften.

Steiger, T. M., & Lippmann, E. D. (Hrsg.). (3., vollständig überarbeitet und erweiterte Auflage 2008). *Handbuch Angewandte Psychologie für Führungskräfte. Führungskompetenz und Führungswissen.* Berlin: Springer Verlag.

8.4 Soft Skills

Belbin, M. R. (2. Auflage 2004). *Management Teams. Why they Succeed or Fail.* Burlington: Butterworth-Heinemann.

Blickhan, C. (2. Auflage 2007). *Die sieben Gesprächsförderer.* Paderborn: Junfermann Verlag

Bohinc, T. (3. Auflage 2006). *Projektmanagement: Soft Skills für Projektleiter.* Offenbach: GABAL-Verlag GmbH.

Dörner, D. (9. Auflage 2010). *Die Logik des Misslingens. Strategisches Denken in komplexen Situationen.* Reinbek: Rowohlt Taschenbuch Verlag.

Fisher, R., & Ury, W. L. (2., völlig überarbeitete. Auflage 2003). *Getting to Yes: Negotiating an agreement without giving in.* London: Random House Business Books

Fisher, R., Ury, W., & Patton, B. (22. Auflage 2006). *Das Harvard-Konzept. Der Klassiker der Verhandlungstechnik.* Frankfurt/M.: Campus Verlag.

Frankfurter Allgemeine Sonntagszeitung. (2005). Max Weber für Einsteiger - Die fünf wichtigsten Thesen. Frankfurter Allgemeine Sonntagszeitung (Nr. 45), Seite 47.

Gugel, G. (2010). *Praxisbox Streitkultur: Konflikteskalation und Konfliktbearbeitung.* Tübingen: Institut für Friedenspädagogik Tübingen e.V.

Kreyenberg, J. (2. Auflage 2005). *Handbuch Konflikt-Management.* Berlin: Cornelsen Verlag.

Schulz von Thun, F. (Sonderausgabe 2011). *Miteinander Reden. Störungen und Klärungen.* (Bd. 1). Reinbek: Rowohlt Taschenbuch Verlag GmbH.

Schulz von Thun, F., Ruppel, J., & Stratmann, R. (11. Auflage 2003). *Miteinander reden: Kommunikationspsychologie für Führungskräfte.* Reinbek: Rowohlt Taschenbuch Verlag GmbH.

Simon, W. (Hrsg.). (2006). *Persönlichkeitsmodelle und Persönlichkeitstests.* Offenbach: GABAL Verlag.

Seidl, B. (2010). *NLP. Mentale Ressourcen nutzen.* Freiburg: Haufe-Lexware GmbH & Co. KG.

Sprenger, R. (19. Auflage 2010). *Mythos Motivation. Wege aus einer Sackgasse.* Frankfurt/M.: Campus Verlag.

Tscheuschner, M., & Wagner, H. (1. Auflage 2008). *TMS - Der Weg zum Hochleistungsteam.* Offenbach: GABAL Verlag.

Wagner, H. (2006). Das Team Management Profil. In W. Simon (Hrsg.), *Persönlichkeitsmodelle und Persönlichkeitstests* (S. 355 - 376). Offenbach: GABAL Verlag.

von der Oelsnitz, D., & Busch, M. W. (09/ 2006). *Social Loafing - Leistungsminderung in Teams.* (Deutsche Gesellschaft für Personalführung e.V., Hrsg.) PERSONALFÜHRUNG, S. 64-75.

8.5 Humor, Spannung, Kreativität

Adams, S. (1. Auflage 2011). *Best of Dilbert.* München: Redline Verlag.

Buzan, T., & Buzan, B. (5., aktualisierte Auflage 2002). *Das Mind-Map Buch. Die beste Methode zur Steigerung Ihres geistigen Potentials.* München: mvg Verlag.

DeMarco, T. (2007). *Der Termin. Ein Roman über Projektmanagement.* München: Hanser Fachbuch.

DeMarco, T., & Lister, T. (1. Auflage 2003). *Bärentango: Mit Risikomanagement Projekte zum Erfolg führen.* München: Hanser Fachbuch.

DeMarco, T. (2001). *Spielräume. Projektmanagement jenseits von Burn-out, Stress und Effizienzwahn.* München: Hanser Fachbuch.

Goldratt, E. M. (1. Auflage 2002). *Die Kritische Kette: Das neue Konzept im Projektmanagement.* Frankfurt/M.: Campus Verlag.

8.6 Internetquellen

12manage B.V. (2016). *Competing Value Framework (konkurrierende Werte Rahmenwerk).* Abgerufen am 04. 05.2016 von 12manage - The Executive Fast Track: www.12manage.com/methods_quinn_competing_values_framework_de.html

12manage B.V. (2016). Abgerufen 04.05.2016 von Situational Leadership (Blanchard Hersey): www.12manage.com/methods_blanchard_situational_leadership_de.html

180° creation.consulting gmbh. (2008). *Visuelle Testverfahren. Individualisierung von Design. Individualisierung von Dienstleistungen.* Abgerufen am 13. Januar 2011 von Persönlichkeitstypologie nach C.G. Jung: www.180grad.de/t_jung.html

Angermeier , G. (2016). *Projekt magazin. Das Fachmagazin im Internet für erfolgreiches Porjektmanagement.* Abgerufen am 04.05.2016 von Projektstart, Definition im Projektmanagement-Glossar: www.projektmagazin.de/glossar/gl-0377.html

BASF SE, www.basf.com/de/company/about-us/management/code-of-conduct.html, abgerufen am 04.05.2016

Belbin Associates. (2007-2010). BELBIN: The home of Belbin Team Roles. Abgerufen am 04.05.2016 von Introduction to Belbin Team Roles: www.belbin.com

Bildungswerk der Baden-Württembergischen Wirtschaft e.V. (o.J.). *Managementtechniken - Magazin - CoachAcademy.* Abgerufen am 30. April 2011 von Erfolgreich verbessern und Probleme dauerhaft lösen: Das Ishikawa-Diagramm: www.coachacademy.de/de;magazin;managementtechniken;d:243.htm

bpb: Bundeszentrale für politische Bildung. (2015). Abgerufen am 04.05.2016 von Vertragsfreiheit - Duden Recht: www.bpb.de/wissen/S4L4D9.html

bpb: Bundeszentrale für politische Bildung. (2016). Abgerufen am 04.05.2016 von Politiklexikon - Kommunikation: www.bpb.de/popup/popup_lemmata.html?guid=Q70R3S

BMW AG, www.bmwgroup.com/content/dam/bmw-group-websites/bmwgroup_com/company/downloads/de/2015/BMW_Group_LCC_DE.pdf, abgerufen am 04.05.2016

Bundesministerium für Arbeit und Soziales, http://www.bmas.de/SharedDocs/Downloads/DE/PDF-Publikationen/a395-csr-din-26000.pdf?__blob=publicationFile&v=2, abgerufen am 04.05.2016

Deutsche Telekom AG, www.telekom.com/code-of-conduct, abgerufen am 04.05.2016

Gabler Verlag (Hrsg.). (2016). *Gabler Wirtschaftslexikon.* Abgerufen am 04.05.2016 von Stichwort: Gefahrenübergang: wirtschaftslexikon.gabler.de/Archiv/4428/gefahruebergang-v4.html

Gabler Verlag (Hrsg.). (2016). *Gabler Wirtschaftslexikon.* Abgerufen am 04.05.2016 von Stichwort: kritische Erfolgsfaktoren: wirtschaftslexikon.gabler.de/Archiv/10338/kritische-erfolgsfaktoren-v5.html

GPM Deutsche Gesellschaft für Projektmanagement e.V. (o.J.). www.gpm-ipma.de/fileadmin/user_upload/ueber-uns/Ethik-Kodex_der_GPM_deu.pdf, abgerufen am 04.05.2016

Gransow, T. (2001*). Thomas Gransow: Bildung und Unterricht.* Abgerufen am 04.05.2016 von Gesinnungs- und Verantwortungsethik: www.thomasgransow.de/Grundbegriffe/Gesinnung_und_Verantwortung.htm

Gresch, H. U. (o.J.). *Psychoscripte.* Abgerufen am 24. Februar 2011 von Eisbergmodell der Kommunikation: www.psy-knowhow.de/psycho/kommunikation/eisbergmodell-der-kommunikation.htm

Jähne, K. (2001). *Ethik und Moral, Verantwortung, Verantwortungsethik.* Abgerufen am 12. Februar 2011 von klaus.jaehne.de/papers/verantwortungsethik/

Industrie- und Handelskammer Aachen. (04. Januar 2010). *IHK Aachen.* Abgerufen am 21. Dezember 2010 von Merkblatt: Vertragsrecht: Gewährleistung beim Werkvertrag: www.aachen.ihk.de/de/recht_steuern/download/kh_061.htm

Industrie- und Handelskammer Aachen. (Dezember 2008). *IHK Aachen.* Abgerufen am 21. Dezember 2010 von Merkblatt: Gewährleistung, Umtausch und Garantie beim Kaufvertrag: http://www.aachen.ihk.de/de/recht_steuern/download/kh_056.htm

Knill, H. (2016). *rhetorik.ch.* Abgerufen am 04.05.2016 von Hören - Hinhören - Zuhören: www.rhetorik.ch/Hoeren/Hoeren.html

Project Management Institute, Inc. (2016), www.pmi.org/en/About-Us/Ethics/Code-of-Ethics.aspx, abgerufen am 04.05.2016

RWE AG, http://www.rwe.com/web/cms/de/109932/rwe/investor-relations/governance/rwe-verhaltenskodex/, abgerufen am 04.05.2016

Stiftung Weltethos. (2009*). A Global Ethic Now - Ein Lernplattform der Stiftung Weltethos.* Abgerufen am 04.05.2016 von Lexikon: www.global-ethic-now.de/gen-deu/lexikon/daten/inhalt_00.php

Switzerland Global Enterpreise, http://www.s-ge.com/global/%C3%BCber/de/content/standard-fuer-sozial-verantwortliche-unternehmensfuehrung-%E2%80%93-sa8000, abgerufen am 04.05.2016

teachSam Lehren und Lernen online. (2013). Abgerufen am 04.05.2016 von Eisbergmodell: www.teachsam.de/psy/psy_pers/psy_pers_freud/psy_pers_freud_5.htm

Voigt, D. (2016). *PMH - Handbuch für Projektmanagement.* Abgerufen am 04.05.2016: www.projektmanagementhandbuch.de/cms/projektrealisierung/projektcontrolling/

Zelewski, S. (15. Oktober 2008). *Universität Duisburg-Essen.* Abgerufen am 19. April 2011 von PIM: Institut für Produktion und Industrielles Informationsmanagement: http://www.pim.wiwi.uni-due.de/fileadmin/fileupload/BWL-PIM/Studium/Veranstaltungsunterlagen/WS09/PM/PM-WS0809.pdf

8.7 Studien

Deutsche Bank Research. (08. Dezember 2008). *Deutsche Bank - DB Research.* Abgerufen am 03. Januar 2011 von Projektwirtschaft - Wertschöpfung durch neue Geschäftskulturen im Jahr 2020: www.expeditiondeutschland.de/PROD/DBR_INTERNET_DE-PROD/PROD0000000000235205.pdf

GPM Deutsche Gesellschaft für Projektmanagement e.V. (2008). Abgerufen am 10. Januar 2011 von Projektmanagement Studie 2008 "Erfolg und Scheitern im Projektmanagement": www.gpm-ipma.de/fileadmin/user_upload/Know-How/Ergebnisse_Erfolg_und_Scheitern-Studie_2008.pdf

Mehrabian, A., & Ferris, S. R. (1967). Inference of Attitude from Nonverbal Communication in Two Channels. *The Journal of Counselling Psychology, 31,* S. 248-252

pma - Projekt Management Austria. (2008). *Fellner Executivetraining & Consulting.* Abgerufen am 18. Januar 2011 von Umfrage: Schlüsselfaktoren des Projekterfolgs: www.esba.eu/media/pdf/200812_ErfolgsfaktorenPM_Befragung_pmaFellner.pdf

Roland Berger Strategy Consultants. (26. August 2008). Abgerufen am 11. Januar 2011 von Launch Management: *Warum IT-Großprojekte häufig scheitern* - Press archiv 2008: www.rolandberger.com/company/press/releases/518-press_archive2008_sc_content/Launch_management_de.html

8.8 Zitate

„Die beste Projektabwicklung nützt nichts, wenn die falschen Projekte ausgewählt wurden."
Prof. Dr. Heinz Schelle, Ehrenvorsitzender der GPM Deutsche Gesellschaft für Projektmanagement e.V.

„Zeige mir wie Dein Projekt beginnt und ich sage Dir, wie es endet."
Gero Lomnitz, Gründungsmitglied des IPO Köln, arbeitet als Berater, Trainer und Coach

„Der Langsamste, der sein Ziel nicht aus den Augen verliert, geht noch immer geschwinder, als jener, der ohne Ziel umherirrt."
Gotthold Ephraim Lessing (1729 - 1781), deutscher Dichter und Dramatiker

"Qualität bedeutet, dass der Kunde und nicht die Ware zurückkommt."
Hermann Tietz (1837 - 1907), Deutscher Kaufmann, Namensgeber für das Warenhaus Hertie

„Letzten Endes kann man alle wirtschaftlichen Vorgänge auf drei Worte reduzieren: Menschen, Produkte und Profite. Die Menschen stehen an erster Stelle. Wenn man kein gutes Team hat, kann man mit den anderen beiden nicht viel anfangen."
Lee Iacocca (geb. 1924), 1979 - 1993 Vorstandsvorsitzender der Chrysler Corporation

„Risikomanagement ist Projektmanagement für Erwachsene."
Tom DeMarco (geb. 1940), Erfinder der Strukturierten Analyse, Autor von u.a. „Der Termin"

„Selbsterkenntnis ist der beste und sicherste Weg, unsere Mitmenschen zu verstehen."
William McDougall (1871-1938), Psychologe und Mitbegründer der British Psychological Society

„Management bedeutet die Dinge richtig zu tun. Führung bedeutet die richtigen Dinge tun."
Peter Drucker (1909 – 2005), US-amerikanischer Ökonom und Pionier der modernen Managementlehre

„Dass man mit der Umwelt und besonders seinen Mitmenschen im Konflikt leben kann, dürfte wohl niemand bezweifeln."
Paul Watzlawick (1921 - 2007), u.a. Kommunikationswissenschaftler, Psychotherapeut, Soziologe und Autor

„Was Du nicht willst, das man Dir tu', das füg auch keinem anderen zu."
sog. Goldene Regel, zurückzuführen u.a. auf Lukas 6, 31 und Matthäus 7, 12

„Who says what in which channel to whom with what effect? "
Harold Dwight Lasswell (1902 – 1978), Politikwissenschaftler und Kommunikationstheoretiker

„Handle nur nach derjenigen Maxime, durch die du zugleich wollen kannst, dass sie ein allgemeines Gesetz werde."
Immanuel Kant (1724 - 1804), deutscher Philosoph

„Handle so, dass die Wirkungen deiner Handlungen verträglich sind mit der Permanenz echten menschlichen Lebens auf Erden."
Hans Jonas (1903 - 1993), deutsch-amerikanischer Philosoph

„Du sollst dem Übel gewaltsam widerstehen, sonst bist für seine Überhandnahme verantwortlich."
Maximilian C. E. Weber (1864 - 1920), deutscher Soziologe, Jurist und Nationalökonom

„Ethik ist eine bis ins Unendliche erweiterte Verantwortung."
Albert Schweitzer (1875 - 1965), Arzt und Philosoph

„Wirklich zuhören können nur ganz wenige Menschen."
Michael Ende (1929 - 1995), deutscher Schriftsteller u.a. Momo, Die unendliche Geschichte

„Gesten sind sichtbar gewordene Gedanken."
Marcel Marceau (1923 – 2007), französischer Pantomime

„Jede äußere Motivierung zerstört die innere Motivation."
Reinhard Sprenger (geb. 1953), Autor und Managementtrainer

„Krise ist ein produktiver Zustand. Man muss ihm nur den Beigeschmack der Katastrophe nehmen."
Max Frisch (1911 - 1991), Schweizer Schriftsteller und Architekt

9 Abkürzungen

Abkürzung	
AC	Actual Cost (siehe auch IK)
AF	Anfangsfolge
AG	Auftraggeber
AKV	Aufgabe – Kompetenz - Verantwortung
AN	Auftragnehmer
ANSI	American National Standards Institute
AON	Activity on Node
AOB	Anordnungsbeziehung
AP	Arbeitspaket
APV	Arbeitspaketverantwortlicher
ArbSchG	Arbeitsschutzgesetz
ArbStättV	Arbeitstättenverordnung
ArbZG	Arbeitszeitgesetz
ASiG	Arbeitssicherheitsgesetz
BAC	Budget at Completion (siehe auch PGK)
BATNA	Best Alternative To a Negotiated Agreement
BGB	Bürgerliches Gesetzbuch
BGV	Berufsgenossenschaftliche Vorschrift
BImSchG	Bundes-Immissionsschutzgesetz
CMMI	Capability Maturity Model integration
COCOMO	Constructive Cost Model
CPI	Cost Performance Index (siehe auch EF)
CV	Cost Variance (siehe auch KA)
DIN	Deutsches Institut für Normung
DISG	Dominanz, Initiative, Stetigkeit, Gewissenhaftigkeit
DPEA	Deutscher Project Excellence Award
EAC	Estimate at Completion (siehe auch EGK)
EF	Effizienzfaktor (siehe auch CPI)
EF	Endfolge
EFQM	European Foundation for Quality Management
EGK	Erwartete Gesamtkosten (siehe auch EAC)
EM	Einsatzmittel
ERP	Enterprise Ressource Planning
ETW	Eintrittswahrscheinlichkeit
EV	Earned Value (siehe auch FW)
EVA	Earned Value Analysis
FGR	Fortschrittsgrad (siehe auch PC)
FW	Fertigstellungswert (siehe auch EV)
GL	Geschäftsleitung
GPM	Deutsche Gesellschaft für Projektmanagement e.V.
HBDI	Herrmann Brain Dominance Instrument
HNP	Harvard Negotiation Project
HOAI	Honorarordnung für Architekten und Ingenieure
ICB	IPMA Competence Baseline

Abkürzung	
IEC	International Electrotechnical Commission
IK	Istkosten (siehe auch AC)
IKT	Informations- und Kommunikationstechnologie
IPMA	International Project Management Association
ISO	International Standardization Organisation
JArbSchG	Jugendarbeitsschutzgesetz
KA	Kostenabweichung (siehe auch CV)
KontraG	Gesetz zur Kontrolle und Transparenz im Unternehmensbereich
KVP	Kontinuierlicher Verbesserungsprozess
LA	Lenkungsausschuss
MbD	Management by Delegation
MbE	Management by Exception
MbO	Management by Objectives
MBTI	Myers-Briggs-Typenindikator
MT	Mitarbeitertag
MTA	Meilensteintrendanalyse
MuSchG	Mutterschutzgesetzt
NCB	National Competence Baseline
NF	Normalfolge
NLP	Neurolinguistische Programmierung
OPM3	Organizational Project Management Maturity Model
PA	Planabweichung (siehe auch SV)
PC	Percent Complete (siehe auch FGR)
PDCA	Plan – Do – Check - Act
PERT	Program Evaluation and Review Technique
PGK	Plangesamtkosten (siehe auch BAC)
PK	Plankosten (siehe auch PV)
PL	Projektleiter
PM	Projektmanagement
PMBoK	Project Management Body of Knowledge
PMI	Project Management Institute
PMMM	Project Management Maturity Model
PRINCE2	Projects In Controlled Environments Vers. 2
PSP	Projektstrukturplan
PT	Personentag
PV	Planned Value (siehe auch PK)
QFD	Quality Function Deployment
RADAR	Results - Approach - Deployment - Assessment - Review
RAMS	Reliability, Availability, Maintainability, Safety
ROI	Return on Invest
RUP	Rational Unified Process
RW	Risikowert
SA	Social Accountability
SF	Sprungfolge
SH	Schadenshöhe (siehe auch TW)
SMART	Spezifisch, Messbar, Akzeptiert, Realistisch, Terminiert
SPI	Schedule Performance Index (siehe auch ZK)
SPICE	Software Process Improvement and Capability Determination
SQuaRE	Software product Quality Requirements and Evaluation

Abkürzung	
STC	Steering Committee (siehe auch LA)
SV	Schedule Variance (siehe auch PA)
SWOT	Strength – Weakness – Opportunity - Threat
TMS	Team Management System
TOP	Technisch – Organisatorisch - Persönlich
TQM	Total Quality Management
TW	Tragweite (siehe auch SH)
UmweltHG	Umwelthaftungsgesetz
UN	United Nations
UVV	Unfallverhütungsvorschrift
VMI	Verantwortung – Mitbestimmung - Information
XP	Extreme Programming
ZK	Zeitplankennzahl (siehe auch SPI)

10 Tabellen und Abbildungen

10.1 Tabellen

10.2 Abbildungen

11 Stichwortverzeichnis

12 Herausgeber

Die Resultance GmbH ist ein international arbeitendes Unternehmen und befasst sich im Kerngeschäft mit allen Fragen des theoretischen und praktischen Projekt-, Prozess- und Personalmanagements.

Wir sind Experten in den Bereichen

- **Qualifizierung im Projektmanagement**
  zur Vorbereitung auf die IPMA-Zertifizierungen Level D (Projektmanagementfachmann/ -frau), Level C (Projekt Manager), Level B (Senior Projekt Manager) und Level A (Programmdirektor)

- **Qualifizierung im Prozessmanagement**
  nach den Standards des NOVACESS – Institut für angewandtes Prozessmanagement, Grundlagenseminar und Zertifizierter Prozessmanager

- **Entwicklung und Coaching**
  von Führungskräften im Projekt-, Prozess- und Personalmanagement

- **Systemische Organisationsanalyse und -entwicklung**
  mit der Methode Projektmanagement und Prozessmanagement

- **Konzeption** und **Implementierung**
  von ganzheitlichen PM-Laufbahn- und Weiterbildungskonzepten

- **Beratung**
  von Personalentwicklern und Personalmanagern

- **Trainerausbildung**
  Mit unserer Trainerausbildung versetzen wir Sie in die Lage, das bei uns erworbene Wissen als Multiplikator im eigenen Unternehmen weiterzugeben.

- **Team Management Training und Beratung**
  nach Margerison/ McCann

- **Masterstudium**
  Masterstudiengang „Projekt- u. Prozessmanagement (M.Sc.)" als Kooperationsangebot des Akademischen Studienzentrums der Resultance GmbH und der Hochschule Mittweida (University Of Applied Sciences)